普通高等教育"十二五"系列教材(高职高专教育)

机电控制技术国家级实训基地建设成果

2013年国家精品资源共享课配套教材

水电站机组自动化运行与监控

主编　洪　霞　汤晓华

编写　杜　波　郭小进　段新红

主审　吴　耕　黄胜伟

中国电力出版社

CHINA ELECTRIC POWER PRESS

内 容 提 要

本书内容设计以水电站水力发电工作过程为主线，反映水轮发电机组值班员、水电站自动装置检修工职业岗位能力需求，全书内容围绕水轮发电机辅助设备系统、机组现地控制单元、调速系统、励磁系统以及上位机监控系统的自动控制等方面展开，在突出自动化理论的同时，强调引入水电站现场最新技术的应用。本书的编写体现了高等职业教育课程改革的经验，设计的每一个学习单元均反映完整的工作任务，且相对独立，便于读者学习使用。

本书案例选取来源于典型水电企业，资源以 2013 年国家级精品资源共享课"水电站机组自动化运行与监控"为支撑，资源立体、丰富，形式从二维到三维，从文、图到动画、视频。

本书可作为高职高专院校机电设备运行与维护、水电站动力设备运行与管理等专业的教学用书，也可作为水力发电企业技术培训参考教材，还可供企业专业技术人员参考使用。

图书在版编目（CIP）数据

水电站机组自动化运行与监控／洪霞，汤晓华主编. —北京：中国电力出版社，2013.9（2023.1 重印）
普通高等教育"十二五"规划教材. 高职高专教育
ISBN 978－7－5123－4657－4

Ⅰ．①水… Ⅱ．①洪… ②汤… Ⅲ．①水轮发电机－发电机组－运行－自动化技术－高等职业教育－教材②水轮发电机－发电机组－监控系统－高等职业教育－教材 Ⅳ．①TM312

中国版本图书馆 CIP 数据核字（2013）第 148570 号

中国电力出版社出版、发行

（北京市东城区北京站西街 19 号 100005 http://www.cepp.sgcc.com.cn）
三河市万龙印装有限公司印刷
各地新华书店经售

＊

2013 年 9 月第一版 2023 年 1 月北京第五次印刷
787 毫米×1092 毫米 16 开本 15.25 印张 324 千字
定价 48.00 元

前　言

　　21 世纪，我国和世界经济的发展都翻开了新的一页，经济的增长依赖于能源的配套供应。水利资源作为可再生清洁能源受到高度重视，成为我国能源的重要组成部分，在能源平衡和能源可持续发展中占有重要地位。从能源持续保障和环境保护出发，我国制定了优先开发水电的方针。21 世纪，我国水电发展将进入黄金时期。我国水力资源丰富，目前全国已有各类水电站十余万座。

溯江而上

　　高职高专机电设备运行与维护、水电站动力设备运行与管理专业属于水利大类专业，在不同时期为水力发电行业培养了许多优秀的人才。随着三峡、金沙江、雅砻江、大渡河、澜沧江、乌江等长江上游流域水电开发的推进，我们溯江而上，通过多种形式的大量调查发现，水电站的建设运营、水电控制设备安装调试与运行这两大领域成为专业的主要服务方向。伴随着三峡等巨型水电工程进入发电阶段，社会对低碳绿色电力普遍关注，国家加快了对水电资源的开发，水电企业的技术在向综合自动化方向发展，管理模式朝着集控模式延伸，岗位设置趋于机电合一、运维一体，如何满足水电行业、企业对高端技术技能人才的需求，成为摆在专业面前的现实问题。

定位未来

　　水电站机组自动化运行与监控是机电设备运行与维护专业（水电站方向）"双证融通"的专业技术核心课程，与水轮发电机组值班员、水电站自动装置检修工职业标准所要求的应知、应会相对应，与学生毕业后从事的水电站运行、维护等岗位对接，可喻为该专业的一个落脚点。本教材以水力发电工作过程为主线，围绕职业标准的应知、应会要求，将现代先进的发电机主辅设备的自动化技术、监控技术与发电工作过程融为一体。以各个自动化控制系统的实现为主线，每一个单元即为一个工作任务或者为一个系统。教材突出综合自动化的概念，强调引入水电站现场最新技术应用，强调水轮发电机组及辅助设备自动化技术、可编程控制器应用技术、检测技术、现代电气控制技术、信息技术的综合应用。

启示思路

　　教什么？在哪里教？老师怎样教？学生怎样学？带着这些问题和一些同仁、企业专家一起进行探讨，碰撞出火花，于是就有了一个大胆的想法，"电站进校园、运行在课堂"，在水电仿真机上教、在企业的车间里教，让知识融会贯通；按照这样一个新的思路，本教材内容选取与水轮发电机组的各主辅系统一致，按照水电站机组自动化系统来组织教材内容，包括：水轮发电机辅助设备油、水、气系统，机组现地控制单元，调速系统，励磁系统，上位机监控系统的自动化运行与维护等。

创新特色

教材力求在讲清基本概念、基本理论的基础上，强调工程实际应用，教材注重内容的实用性、针对性、时代性、先进性，将龙头企业最新的技术成果、典型水电站实际工程案例纳入教材。笔者尝试从工程的角度来培养学生，按照专业对应的职业特征，培养他们的工程素养，培养他们分析问题、解决问题的能力。教材的编写邀请了四川映秀湾水力发电总厂、国电广西水电开发有限公司、葛洲坝水电站、浙江天煌科技实业有限公司专家的参与。水电站机组自动化运行与监控课程获评 2010 年国家级精品课程和 2013 年国家精品资源共享课。国家精品资源共享课课程网址为 http://www. icourses. cn/coursestatic/course_3976. html。

本教材由武汉电力职业技术学院洪霞编写第一章、第二章、第四章，并整理配套光盘，天津中德职业技术学院汤晓华编写第三章、第五章、第六章、第七章，武汉电力职业技术学院郭小进参与了第六章第三节的编写，浙江天煌科技实业有限公司段新红参与了第七章的编写，四川映秀湾水力发电总厂吴耕、国电广西水电开发有限公司黄胜伟、葛洲坝水电站大江电厂杜波、湖北黄龙滩水力发电厂王虎、浙江天煌科技实业有限公司黄华圣为本教材提供了图文资料。本教材由洪霞、汤晓华共同统稿，吴耕、黄胜伟审阅了本教材。

教材编写中参阅了大量文献资料，得到了水电行业许多同行的支持，在此表示感谢。有智者曾经说过：你要是等到尽善尽美，你就不可能完成任何一本书的写作。在这本教材的写作过程中，编者虽然付出了艰辛的劳动，但是对如何把知识用通俗有趣的语言表达出来，总是感到力不从心。由于编者水平有限，时间仓促，书中不妥之处，恳请读者批评指正。

编　者

2013 年 4 月 8 日

目 录

第一章

水电站自动化技术概论

本章导读

　　现代水电站自动化依据"无人值班、少人值守"进行设计和建设。水电站自动化的任务就是完成对水轮发电机组、辅助设备的自动控制，对机组及辅助设备的运行工况的监视，对主要电气设备的控制、监视和保护，对水工建筑物运行工况的控制和监视。围绕"无人值班、少人值守"，水电站自动化的基础自动化、水轮机调节系统、发电机励磁系统、计算机监控系统都经历了几代的发展历程，向着数字化、智能化水电站的方向发展。

一、引言

近年来，水电产业得到了飞速发展。截至 2009 年底，全国水电装机容量为 1.97 亿 kW，占发电装机总容量的 23%，年发电量约 5500 亿 kWh，水力发电作为清洁能源，在我国的能源结构中占据了重要地位。

我国 20 世纪 90 年代以前设计修建的水电站基本上是建立在多人值班的基础上，其特征是：自动化程度低，监控设备分散，用人众多，管理水平低。进入 20 世纪 90 年代后，国内外在水电站自动控制上普遍采用计算机监控技术，或利用计算机控制系统与电站常规控制系统相结合对水电站设备进行控制，或利用计算机监控系统直接对水电站设备进行监控。"十五"计划明确提出要求新建水电站都要按"无人值班、少人值守"进行设计和建设，对 20 世纪 90 年代以前建设的水电站，要按总体目标做出更新改造计划，在 2010 年前全部实现"无人值班、少人值守"。近几年，我国电网中水电站的自动化水平发生了巨大的变化，大量采用先进自动化技术的水电站正在兴建或已经并网发电，有些还实现了无人值班。

水电站的中控室负责管理和控制整个电厂的正常运行，为了保证运行可靠性和经济性，必须收集全厂各设备的实时运行资料，以便及时作出响应。譬如说：实时采集发电机组和全厂公用设备的运行状态、运行参数，对电厂各控制点和监视点进行自动安全监测、越限报警，实现厂内自动发电控制和自动电压调整等，而计算机监控系统正是基于以上理念，充分利用成熟的计算机控制技术、通信技术、可编程控制器（PLC）、网络技术将各台机组现地控制单元（LCU）、励磁调节器、调速器等连接起来，集中监控水电站各台机组的运行，以实现整个电厂的经济运行。图 1-1 为某水电站的中央控制室，图 1-2 展示了某水电站发电机地板层控制设备的布局。

图 1-1　某水电站中央控制室　　　　　图 1-2　某水电站发电机地板层

随着水电站"无人值班、少人值守"模式的推广，对水电站的生产运行和管理提出了更高的要求，信息技术、计算机技术、网络技术的飞速发展，给水电站自动化系统无论在结构上还是功能上，都提供了一个广阔的发展舞台。水电站自动化适应新形势的需要，发展成为一个集计算机、控制、通信、网络、电力电子为一体的综合系统。水电站计算机监控系统的性能大大优于常规的自动控制系统，所以又被称为水电站计算机综合自动化系统。

水电站计算机监控系统是指整个水电站设备的控制、测量、监视和保护均由计算机系统来完成。它代替了常规控制设备，监视测量表计，完成机组的开停机控制、断路器等开关设备的控制，完成电厂的优化运行、自动发电控制（AGC）、自动电压控制（AVC），电站机组、变压器、线路等各种运行设备参数的在线监视，越限参数报警、记录，历史参数查询，事故追忆，报表打印，完成监控系统设备的自检，是实现对整个电厂所有设备进行控制、测量、监视和保护的自动控制系统。葛洲坝二江电站计算机监控系统见图1-3。

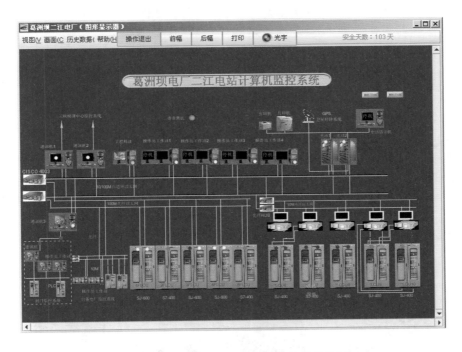

图1-3　葛洲坝二江电站计算机监控系统图

水电站综合自动化系统是利用计算机及自动化技术实现整个水电生产过程的自动化运行的综合控制系统，它担负自动监测机组及其辅助设备的状态，发出拟定的报警信号、执行自动操作任务。水电站自动化就是要使水电站生产过程的操作、控制和监视，能够在无人（或少人）直接参与的情况下，按预定的计划或程序自动地进行。水电站自动化程度是水电站现代化水平的重要标志，同时，自动化技术又是水电站安全经济运行必不可少的技术手段。水电站自动化具有提高工作的可靠性、提高运行的经济性、保证电能质量、提高劳动生产率、改善劳动条件等作用。

二、水电站综合自动化的内容

水电站综合自动化的内容，与水电站的规模及其在电力系统中的地位和重要性、水电站的型式和运行方式、电气主接线和主要机电设备的型式和布置方式等有关。总的来说，水电站综合自动化包括完成对水轮发电机组运行方式的自动控制，完成对水轮发电机组及其辅助设备运行工况的监视，完成对辅助设备的自动控制，完成对主要电气设备的控制，完成对水工建筑物运行工况的控制和监视几个方面。

（一） 完成对水轮发电机组运行方式的自动控制

对水轮发电机组运行方式的自动控制包括：一方面，完成发电机转速、频率、机端电压的控制，实现开停机和并列、发电转调相和调相转发电等的自动化，使得上述各项操作按设定的程序自动完成；另一方面，自动维持水轮发电机组的经济运行，根据系统要求和电站的具体条件自动选择最佳运行机组数，在机组间实现负荷的经济分配，根据系统负荷变化自动调节机组的有功和无功功率，等等，如图1-4所示。

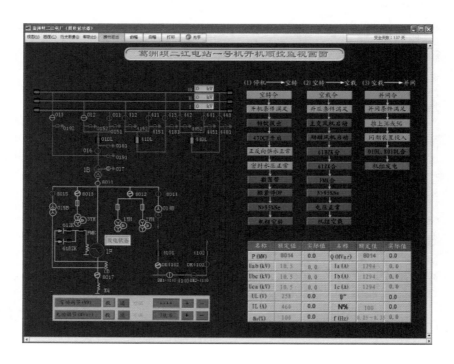

图1-4　机组运行监控界面

（二） 完成对水轮发电机组及辅助设备的运行工况的监视

对水轮发电机组及辅助设备运行工况的监视包括：对发电机定子和转子回路各电量的监视，对发动机定子绕组和铁芯以及各轴承温度的监视，对机组润滑和冷却系统工作的监视，对机组调速系统工作的监视，等等。出现不正常工作状态或发生事故时，迅速而自动地采取相应的保护措施，如发出信号或紧急停机。机组运行轴承瓦温监视图见图1-5。

（三） 完成对辅助设备的自动控制

对辅助设备的自动控制包括对各种油泵、水泵和空气压缩机等的控制，并在发生事故时自动地投入备用的辅助设备。

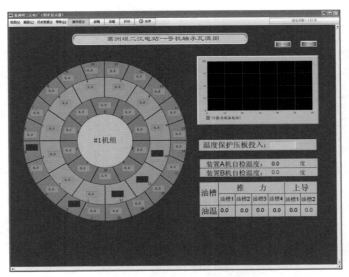

图 1-5 机组运行轴承瓦温监视图

（四） 完成对主要电气设备（如发电机、 变压器、 母线及输电线路等） 的控制、 监视和保护

对主要电气设备的控制、监视和保护包括：监视厂用电、开关站线路、母线电压、电流、有功、无功以及直流系统的状态数据；监视开关站、厂用电开关、断路器、隔离开关的位置；厂用电系统断路器的分/合操作；发电机出口断路器、开关站母联断路器、主变压器低压侧、主变压器高压侧、线路出线断路器、隔离开关的操作；发电机、母线、断路器、变压器、线路的保护。机组运行油系统监视图见图 1-6，电气主接线监视图见图 1-7。

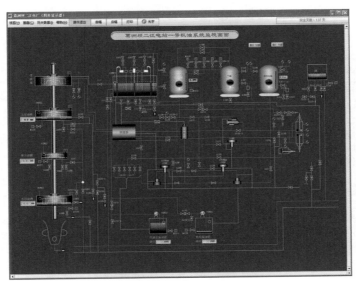

图 1-6 机组运行油系统监视图

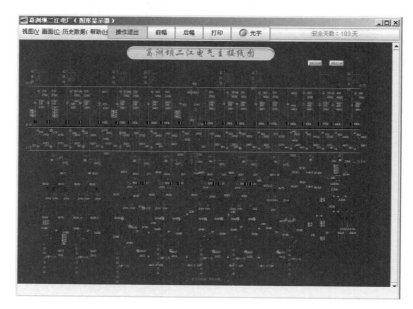

图 1-7　电气主接线监视图

（五）　完成对水工建筑物运行工况的控制和监视

对建筑物运行工况的控制和监视包括：闸门工作状态的控制和监视，拦污栅是否堵塞的监视，上下游水位的测量监视，引水压力管的保护（指引水式电站），等等。水位闸门系统监视图见图 1-8。

图 1-8　水位闸门系统监视图

现代计算机技术、网络技术、信息技术的发展赋予了现代化水电站综合自动化新的内涵。它不仅要实现水电站运行过程的自动控制、报表的自动生成与打印等基本功能，更主要的是体现其高速强大的网络功能，通过高速网络实现网络结点的信息传输交换，实现资源共享。充分利用网站资源，开发出符合水电站特征的应用软件，是现代化水电站所追求的目标。此外，还应该将专家系统、培训仿真、多媒体与工业电视、状态检修均纳入现代化水电站综合自动化的范畴。工业电视监控图见图1-9。

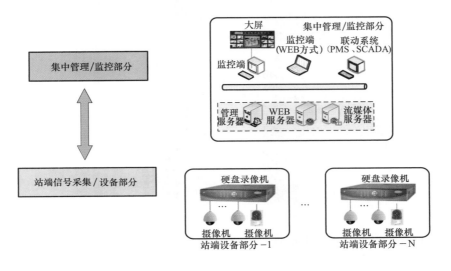

图1-9 工业电视监控图

三、水电站机组自动化的发展

（一）水电站计算机监控技术的发展

我国水电站计算机监控技术的研究与开发起步于20世纪80年代初。当时的水电部安排了一批科研试点单位，如富春江水电站的计算机监控系统于1984年11月正式投入运行，成为我国第一套水电站计算机监控系统，并采用动态规划法实现了经济运行。

到20世纪90年代初，葛洲坝、紧水滩、石泉、龙羊峡、新安江、古田等水电站的计算机监控系统先后投入使用。

1994年，电力系统开展水电站"无人值班，少人值守"试点及"创一流水电站"工作，一个以计算机监控系统为核心的水电站自动化改造热潮蓬勃兴起，为监控系统技术的发展创造了良好的局面。

在2000年前后，龙羊峡、贵州东风、乌江渡、新安江、紧水滩、隔河岩等近百个大、中型水电站监控系统投入运行，西北电网水库调度、白山梯级、乌溪江、清江梯级等电调、水调、梯级集控中心也投入运行。其中白山梯级电站远方集中控制系统在国际上首次采用110km无中继超长距离的100Mbit/s光纤快速以太网，实现了大型水电机组

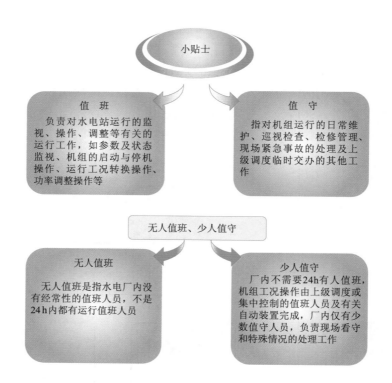

的远方实时监控，成为我国水电监控技术进入快速以太网时代的里程碑。梯级电站远方集中控制系统图见图1-10。

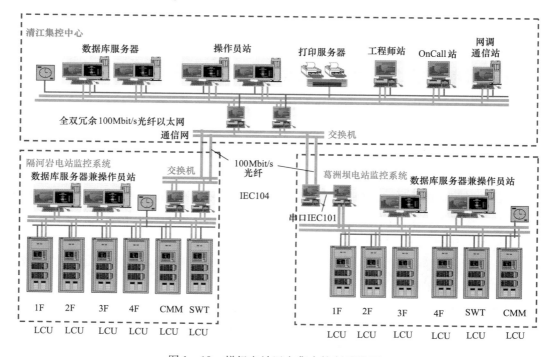

图1-10　梯级电站远方集中控制系统图

在该阶段，分层分布开放系统成为水电站综合自动化及监控系统的基本模式，大量采用开放的硬件和软件产品，软件和硬件标准化程度高，可靠性好，满足了水电站"无人值班、少人值守"的要求。典型的工程有白山电厂梯级远方集控系统、紧水滩电站监控系统等。

2000 年初，随着国内水电站运行管理的目标进一步由"无人值班、少人值守"向无人值班发展，要求进一步完善计算机监控系统的功能，提高可靠性，满足无人值班电站的要求。

为了配合无人值班电站建设，主要解决了下列几个关键技术：

（1）PLC 直接上网技术。在系统结构采用了 PLC 直接接入以太网的方式，使 LCU 及监控系统的可靠性大幅度提高，完全满足了水电站无人值班运行时对监控系统可靠性的要求。

（2）系统的开发工具软件进一步完善，交互图形开发系统、数据库开发系统、综合计算工具软件、控制闭锁工具软件进一步提高了系统开发集成效率和质量。

（3）基于以太网的对外通信发展十分迅速，串行通信技术在主站对外通信、LCU 与智能设备通信中应用仍十分普及，通信规约库进一步完善，IEC 870 – 5 – 101/102/103/104、DNP3.0、TASE – 2 规约等国际标准通信规约普遍应用。

（4）在 AGC/AVC 等高级应用软件的应用方面有较大进步，白山、乌溪江等梯级水电站实现了联合 AGC，东江水电站实现了 AGC/AVC，龙羊峡、乌江渡等近 20 个水电站实现了调度远方 AGC。

（5）三峡巨型机组时代的监控系统。随着三峡电厂左岸电站首台机组 2003 年 7 月发电，三峡电厂右岸电站、龙滩等一批特大型水电站的建设也全面展开，进入建设高潮，标志着中国水电建设进入巨型机组特大型电站时代。三峡电厂中控室见图 1 – 11。

图 1 – 11 三峡电厂中控室

与常规电站相比，巨型机组特大型电站计算机监控系统应进一步考虑下列问题：① 巨型机组特大型电站在电力系统中的重要性进一步提高，提高控制系统的可靠性，避免由于控制设备的可靠性影响发电可靠性及电网安全。② 巨型机组的强电磁场对控制系统电子设备的电磁干扰。③ 发电机、水轮机等重要设备的监测点急剧增加，监控系统的海量数据实时采集与处理能力。④ 考虑到机组及电站的重要性，控制系统的性能指标要求应进一步提高，如数据采集周期、事故处理响应时间、控制响应时间等。⑤ 海量报警信息的智能化处理与辅助运行技术水平应进一步提高。

三十年来，在一代代水电人的努力下，我国的水电建设事业得到空前的发展，以计算机监控系统为代表的自动化技术迅速推广普及，技术水平不断向世界先进水平迈进。

围绕现场无人值班，水电站必备的自动化系统包括：计算机监控系统、水情测报系统、通信系统、生产管理系统、闸门控制系统、辅机控制系统、图像监控系统、火灾报警系统、安全防盗系统等，其中计算机监控系统和通信系统是最重要的系统。首先水电站的主设备必须稳定可靠，其次监控系统必须对水电站进行全面的监视与控制，控制系统也必须稳定可靠，在发生任何故障时，应具有足够的备用冗余，确保电厂设备的安全，不失控。因此，不断研究开发新型结构的监控系统，提高系统的可靠性，开发新的分析功能，提高监控系统的智能化水平。水电站水情测报系统图见图 1-12。

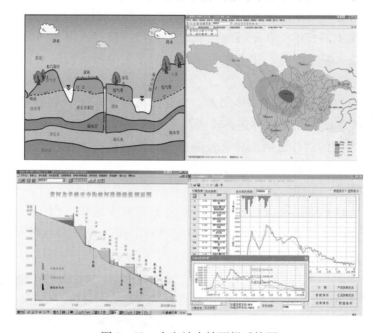

图 1-12 水电站水情测报系统图

跨平台技术及信息标准化技术将进一步发展，与其他系统信息透明共享，各控制系统构成的信息孤岛之间的界线将逐渐模糊，向统一信息平台发展，透明水电站、数字水电站、智能水电站将由概念逐步变为现实。

现代水电站计算机监控系统的主要技术特点体现在以下几方面：

（1）强大的数据采集与处理功能。针对特大型电站海量数据的高可靠性与高实时性采集，采用了主进程、多子进程及多线程技术；PLC 数据扫描周期的多重数据传送请求与处理；成功开发了多数据采集服务器的负荷平衡管理技术，各服务器同时工作，负荷分担，有效地提高了系统数据采集的实时性。

在数据处理方面的主要改进包括：高精度、宽数据表示范围；数据属性更加丰富，如可定义事故、故障、重要点、语音报警点以及统计点等属性；利用条件闭锁系统，实现了智能报警；完善重复报警处理机制以及数据趋势报警功能，等等，使系统使用更加符合运行人员的习惯，操作更加便捷。

（2）完善的安全性与可靠性措施。为确保系统高可靠性，各层的重要设备均采取双重冗余配置，如数据服务器、数据采集站、操作员站、网络设备、网关、时钟、可编程控制器的 CPU、总线、同期装置以及各类电源等。根据实际经验，可编程控制器的 I/O 点一般不冗余，但重要的 I/O 点仍考虑冗余。冗余配置时，主备之间应可实现无扰动自动切换。

（3）用户友好的人机联系系统。现代水电站综合自动化的监控系统采用图形标准人机联系软件，程序代码运行效率高，软件界面新颖美观大方，人机界面非常友好，支持多屏、多窗口显示，数据状态等信息可采用丰富的色彩库、三维符号图形库、字符库、动态曲线、表格等方式表示，立体三维、实时动画等多媒体图形功能更加丰富多彩，还能方便地采用模拟仪表、发电机 P－Q 图等专业图形表示电站的信息。

（4）信息 WEB 发布技术。信息发布系统由 WEB 信息发布服务器构成，客户端采用 IE 浏览器，管理信息系统不再需要与监控系统进行复杂的数据规约转换及数据通信，也不需要存储和管理这些数据，只需在用户内部信息网上建立一个链接访问 WEB 服务器即可，极大地简化了信息发布系统的开发与维护工作。系统维护管理人员在办公室即可查询到与监控系统一致的所有实时画面，方便系统的维护与管理。

（5）历史数据管理系统。历史数据管理系统可将实时数据按不同周期自动存入历史数据库，形成各类报表数据，而且可以将各类报警信息、趋势记录等自动存入数据库，形成各类报警记录历史数据。历史数据包括：各类报警信息、温度趋势分析记录、相关量记录信息、重要运行工况转换记录、各种历史曲线、报表数据等。水电站历史数据趋势图见图 1－13。

（6）培训仿真系统。操作员培训仿真系统建立了一套标准化的水电站计算机监控系统被控对象的仿真模型，可以仿真水电站，也可应用于其他领域的生产过程进行仿真。

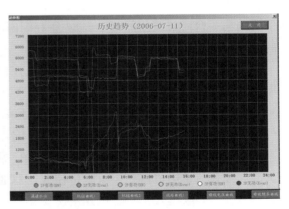

图 1－13 水电站历史数据趋势图

（7）状态趋势分析系统。状态监测分析系统通过网络连接三峡电厂已投入运行的各机组、公用及开关站的数据采集监测及分析系统，在线监测设备的运行状况，分析设备的运行趋势，以丰富的专家经验支持电厂运行，并提供检修指导。监测与分析可在电站局域网内进行，也可通过互联网远程访问。数据分析采用了特征值分析、比较分析、相关量分析、虚拟曲线分析以及数据挖掘技术等。

（二） 水轮机调节系统的发展

水轮机调节系统是以水轮机调速器作为控制器，水轮发电机组作为被控对象所构成的闭环控制系统。水轮机调节系统的基本任务，是根据负荷的变化不断地调节水轮发电机组的有功功率，以维持机组转速（频率）在规定的范围内。水轮发电机组在电网中经常担任调频和调峰任务，开停机频繁，其性能的好坏，自动化水平的高低，直接影响到机组的正常运行。

自水轮机问世之初起，便有了水轮机调速器。随着电子技术控制理论的进步，水轮机调速器得到了快速发展。近一个世纪，水轮机调速器先后经历了机械液压型调速器、电气液压型调速器和微机调速器三个发展阶段。

机械液压型调速器以其原理简单、便于掌握等特点，在相当一段时间内得到了广泛的应用，在20世纪50年代达到了全盛时期，但由于其静、动态特性较差，而且存在机件磨损问题，其应用受到限制。

随着电子管式电气液压型调速器的问世，因其具有响应快、精度高的优点，逐步在电力系统中得到了应用。随着晶体管式电液型调速器的问世，特别是20世纪70年代大规模集成电路技术发展迅速，集成电路运算放大器应用于水轮机调速器，其控制性能进一步提高，模拟式电气液压型调速器迅速取代了机械液压式调速器，得到了广泛的应用。

计算机技术的飞速发展，促进了水轮机调速器的又一次飞跃。1982年，ASEA公司引入微计算机技术，研制出了第一台微机调速器。此后，法国的NEYRPIC、比利时的BCEC、日本的HITACHI、瑞士的SULZER、美国的WOODWARD等大公司相继研制生产出各种类型的微机调速器。在我国，华中科技大学与天津水电控制设备厂共同研制开发了我国第一台微机调速器，于1984年在湖南欧阳海电站投入运行。应该说，微机调速器的出现是水轮机调速器发展的重大变革。

当前微机调速器的实用模式是：微机控制器＋伺服系统，水轮机调速器的另一个发展是液压随动系统的进步，主要体现在以下几个方面：

（1）实现手段。国内先后开发出基于单板机、单片机、STD总线、可编程控制器（PLC）、工业个人控制计算机（IPC）、可编程计算机（PCC）等的微机调速器。

（2）结构模式。在发展过程中，不少厂家对水轮机调速器的结构模式进行了很多尝试，大致有：单微机模式，双微机模式，双通道系统，混合型双微机并联模式，完全双通道混合型并联模式，三微机冗余模式等。

（3）液压伺服系统。总体看，一是提高调速系统油压等级，实现集成化、标准化、小型化。二是伺服系统在发展过程中从方式上进行变革，以提高抗油污能力和可靠性，实现数字化控制。目前主要的液压伺服系统结构模式有电液伺服阀系统、比例阀伺服系统、步进电机伺服系统、直流电机或交流电机伺服系统、数学阀伺服系统等。微机水轮机调速器操作监视界面见图1-14。

图1-14　微机水轮机调速器操作监视界面

调速器是水电站重要的自动化设备，其性能的好坏直接影响到电能质量和电站的安全经济运行。近十多年来，由于设计的改进、高可靠性电液伺服阀的研制、电液随动系统的简单化与革新、工作油压的提高、微机技术的普遍采用、加工和制造工艺的提高，使得现代水轮机调速器的性能大为改观。

（三）　水轮发电机励磁系统的发展

电力系统在正常运行时，发电机励磁电流的变化主要影响电网的电压水平和并联运行机组间无功功率的分配。在某些故障情况下，发电机端电压降低将导致电力系统稳定水平下降。为此，当系统发生故障时，要求发电机迅速增大励磁电流，以维持电网的电压水平及稳定性。同步发电机励磁的自动控制在保证电能质量、无功功率的合理分配和提高电力系统运行的可靠性方面都起着十分重要的作用。

同步发电机的励磁系统一般由两大部分构成：第一部分是励磁功率单元，它向同步发电机的励磁绕组提供直流励磁电流，以建立直流磁场；第二部分是励磁控制部分，这一部分包括励磁调节器、强行励磁、强行减磁和灭磁等，它根据发电机的运行状态，自动调节功率单元输出的励磁电流，以满足发电机运行的要求。整个自动控制励磁系统是由励磁调节器、励磁功率单元和发电机构成的一个反馈控制系统。

水轮同步发电机励磁系统大致经历了三个大的发展阶段，即直流励磁机励磁方式、交流励磁机励磁方式和半导体静止励磁方式。

1960 年以前，同步发电机励磁系统的励磁功率单元，一般均采用同轴的直流发电机，称为直流励磁机。励磁控制单元则多采用机电型或电磁型调节器。随着电力系统的发展与同步发电机单机容量的增大，这种励磁系统已不能适应现代电力系统和大容量机组的需要，直流励磁机的励磁功率和响应速度及励磁电压顶值不能满足要求。随着电力系统的发展和单机容量的增大，对励磁系统在这两方面提出了更高的要求。尤其对于大型水电站而言，通常需要高压远距离输电，电力系统稳定问题更加突出。要保证电力系统的稳定，要求其励磁系统必须具有较高的励磁电压顶值和较快的励磁电压上升速度。显然，直流励磁机系统已难以满足这些要求。

20 世纪 60 年代以来，随着电子技术的发展，大功率整流器和大功率晶闸管（可控硅又称硅晶体闸流管，简称硅晶闸管）制造技术和应用技术及其可靠性方面得到了不断的提高。在这种情况下，以大功率硅整流装置或晶闸管整流装置及其相应的交流电源为励磁功率单元（取消直流励磁机），以半导体励磁调节器为励磁控制单元而组成的励磁系统，即晶闸管（半导体）励磁系统，为适应电力系统发展和单机容量增大而发展起来。

新型的半导体励磁系统，特别是晶闸管励磁，自 20 世纪 60 年代初开始在国外中型发电机上采用以来，发展很快。20 世纪 60 年代末和 70 年代初，已得到普遍的应用。在大容量同步发电机的励磁装置方面，根据许多运行的结果，用半导体励磁代替传统的直流励磁机，肯定了其优越性。

静止励磁系统取消了励磁机，采用变压器作为交流励磁电源，励磁变压器接在发电机出口或厂用母线上。因励磁电源取自发电机自身或是发电机所在的电力系统，故这种励磁方式称为自励整流器励磁系统，简称自励系统。与电机式励磁方式相比，在自励系统中，励磁变压器、整流器等都是静止元件，故自励磁系统又称为静止励磁系统。

静止励磁系统也有几种不同的励磁方式。如果只用一台励磁变压器并联在机端，则称为自并励方式。如果除了并联的励磁变压器外还有与发电机定子电流回路串联的励磁变压器（或串联变压器），二者结合起来，则构成所谓自复励方式。

自并激方式的优点是：设备和接线比较简单；由于无转动部分，具有较高的可靠性；造价低；励磁变压器放置自由，缩短了机组长度；励磁调节速度快。但对采用这种励磁方式，人们曾有两点顾虑；① 发电机近端短路时能否满足强励要求，机组是否失磁；静止励磁系统的顶值电压受发电机端和系统侧故障的影响，在发电机近端三相短而切除时间又较长的情况下，不能及时提供足够的励磁，以致影响电力系统的暂态稳定。② 由于短路电流的迅速衰减，带时限的继电保护可能会拒绝动作。

静止励磁系统特别适宜用于发电机与系统间有升压变压器的单元接线中。由于发电机出线采用封闭母线，机端电压引出线故障的可能性极小，设计时只需考虑在变压器高压侧短路时励磁系统有足够的电压即可。

正因为有上述优点，自并励方式越来越普遍地得到采用。国外某些公司甚至把这种方式列为大型机组的定型励磁方式。近年来我国在大型水轮发电机上广泛采用自并励方式。自并励磁系统监视界面见图 1 – 15。

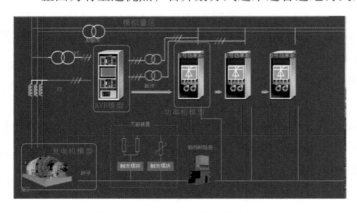

图 1 – 15　自并励励磁系统监视界面

励磁系统的发展的另一方面则是励磁调节器的发展。同步发电机问世以来、励磁调节器有了很大的发展。随着控制理论的发展和新技术、新器件的不断出现，励磁调节方式从手动发展到了自动；调节功能从单一电压调节发展到多功能的励磁控制。以往，调节器只反应发电机电压偏差，进行电压校正，故称为电压调压器（简称调压器）。现在的调节器可综合反应包括电压偏差信号在内的多种控制信号，进行励磁调节，故称为励磁调节器。显然，励磁调节器包括了电压调节器的功能。调节反馈参量从单一的电压偏差发展到以电压偏差为主，附加了电功率、角速度、发电机电流、励磁电流或励磁电压的偏差或它们的恰当组合；调节规律从简单的比例反馈调节发展到比例—积分—微分（PID）调节，电力系统稳定器（PSS）附加控制，用线性最优控制原理设计的多参量反馈调节；从线性励磁调节发展到自校正励磁调节、自适应励磁控制、模糊励磁控制等非线性励磁调节；在实现手段上，从机电式或电磁式发展到晶体管式或集成电路式，直至今天的微机数字式励磁调节器。

（四）　水电站基础自动化的发展

水电站基础自动化是一个综合的、系统的工程，是水电站能否实现"无人值班、少人值守"的关键所在。自动化元件（装置）和辅机设备自动控制单元要选用符合国家标准要求、质量可靠、适应潮湿环境的成熟产品，同时应注意改善自动化元件（装置）和辅机设备控制单元的使用环境。

目前国内一大批水利水电工程已建成投入运营或正在建设中，随着水电站"无人值班、少人值守"和在线监测、故障诊断及状态检修工作的不断深入开展，对水电站基础自动化的发展提出了新的要求。

水电站基础自动化元件是实现水轮发电机组自动化的关键部分，是利用计算对整个水电生产过程监控的"耳目手脚"，它担负自动监测机组和辅助设备的状态，发出拟定的报警信号，执行自动操作任务。水电站典型自动化传感变送器见图 1－16。

图 1－16　水电站典型自动化传感变送器

基础自动化元件（装置）按功用分为测量及显示元件、执行元件。测量及显示元件按用途分类：温度、压力、流量、液位、位移、转速、轴电流、油混水、压力脉动、水位差、流量水头效率等测量传感器、变送器、测量仪表和控制器、开关等。执行元件包括各种电磁阀、电磁空气阀和执行机构等。

基础自动化元件（装置）的特殊性表现在：

（1）运行时间长和不易维护；

（2）重要程度高；

（3）运行环境恶劣；

（4）电磁干扰的强度相当大。

基础自动化元件（装置）的特点为：

（1）分散性。根据使用目的和使用空间，分散布置于厂房内任何需要的地方，遍及厂房的各个位置和空间，运行巡视和操作均不方便。

（2）差异性。由于各自使用目的和功能不同，其控制对象、测控原理、控制流程、硬件配置和外围元件组成均有较大差异。不同电站因需求不同而对元件和设备的配置和功能要求也不尽相同。

（3）环境恶劣。使用对象（油、水、气系统）中普遍存在杂质、油污、锈蚀，测控装置及外围元件装设位置多处在阴暗潮湿的地方和强磁、强电环境场合。

随着科学技术的发展，自动化元件（装置）大致经历了机械、模拟、数字和智能等几个阶段。模拟测量技术就是在机械机构基础上采用机电一体化控制，用指针来显示测量结果；数字化是随着大规模集成电路的发展，使电测部分由模拟技术逐步演化为数字技术，如数显仪表等；智能化是随着微电子技术、微计算机技术的迅速发展，嵌入式微机的运用，使设备具有控制、存储、运算、逻辑判断以及自动化操作等智能特征，并在测量的准确度、灵敏度、可靠性、自动化程度、运用能力及解决测量技术问题的深度和广度等方面均取得重大进步。

水电站基础自动化的发展方向是：

（1）向智能化方向发展，以满足机组故障诊断和在线状态检修的需要；基础自动化元件（装置）智能化的发展方向是能检测、测量、分析和处理在各种生产环境下发生的变化，如位置、长度、高度、移动和外形等方面的变化，有助于对未来发生的情况做出预测和预防。

（2）向集成化方向发展，是基础自动化创新发展的要求和发展趋势；减轻设计、选型、采购、安装、调试的工作量。

（3）向优化配置的方向发展，现阶段水电站机组自动化元件（装置）没有一个完善的配置标准，应根据不同的装机容量，不同的水轮机结构形式，通过研究进行优化配置。

（4）调研不同产品的安装使用注意事项，提高自动化元件（装置）工作的稳定性和可靠性。

智能化的基础自动化元件和装置是融合了计算机、通信和控制（简称3C）技术的现场总线式的智能化仪表，具有智能化测控功能和开放的通信接口，各种检测设备利用网络资源，可以实现信息共享，提高检测效率。

智能化自动化元件（装置）具有以下特点：① 自校零、自标定和自校正功能；② 自动补偿功能；③ 能够自动采集数据，并对数据进行预处理；④ 能够自动进行检验、自选量程和自寻故障；⑤ 数据存储、记忆与信息处理功能；⑥ 双向通信、标准化数字输出或者符号输出功能；⑦ 判断和策处理功能。水电站中应用的智能化传感变送器见图 1 – 17。

图 1 – 17　水电站中应用的智能化传感变送器

智能传感器由硬件和软件两大部分组成。不同厂家的硬件部分和软件部分的系统程序与用户程序大致相同，所不同的是传感器器件类型、电路形式、程序编码和软件功能等方面。与传统传感器及其所构成的系统相比，智能传感器未来的发展方向是智能网络化，与传统的仪器仪表之间已经没有明显的界线。智能传感器的接口是传感器智能网络化的关键。

智能网络化传感器将是未来传感器发展的必然方向，给出智能网络化的传感器的内部结构模型和基于现场总线网络、Internet 网络的测量控制系统模型，必须具备通信功能。除了满足最基本应用的反馈信号，智能设备必须能传输其他信息，还可以是叠加在标准 4～20mA 电流输出、总线系统等。

水电站辅机设备主要包括水电站压油、排水、压缩空气、闸门控制和机组自动测温刹车制动等。现代辅助设备自动控制单元多以可编程序控制器（PLC）为控制核心，由软启动器、变频器、交直流双路控制电源、触摸屏等组成。控制单元通过液位、压力、流量、温度等外围检测设备检测辅助设备状态，通过控制各种电磁阀、变频器、接触器或软启动器控制辅助设备的运行、各种工况的转换控制和信息传递，保证系统功能正常、设备安全。

四、智能化水电站技术展望

近年来，水电产业得到了飞速发展。截至 2009 年底，全国水电装机容量为 1.97 亿 kW，占发电装机总容量的 23%，年发电量约 5500 亿 kWh。随着时代的发展，现有水电站自动化系统逐渐显露出一体化及智能化程度低、标准差异性大、网厂协调能力差、电力安全防护较弱等问题，智能决策困难，难以实现效率和效益的最大化，制约了水电产业的发展与壮大。

2001 年，美国电力科学研究院（EPRI）提出"Intelligrid"（智能电网）的概念，并于 2003 年提出《智能电网研究框架》展开研究；美国能源部（DOE）随即发布 Grid2030 计划。

2005 年欧洲提出类似的"Smartgrid"概念，2006 年，欧盟智能电网技术论坛推出了《欧洲智能电网技术框架》，示意图见图 1－18。

2006 年，美国 IBM 公司曾与全球电力专业研究机构、电力企业合作开发了智能电网解决方案。这一方案被形象比喻为电力系统的"中枢神经系统"，可以看作智能电网最完整的一个解决方案，标志着智能电网概念的正式诞生，见图 1－19。

图 1－18 欧洲智能电网框架

2007 年 10 月，华东电网正式启动了智能电网可行性研究项目，并规划了 2008～2030 年的"三步走"战略。该项目的启动标志着中国开始进入智能电网领域。

2008 年 9 月，Google 与 GE 联合发表声明对外宣布，他们正在共同开发清洁能源业务，核心是为美国打造国家智能电网。

智能电网、数字电网正方兴未艾，引发了一场当今世界电力系统发展巨大变革，并被认为是 21 世纪电力系统的重大科技创新和发展趋势。这场变革的核心是电力系统设施

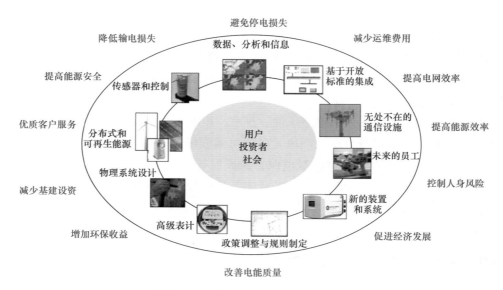

图 1-19　智能电网的功能与作用图

的智能化和数字互联，关键技术是互联标准。国际上先后也有许多通信接口标准不断引入国内，但没有一个标准对电力行业乃至社会生活的影响如此之大，带动了整个行业的思想变革和技术变革。

（一）　什么是智能化水电站

智能化水电站建立在可靠、高速的通信网络的基础上，通过应用先进的传感和测量技术、稳定的设备、可靠的控制方法以及智能化的决策支持技术，实现发电厂的可靠、经济、高效、环境友好和使用安全的目标，以提高安全稳定性、资源利用率、节能经济运行水平、辅助决策能力、网厂协调能力为目标，满足社会经济发展的需要，提高供电可靠性和供电质量，更好地体现社会效益和企业效益。

智能化水电站以网厂协调发展的"无人值班、少人值守"模式为基础，以通信平台为支撑，以信息化、自动化、互动化为特征，实现"电力流、信息流、业务流"的高度一体化融合。

智能化水电站的基本特征是"信息标准化、系统整体化、决策智能化"，其中"信息标准化"的主要体现为采用 IEC61850 通信协议使得"一次设备智能化，二次设备网络化"。在智能化水电站中，一次设备的信号输出和控制输入均被数字化，利用网络通信技术进行传输，智能化水电站二次控制回路设计中常规的继电器及其逻辑回路被可编程软件代替，常规的模拟信号被数字信号代替，常规的控制电缆被光缆代替，节约了大量资源，简洁的二次回路设计使智能化水电站自动化系统的可靠性得到进一步提高。智能化水电站中信息统一建模，实现了信息共享。

（二）　智能化水电站结构

智能化水电站是由智能化一次设备、网络化二次设备在 IEC61850 通信协议基础上分层构建，能够实现智能设备间信息共享和互操作的现代化水电站。

将智能水电站系统在逻辑上分为站控层、间隔层和过程层三层，采用两层网络：站控层网（MMS 网）、过程层网（过程网 GOOSE 网、采样值网 SV 网）组成。各层内部及各层之间采用高速网络通信。整个系统的通信网络可以分为：站控层和间隔层之间的间隔层通信网、间隔层和过程层之间的过程层通信网，如图 1-20 智能水电站的结构所示。

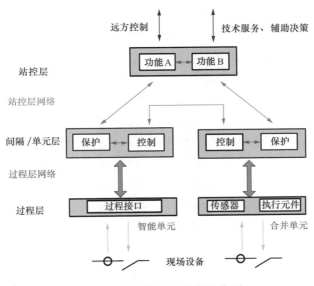

图 1-20 智能水电站的结构图

站控层由监控系统主机（操作员站）和智能设备接口机等构成，智能设备接口机可将状态监测系统、辅助设备系统等接入站控层 MMS 网。

间隔层可由若干个子系统组成，如继电保护系统、安稳系统、励磁系统、调速系统等二次设备，实现使用一个间隔的数据并且作用于该间隔一次设备的功能，即与各种远方输入/输出、传感器和控制器通信。

过程层由电子式互感器、合并单元、智能终端、变送器等构成，完成与一次设备或其他设备相关的功能。

与常规水电站相比，智能化水电站间隔层和站控层的设备及网络接口只是接口和通信模型发生了变化，而过程层却发生了较大的改变，由传统的电流、电压互感器、一次设备以及一次设备与二次设备之间的电缆连接，逐步改变为电子式互感器、智能化一次设备、合并单元、光纤连接等内容。

站控层通信全面采用 IEC61850 标准，全站网络采用高速光纤以太网组成，监控后台、远动通信管理机和保护信息子站均可直接接入 IEC61850 装置。

现地自动化系统中可在厂站内继电保护系统、稳控系统、监控系统、机组调速系统、励磁系统、状态监测诊断系统、辅助设备系统间建立统一的现地级数据总线，实现信息共享，构建水电站现地级智能化系统，实现水电站现地级系统的信息化、自动化、互动化。

（三） 智能化水电站的技术特点

（1）水电站设备数字化。通过采用先进的传感技术，使用可靠的智能化电力设备、智能仪表和现场总线技术，将设备状态信息和控制信息数字化，以此作为智能电站的信息源，实现设备数字化管理。

（2）信息共享网络化，是指要建设标准统一的数据信息网络平台，实现各自动化系统之间、系统与数据采集之间的互联，实现全厂跨安全分区的生产自动化系统、管理信息化系统等应用系统之间的数据统一交换与存储共享，达到"系统分散，数据集中"的要求。

（3）数据应用智能化，是指充分利用设备信息数据，辅助专家智能系统，通过在线仿真、智能趋势报警、远方监控等技术途径，实现对数据的智能应用，最终达到风险可预测、状态可控制、故障自修复，实现机组安全、经济、高效。

（四） 智能化水电站的现在与未来

我国的水电站自动化技术经过三十多年的发展，在大中小型电站已完全达到了实用化程度，已全部采用基于计算机的监控系统。现阶段，我国水电站（新建或经改造）普遍具备了"无人值班、少人值守"功能模式，具备国际先进水平的监控、保护和监测等自动化系统得到了广泛的应用。采用网络或现场总线通信方式已基本实现电站分布式信息数据的交换功能，水电站计算机监控系统中实时历史数据库、智能诊断等高级技术的研究和实际应用已取得了较好的成果，站内部分自动化系统（如工业电视、水情测报、枢纽观测等系统）已基本全面实现信息化和数字化的信息采集方式，水电站整体自动化水平已经达到或接近世界领先水平。目前，大部分新建和改造水电站的三大技术保障系统已具雏形，如图1-21所示。水电站设备基本上实现了数字化，设备在线监测分析网络正在完善，说明已初步具备"智能化"的部分特征和特点，各生产运行环节积累了大量的专家知识储备。这些技术的发展和积累，是进行智能化建设的优势基础。

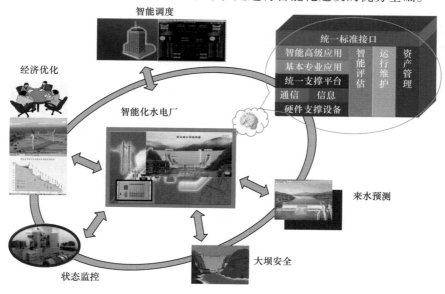

图 1-21　智能化水电站雏形

智能水电站今后将建立在集成、统一、可靠的软硬件平台基础上，通过应用先进的传感和测量技术自动获得电站运行和设备状况信息，采用可靠的控制方法、数据分析技术和智能化的决策支持技术，满足电网要求，实现水库与机组的安全经济运行，提高水电站水能利用率，实现效益最大化。它以三大技术保障系统（计算机实时闭环监控系统、电站设备在线监测分析系统、生产和技术管理信息系统）为骨干网架，以电站设备数字化、信息共享网络化、数据应用智能化为特征，达到电站本质安全、效益最优、环境和谐、特征指标行业领先的目标。

ABB 公司对过去、现在和未来计算机监控进行比较，指出传统水电站向智能水电站方向全面发展将是一个必然的趋势。相对传统水电站来说，智能化水电站的转变不仅仅是二次系统的数字化，也不仅仅是计算机监控系统的升级，它涉及水电站各种机械、电气设备，以及各种新设备、新技术、新思路的应用，将使电站的运行管理模式出现较大的转变和提升。

在遥远的高山峡谷之间，高耸的大坝，安静的厂房，机组默默地转动着，把水能转化为强大的电能。往日神秘的中控室没有了，忙碌的值班员也不见了，只有一台计算机的屏幕在闪耀。值班员小刘悠然自得地在家，偶尔看看屏幕，对着计算机低声细语。偶尔驾着轻盈的直升机去厂房巡视一下。这已不是幻想，离我们已经很近，通过大家的共同努力，这一天很快会来到的。

习题与思考

1. 简述水电站综合自动化的任务与内容。
2. 简述水电站基础自动化的内容与发展。
3. 简述水电站计算机监控系统的特点与发展。
4. 简述智能化水电站的结构及特点。
5. 查阅资料，举例说明某一水电站计算机监控系统的结构及特点。

第二章

辅机设备系统的自动控制

本章导读

油系统的自动控制：水轮机调速器油压装置认知，调速器油压装置的组成包括自动补气装置、信号监测单元、执行控制单元及其控制系统，分析油压装置控制的要求、功能及其采用 GE 系列 PLC 控制的硬软件实现；

技术供水系统的自动控制：水电站技术供水的水源、方式，主要设备水泵、过滤器、减压阀、管路及安全装置，分析自动滤水器控制的要求、功能及其采用三菱 FX0N 系列 PLC 控制的硬软件实现；

技术排水系统的自动控制：检修、渗漏排水系统作用、组成，干簧管式、电缆式浮球液位开关的使用，分析集水井控制的要求、功能及其采用三菱 FX2N 系列 PLC 控制的硬软件实现；

压缩空气系统的自动控制：水电站高低压气系统作用、组成，包括压缩机、气罐及附属装置，空气压缩装置的工作原理、控制要求，分析空气压缩装置采用 GE 公司 Versamax PLC 控制的硬软件实现；

主阀的自动控制：主阀系统的类型、作用、组成结构、基本工作原理、主要设备的特点，采用西门子 S7 – 200 系列 PLC 作为控制器，采用施耐德的软启动装置对以蝶阀进行控制，包括完整的工作过程分析与硬软件实现。

水电站的辅机系统是发电机组正常工作的保障，主要包括油系统、水系统、气系统、主阀等，现代水电站的辅机控制广泛采用可编程控制器（PLC），控制方式常有自动和手动两种方式，主/备设备自动轮换，控制对象中的全部液位、压力、位置、状态量采用通信方式送至计算机监控系统。本章按系统单元对辅机系统的自动控制进行讲解。

第一节　油系统的自动控制

在水电站各种设备的操作中，油系统负责水轮机调速器的液压操作、机组及辅助设备运转的润滑和散热，以及电气设备的绝缘、消弧等，都是用油作为介质来完成的。图2-1所示为某水电厂轴流转桨式水力机组的油系统图，包含调速器油压装置、机组过速保护、主阀油压装置、上下导轴承冷却润滑油、漏油箱等。

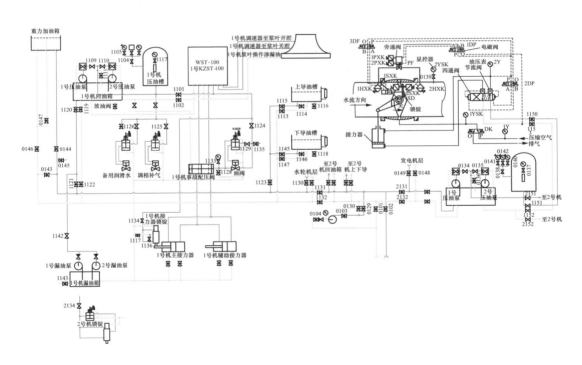

图 2-1　某水电站机组油系统图

油压装置是水电站不可缺少的重要的辅助设备，它产生并储存高压油供机组操作之用，是机组启动、停机、调整负荷等操作的能源，主阀和进水口闸门液压操作系统的压力油，通常也是由油压装置供给的。

水电站的调速系统以及绝大多数的主阀或液压阀，都是用高压油来操作，产生操作高压油源的油压装置系统包括：安装于回油箱上的立式螺旋油泵组、插装阀组（包括二通插装方向阀、二通插装压力阀及电磁阀）及回油箱内部连接管路。与压油槽配套，向水轮发电机组的控制元件提供具有一定流量和压力的液压能。

一、调速器油压装置认知

油压装置是供给调速器压力油能源的设备，由于调速器所控制的水轮机机体积庞大，需要足够大的接力器体积和容量来克服导水机构承受的动水力矩和摩擦阻力矩，导致油压装置体积和压力油罐的容积都很大。

机组在运行中，经常发生负荷急剧变化，甩掉全负荷和紧急事故停机，需要调速器的操作在很短时间内完成，而且压力变化不得超过允许值。为达到这一要求，通常利用爆发力强的连续释放较大能量的气压蓄能器来完成。所以油压装置压力罐容积必须有60%～70%的压缩空气和30%～40%的压力油，以使油量变化时压力变化最小，保证调节精度。

某水电站调速器的液压系统如图2-2所示，在回油箱上设有两台电动立式螺旋油泵。其中一台为主用，一台为备用；油泵为间歇工作方式，主备用泵可相互切换。

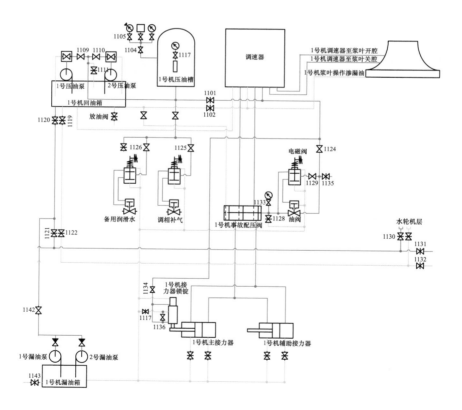

图2-2 某水电站调速系统液压图

调速器输出开关导叶信号，接力器动作后，会用掉一部分压力油，当压油槽内压力降到正常工作油压下限时，压力开关或压力变送器发出信号接通工作油泵电机电源，工作油泵启动，油泵从回油箱内的清洁油区吸油后经过阀组打入压油槽，由压油槽向调速器提供稳定、清洁的压力油。

若压油槽内压力继续下降，则备泵启动；当压力恢复到工作油压上限时，油泵电机电源被切断，油泵停止运行。

调速器油泵出油口连接为含插装阀技术的集成阀组，其中电磁换向阀与插装式压力控制阀的组合为卸载阀的功能，可保证油泵电动机空载启动；先导阀与插装式压力控制阀的组合则是安全阀的功能，能防止系统压力过载；插装式方向控制阀可防止压油槽内的压力油通过油泵倒流回回油箱。

为了使油压装置的工作过程能够自动控制，在压力油罐上装有四个压力信号器和油位信号器，它们分别控制：在油压达到下限时启动油泵；恢复到上限时油泵停机；低于下限时启动备用油泵；低于危险油位时紧急停机。

漏油箱用于接收调速器及其他设备的排油，同样也设有两台漏油泵，漏油箱的油位有油位正常、油位升高和油位过高三个。漏油箱控制器在自动方式时，油位升高，工作泵启动；油位过高，备泵启动；油位正常，油泵停止。

调速器液压部分设备规范值见表 2 - 1。

表 2 - 1　　　　　　　　　　　调速器液压部分设备规范值

名　　称		项　目	规　范　值	单　位
压油槽		容　积	2.5	m³
		最大工作压力	2.5	MPa
回油箱		容　积	4	m³
		充油量	2	m³
压油 单元	压油泵型号		LY - 5.8	
	压油泵排油量		5.8	L/s

油压装置各部件压力整定值见表 2 - 2。

表 2 - 2　　　　　　　　　　油压装置各部件压力整定值

项目	插装式安全阀			工作油泵		备用油泵		补气空气阀	
额定 油压	整定值（MPa）								
	开始排油 压力	全开压力 不高于	全关压力 不低于	启动 压力	停止 压力	启动 压力	停止 压力	开启 压力	关闭 压力
2.5	2.55～2.60	2.90	2.25	1.85	2.25	1.65	2.25	2.2～2.3	2.3

二、调速器油压装置自动控制系统的组成

油压装置自动控制系统由三部分组成，包括信号检测单元、控制处理单元、执行单

元等部件，如图 2 - 3 所示。

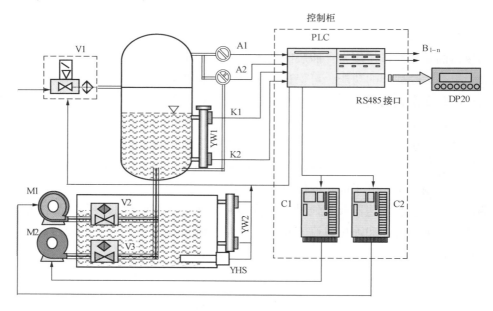

图 2 - 3　油压装置自动控制系统

图 2 - 3 中：

▶ V1 为 QZB 型自动补气装置，V2、V3 为 ZHF 液压组合阀；

▶ M1、M2 为主用和备用泵组；

▶ A1 为压力变送器，A2 为差压变送器；

▶ K1、K2 为液位开关；

▶ C1、C2 为电机启动控制器；

▶ 以太网接口为控制系统与其他计算机接口；

▶ B_{1-n}为控制系统与其他设备的开关量接口；

▶ YHS 位油混水；

▶ YW2 为回油箱液位计。

（一）　自动补气装置

调速器压力油槽由高压空气建立油压，正常运行时，不仅要保证压力油槽的压力在正常范围，同时须保持一定的油气比来保证油压装置的正常工作。调速器压力油槽补气的目的是为了确保压力罐中的油、气比例和正常调节中油压变化不超过允许范围，以满足调速器的工作要求。补气的方式有两种：自补和外补。自补是用于少数的中小型油压装置，利用油气阀和压气罐在油泵断续供油时，逐步地自动将空气充入压力罐。可节省压缩空气设备，但影响油泵寿命。外补是利用专设的压缩空气设备由人工或自动补气装置给压力油槽充气。自动补气是根据压力油槽中的油、气比/由补气装置自动控制补气阀给压力油槽充气。

调速器自动补气装置示意如图 2 - 4 所示。

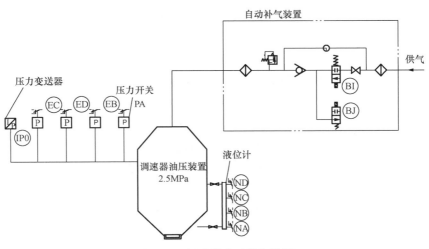

图 2-4　调速器自动补气装置

自动补气装置工作原理为当压力油槽的油位过高，调速器动作用油后，压力下降较大，这时候，自动控制回路接通自动补气电磁铁电源，两电磁铁同时励磁，常闭阀打开，常开阀关闭，气体由进气口经空气过滤器、常闭阀、单向阀、空气过滤器、流进压油槽，进行自动补气。当自动控制回路接断开电磁铁电源、两电磁铁都失磁时，常闭阀关闭，常开阀打开，停止补气，装置内部存气由常开阀排出。

（二）信号监测单元

压力检测：油压装置压力的检测有两种方式，一是电触点压力表，它根据整定的压力值来输出触点开关信号；二是采用可靠的压力变送器检测油压装置的压力，变送器输出 DC4～20mA，该模拟量信号送入 PLC 中，PLC 对压力值进行数据处理后执行相应逻辑动作。

油位检测：采用磁翻板液位计检测油压装置的液位。油位信号分为四点：油位过高，启补气油位，停补气油位，油位过低，如图 2-5 所示。

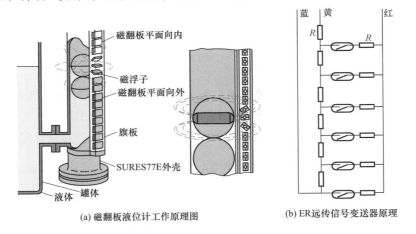

(a) 磁翻板液位计工作原理图　　　　(b) ER 远传信号变送器原理

图 2-5　磁翻板液位传感器工作原理

油混水变送器：采用可靠的油混水变送器检测回油箱中水的含量，变送器输出DC4～20mA，该模拟量信号送入PLC中，PLC对压力值进行数据处理后执行相应逻辑动作。

回油箱油位检测：采用液位计检测回油装置的液位。油位信号分为两点：油位过高，油位过低。

（三） 执行控制单元

油压装置的油泵电机一般采用三相异步电动机，三相异步电动机启动电流较大，根据不同的电动机，启动电流的范围大概在额定运行电流的3～15倍，典型的启动电流为电动机额定电流的7～8倍。

油压装置自动控制系统一般选用大功率交流接触器或软启动器作为油泵电机的启动驱动部件，确保驱动控制可靠。图2-6是采用交流接触器构成的Y/△降压启动的油泵电机控制回路图。

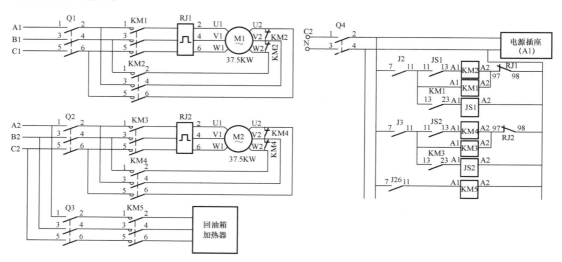

图2-6　Y/△降压启动的油泵电机控制回路图

（四） 控制处理单元

现代水电站一般选用PLC并配置相应的输出扩展模块、必要的电源模块等组成核心处理单元，完成对油压装置的处理控制。

油压装置有自动和手动方式控制方式，手动方式可直接通过按钮、继电器等直接控制油泵的接触器。一般在油压控制装置控制屏上装设有自动方式切换开关、油泵启动、油泵停止等按钮，现在水电站还在现地控制屏上装设了触摸屏操作显示终端。

三、油压装置的PLC自动控制

（一） 油压装置自动控制的要求

油压装置的自动控制，不论其接线如何不同，都应满足下列要求：① 机组在正常运行或事故情况下，均应保证有足够的压力油来操作机组及主阀，特别是在自用电消失的情况下，应有一定的能源储备。此问题可借助选择适当的压油槽容量和适当的操作接线来解决；② 不论机组是处于运行状态还是在停机状态，油压装置都应经常处于准备工作状态，即油压装置的自动控制是独立进行的，是按它本身预先规定的条件——压油槽中的油压和油位自动进行的；③ 机组操作过程中，油压装置的投入应自动地进行，即不需值班人员参与；④ 油压装置应设有备用油泵电动机组，工作油泵发生故障（或机组操作过程中大量消耗压力油）时，备用油泵应能自动投入，并发出信号；⑤ 油压装置发生故障，油压下降至事故低油压时，应能迫使机组事故停机。

（二）　油压装置自动控制功能分析

根据图 2 - 3 调速器油压装置自动控制系统图，采用 PLC 作为油压装置油泵控制和实现压油罐自动补气的控制，在自动工作时，将方式选择开关置于自动位置，若压油槽的油压低于主用泵启动油压时，启动主泵，若压力高于停泵油压时，则停泵；若压力小于备用启动油压时，则备泵投入，此时两台泵都处于运行状态，当压力小于过低油压时，两台泵都启动，同时报警。

在自动状态下，主泵出现故障时，主泵停止运行，并且将备泵切换做主用。主泵、备泵转换通过泵启动的次数来确定，当主泵运行次数已到时，主泵停泵后自动将备泵转换为主泵，主泵转为备泵。

在手动方式情况下，手动启动，将方式选择开关置于手动方式，则油泵开始运行；手动停止，将方式选择开关置于切除方式，则油泵停止打油。

采用 PLC 作为油压装置油泵控制和实现压油罐自动补气的控制，具体应满足如下要求：

（1）每台油泵电动机的控制方式可通过一个控制开关进行设置，控制方式包括：手动、切除、自动。自动控制方式下能自动地实现油泵自动启、停、自动轮换以及远方启、停控制。在手动控制方式下，能实现各油泵电动机的手动启、停操作。

（2）在自动运行方式下，根据压油罐压力自动启、停工作油泵及备用油泵：当压油罐压力降至一限整定值时，启动工作油泵；当压油罐压力继续降至二限整定值时，启动备用油泵，并发备用油泵启动信号；当压油罐压力升至正常时，停运油泵。

（3）在运行过程中，当压油罐压力继续下降至过低压力时，发事故低油压信号；当压油罐压力升至过高压力时，发油压过高故障信号。

（4）当压油罐油位正常而压力低于整定值时，自动开启补气电磁阀对压油罐进行补气，当压油罐压力升至正常时，自动关闭补气电磁阀停止补气。

（5）当回油箱的油位过高或过低时，发回油箱油位异常信号。

PLC 能实现与计算机监控系统的通信，能远程获取油压装置的有关参数和油泵、补气装置的运行状态、异常报警信号等。

根据上述的控制分析，控制系统需要将开关量输入信号、开关量输出信号、模拟量输入信号、模拟量输出信号。

开关量输入包括：1 号泵启动、1 号泵停止、2 号泵启动、2 号泵停止、远程方式、现地方式、1号泵为主、2号泵为主、自动方式、补气液位（ND）、停补气液位（NB）、液位过低（NC）、1号泵故障、2号泵故障、回油箱液位低、回油箱液位高、回油箱液位正常、事故低油压、备泵启动压力、主泵启动压力、停泵压力、回油箱温度高、回油箱温度低等开入信号。

开关量输出包括：1、2号泵启动输出继电器、加热器运行、开补气阀、关补气阀等控制输出，也包括液位过高、液位过低、液位正常、回油箱液位低、回油箱液位高、备泵运行、主泵运行超时、回油箱液位正常、补气阀故障等指示报警信号。

模拟量输入包括：压力油槽液位信号、回油槽液位信号、压力油槽压力信号、回油箱油混水。

模拟量输出包括：将回油槽液位信号、压力油槽压力信号再输出给指示仪表。

（三）油压装置 PLC 控制系统的硬、软件实现

在选择 PLC 的 I/O 时，需要有一定的 I/O 冗余，根据分析选择 PLC 的 I/O 点如下：

开关量输入信号：32 路输入；模拟量输入：4 路（油压 1 路，液位 2 路，油混水 1 路），信号类型：4～20mA。

开关量输出信号：24 路，触点容量，AC220V/5A，DC24V/2A；模拟量输出 2 路：信号类型：4～20mA。

根据上述 I/O 分析，系统中选用 GE 系列 PLC，其系统模块配置见表 2–3。

表 2–3　　　　　　　　　　　GE 系列 PLC 系统模块配置

序号	模块类型	模块描述	数量
1	CPU	CPU：IC200UDR005，100～240V AC 工作电源，24VDC 输入，继电器输出，本机 I/O：16 输入/12 输出	1
2	数字量输入/输出	IC200UEX011，16 路数字量输入，12 路数字量输入	2
3	模拟量输入/输出	IC200UEX626，4 路模拟量输入，2 路模拟量输出信号范围：DC 4～20 mA	1

油压装置自动控制系统适用于 2 台油泵系统的控制，其中 PLC 输入/输出均留有一定的备用点数，将漏油泵需纳入油压系统控制时，只需改动 PLC 软件即可满足应用要求。该系统可实现对压油装置的油位、压力自动控制，装置故障监测报警，主/备用泵切换，与 LCU 进行参数连接等功能。

PLC 电气控制系统原理如图 2–7、图 2–8 所示。

（1）控制系统完成对油泵电机的自动控制，启停油泵流程见图 2–9，实现 2 台油泵电机的启动和停机，维持压力油罐压力在正常的工作范围 1.85～2.25MPa。控制系统使 2 台油泵轮流处于工作、备用状态。自动运行时，工作、备用状态自动循环，轮流担任；当工作泵故障时，备用泵自动顶替工作泵，并在故障未消除前一直处于该状态。

（2）控制系统对压力油罐进行补气，补气启停流程见图 2–10，测控系统完成对压

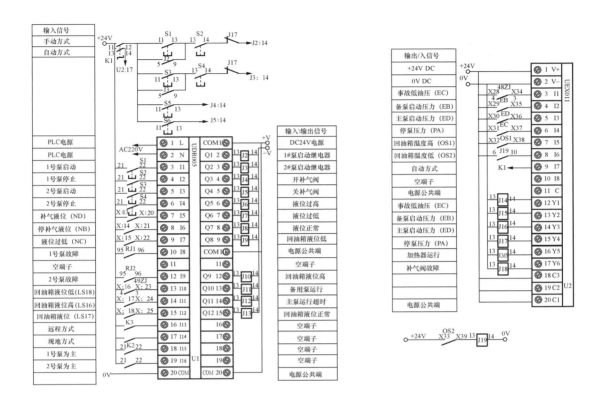

图 2-7 油压装置 PLC 电气控制系统原理图（一）

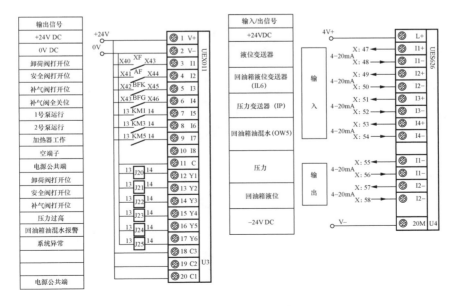

图 2-8 油压装置 PLC 电气控制系统原理图（二）

力油罐油位监测，当油面升高并达到补气油位；同时，油罐压力在 90%～98% 额定压力的范围之内，将自动地控制补气阀组进行补气，到复归油位时停止补气，油气比例达到 1:2，就能满足机组运行时，保证调节能量的要求。而且，按规程要求，补气与油泵不能同时动作。如果在补气过程中，油压降至工作启动油压时则立即关闭补气，油泵工作至额定油压。如果这时油位仍未达到正常值，则再按上述条件进行补气，直至油位回到正常位置为止。

（3）控制系统还负责对漏油泵进行控制，漏油泵控制流程见图 2-11，当油位升高至启动油位时，PLC 发出命令，启动漏油泵；油位降低到停泵油位时，PLC 发出命令，停漏油泵。

（4）在控制屏上能现地手动操作，当 PLC 失电或故障时，可手动启停各台油泵、漏油泵和补气阀。

（5）当测控装置监测到压油罐压力、油位及回油箱油位、漏油箱异常时，发出相应的故障信号。

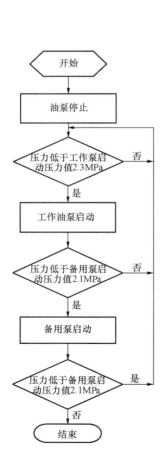

图 2-9 启停油泵流程

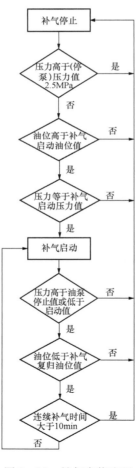

图 2-10 补气启停流程

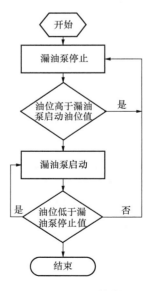

图 2-11 漏油泵控制流程

第二节　技术供水系统的自动控制

技术供水系统是水电站重要的辅助设备系统，该系统的正常稳定运行直接关系到全厂设备的安全稳定运行。

一、技术供水系统认知

水电站的技术供水对象是各种机电运行设备，其中主要包括水轮发电机组的发电机空气冷却器、发电机各导轴承和水轮机导轴承等重要部件，以及水冷式变压器、水冷式空气压缩机、调速器系统、通风空调系统等一系列主、辅机电设备。技术供水的主要作用是对运行设备进行冷却和润滑。在通常的技术供水系统设计理念中都包含水源、备用水源、供水方式、供水量、水质净化、检修及隔离设备、管路及防逆流设备、排水口等这些方面。

如图 2 - 12 所示，某电站机组技术供水系统采用单元供水方式，每个单元采用蜗壳取水自流减压供水（主供水）和尾水管取水水泵加压供水（备用供水）两种方式。

当主供水减压阀故障或减压供水其他设备故障需要检修或主供水系统堵塞造成压力低时，水泵供水自动投入运行。

蜗壳取水自流减压供水单元主要由 1 台全自动滤水器、1 台水力控制阀、1 台减压阀、1 台安全阀及其他操作阀门和管路等组成。全自动滤水器设在减压阀之前，防止杂物堵塞减压阀，在减压阀之后，

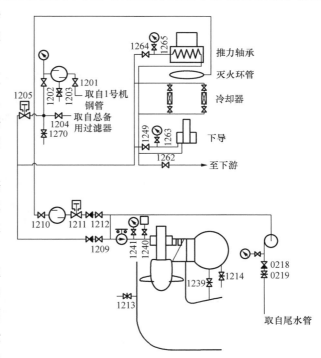

图 2 - 12　某电站机组技术供水系统图

设有安全阀，当减压阀故障，管道压力超过允许范围时，安全阀自动泄压，降低机组供水管道内水的压力值，保护设备安全，维持供水回路的压力稳定。

尾水管取水水泵加压供水单元主要由 1 台全自动滤水器、1 台水泵、1 台泵控阀和其他操作阀门和管路等组成。用于机组空调冷却器供水、推力轴承、下导轴承冷却供水、水导润滑供水等。

（一）技术供水的水源

技术供水水源的选择非常重要，在技术上需考虑水电站的形式、布置和水头，满足

用水设备所需的水量、水压、水温和水质的要求，力求取水可靠，水量充足，水温适当，水质符合要求，以保证机组安全运行，使整个供水系统设备操作维护简便；在经济上需考虑投资和运行费用最省。如果选择不当，不仅可能增加投资，还可能为电站在以后长期的运行和维护增加困难。

技术供水系统除水源外，还应有可靠的备用水源，防止因供水中断而停机。对水轮机导轴承的润滑水和对水冷推力瓦的冷却水，要求备用水能自动投入，因为供水稍有中断，轴瓦就有被烧毁的可能。

一般情况下，常规水电站均采用所在的河流（电站上游水库或下游尾水）作为供水系统的主水源和备用水源，只有在河水不能满足用水设备的要求时，才考虑其他水源（例如地下水源）作为主水源，或补充及备用水源。

对于常规水电站，最常见的技术供水水源主要有以下几种，将其列出希望有助于各位学员进行比较：

1. 上游水库做水源

上游水库是一个丰富的水源，从水质和水温方面看都比较符合用水设备要求。取水口的位置有两种：压力钢管取水或蜗壳取水、坝前取水。

2. 下游尾水做水源

如果上游水位形成的水位过高或过低时，常用下游尾水作水源，通过水泵将水送至各用水部件。

3. 顶盖取水做水源

顶盖取水作为技术供水的水源适用于混流式机组，顶盖取水作技术供水水源时，在转轮上冠装一泵轮，在顶盖上设四个斜孔，泵轮随转轮旋转，水流在离心力的作用下，通过斜孔流出，作为技术供水用。

（二） 技术供水方式

水电站供水方式因电站水头范围不同而不同，其中常用的供水方式有以下几种。

1. 自流供水方式

自流供水系统的水压是由水电站的自然水头来保证的，当水电站平均水头在 $20 \sim 40m$，且水温水质符合要求时，采用自流供水；为保证各冷却器进口的水压符合制造厂的要求，当水头在 $40 \sim 80m$ 时，一般装置可靠的减压装置，对多余的水压力加以削减，即自流减压供水方式。减压装置又分为自动减压装置和固定减压装置两种。

2. 水泵供水

电站水头高于 $80m$ 小于 $12m$ 时采用水泵供水方式，对于低水头电站取水口可设置在上游水库或下游尾水；对于高水头电站水泵一般采用从下游取水，采用地下水源时，若水压不足，亦用水泵供水。

3. 混合供水

水电站水头较高，机组设备众多时，不宜采用单一供水方式，一般设置混合供水系统，即自流供水和水泵供水的混合系统。当水头比较高时采用自流供水，水头不足时采用水泵供水，经过技术经济比较确定操作分界水头。也有一些混合供水的水电站，根据用水设备的位置及水压、水量要求的不同，采用一部分设备用水泵供水，另一部分设备用自流供水的方式。

技术供水设备根据机组的单机容量和电站的装机台数，在设备设置上一般有以下几种类型：① 集中供水：全电站所有机组的用水设备，都由一个或几个公共取水设备供水。通过全电站公共供水干管供给各机组用水。② 机组单元供水：每台机组设置独立的取供水设备，适用于大型机组或电站只装一台机组的情况，此方法运行灵活，可靠性高，易于实现自动化。③ 分组供水：机组台数较多时，将机组分成几组，每组设置一套设备。具有单元供水的特点。

二、技术供水系统的主要设备

（一）水泵

水泵按工作原理分为：容积泵（活塞泵、齿轮泵、螺杆泵）、叶片泵（离心泵、混流泵、轴流泵）以及水锤泵、射流泵等。

在技术供水中常用卧式离心泵，一般布置在较低高层上，以便泵能自动充水。

（二）过滤器

水电站滤水器的正常运行是保证水电站技术供水系统设备安全运行的一项重要内容，根据水电站水源的实际情况，选择一种可靠性高和适应实际水质情况的滤水器，是水电站技术供水系统运行可靠的保证。

为了保证水中的杂质泥沙不会损坏设备，在每个取水口后面必须装置滤水器以保证水质。有些机电设备对水质的要求较高，为此需要过滤能力较好的水力旋流器或高精度的过滤器。过滤器冲洗时不能影响正常供水，应装有堵塞信号装置，一般采用压差传感器。

滤水器接入管道系统后，水就会从进水口进入滤水器，过滤后的水从出水口流出，当水中杂质通过网芯时，由于体积大于网芯孔，而被截留在网芯上，当聚积到一定数量时，即造成进水口和出水口有一定压差。这时可转动网芯进行自动反冲洗，杂质将会从排污口自行排出。双刃式全自动免清洗滤水器结构如图 2 – 13 所示。

旋转式滤水器主要用于水电站的生产用水过程中，对进入水厂原水中 $2cm^3$ 以上的漂浮杂物进行过滤除杂。该设备安装在水处理车间的进水管道入口处，根据生产用水量的实际需要，可单台使用，也可多台并联运行。旋转式滤水器的基本工作原理是根据旋转式滤水器的进、出水口之间的水位压力差来控

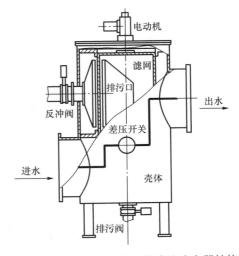

图 2 – 13　双刃式全自动免清洗滤水器结构

制旋转式滤水器的除杂排污。

正常滤水过程：由于旋转式滤水器进水与出水口的水流正常，产生的压力差低于差压控制器设定值，因此，差压变送器无动作输出，原水正常过滤。

除杂排污过程：由于旋转式过滤器长时间过滤原水，势必在滤水器内的过滤孔中阻塞大量的水中漂浮物，使得进水口的水压大于出水口的水压，出水量减少，进、出水口产生的压力差高于差压控制器设定值，这时差压变送器动作输出，控制系统进行除杂排污。除杂排污后旋转式滤水器又恢复正常滤水状态，技术供水系统安全运行。

（三）　减压装置

对于采用自流减压供水方式的机组，通常使用减压阀、减压环管等减压装置，使水压达到机组各终冷却设备供水压力的要求，保证设备正常运行。图 2 - 14 是 ZJY46H 型减压阀结构及工作原理图。

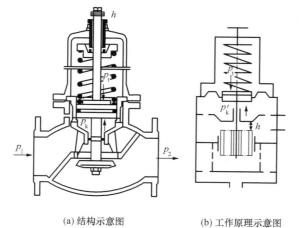

(a) 结构示意图　　　(b) 工作原理示意图

图 2 - 14　减压阀结构及工作原理示意图

如图 2 - 14 所示：p_1 为减压阀的进口压力；p_2 为减压阀的出口压力；p_t 为减压阀主阀的弹簧压力；p_k 为减压阀主阀的压力调节腔压力；p_t' 为反馈系统控制阀弹簧压力；p_k' 为反馈系统控制阀压力调节腔压力；h 为减压阀主阀的过流面积。

减压阀正常工况时，$p_t = p_k$；当控制阀 $p_t' = p_k'$ 时，主阀和控制阀的阀座与阀瓣开启高度 h 为一个定值（即过流面积一定，过流量一定）。因此，减压阀出口压力相对是一个低压值 p_2。

在进口压力 p_1 变化时，出口压力 p_2 是不变的，当 p_1 上升时，减压阀的 $p_2 + \Delta p_2$ 首先表现为上升，其值通过反馈系统出口管传到控制阀，使 $p_t' + \Delta p_t'$，$\Delta p_t'$ 与 p_k' 的力达到新的平衡，控制阀 h 减小；相应的 $\Delta p_k'$ 压力增大，经压力导管，使主阀的 $p_k + \Delta p_k$，$p_t = p_k + \Delta p_k$ 压力达到新的平衡，主阀 h 减小，Δp_2 值恢复为原 p_2 值。当进口压力 p_1 下降时，主阀与控制阀的工况则与上述工况相反。当出口流量 Q 增大时，减压阀的工况相当于 p_1 下降时的工况；当出口流量 Q 减小时，减压阀的工况相当于 p_1 上升时的工况。

（四）　管路安全装置

为了防止管路因水锤效应、瞬时水击等情况而爆管，造成水淹厂房等重大事故的发生，在较长且落差较大的管路上通常安装压力缓冲罐、压力安全阀、止回阀等装置来保证管路安全。

三、技术供水滤水器的 PLC 控制

水电站的技术供水，可以采用水泵供水或自流供水两种方式，自流供水系统的自动

化属于机组自动控制过程中的程序之一，这种供水方式没有独立的控制系统。当采用水泵供水并设置蓄水池时，水泵的控制是独立进行的，是通过反映蓄水池水位的液位信号器发出的信号来进行控制的。在这里主要阐述技术供水系统中滤水器的自动控制。

LS—PLC 型全自动免清洗滤水器由工作机构和控制机构组成。工作机构由减速装置、滤水器本体及电动排污阀、电动冲水阀组成，如图 2 – 15 所示。该滤水器由减速器与滤网直联，装在筒壁的清洁压力水冲洗口隔着滤网与喇叭状的接口对应。在圆周方向上布置了刮污刀，该刮污刀刀口与滤网外圆有

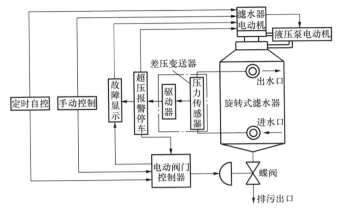

图 2 – 15　旋转式滤水器控制原理图

较小的距离。控制机构由安装在滤水器本体上的关压控制器及安装在滤水器附近的电控箱组成。

（一）　滤水器控制系统技术要求

水电站技术供水的目的是冷却发电机组及相关设备，它要求持续不间断地供水，对温度、流量及水压有一定的要求。根据水电站技术供水的特点，技术供水控制系统时必须满足以下几点：

（1）必须保证供水的连续性，因为一旦偶然原因导致技术供水中断，就会降低发电机组的发电出力，中断严重时还会造成水轮机导轴承和发电机组线圈烧掉，尤其是水轮机导轴承，它要求供水一刻也不能停止。

（2）系统必须能根据入口温度和发电机运行的台数实时动态的控制管网中供水流量。

（3）系统必须具有安全保护功能，因为安全防范和保护措施直接关系到水电站的生存和发展。

机组主供水过滤器采用双刀式全自动免清洗滤水器。

在正常过滤状态时，电动排污阀关闭，减速机不启动；在设定的清污、排污工况时，排污阀打开，滤水器减速机启动，带动滤网筒转动，附着在滤网上的纤维状悬挂物先由装在外壁的刮污刀刮除；然后，滤网行至高压冲洗口与接口之间，进水口电动阀打开，清洁的高压水反向冲洗滤网，使剩余的附着在滤网上的污物彻底清除干净。如此循环 1 个或数个周期，可将滤网上的杂物完全清除，保证长期正常供水。

滤水器可以在机组不停机状态下除污而不影响机组的正常供水。

滤水器操作方式分为定时自动清污、现场手动控制清污、现场人工操作等方式。

定时清污：自动定时清污工况操作在控制箱上设置动作时间为 96h，当计时器达到设定时间时，排污阀开启，减速机启动，滤水器自动进行清污、排污。

现场手动控制清污：在现场操作控制箱上的按钮，使排污阀开启，减速机动作，完成清污、排污工作。

现场人工操作：用手轮开启排污阀和旁通阀，并用操作把手旋转滤筒，完成清污、排污工作。

滤水器控制系统一般具有"现地/远方"切换、"手动/自动"切换、故障报警显示等功能，应通过 I/O 接口与电站计算机监控系统 LCU 连接。

机组运行时技术供水系统即投入运行，正常运行时打开主用电动阀，当主用供水管路上的全自动滤水器发生堵塞时，自动打开备用供水电动阀，主用供水管路与备用供水管路应能任意切换。

（二）滤水器 PLC 控制系统的硬软件实现

滤水器的自动控制系统采用 PLC 可编程控制器自动控制，也可手动控制，由电动行星摆线针轮减速机、滤水器本体、差压控制器、差压变送器、双电动排污阀及 PLC 可编程控制器的电气控制柜等组成。控制系统设有差压过高、排污阀过力矩故障报警。当排污阀出现故障或过力矩及滤水器差压过高时，可进行故障报警及相应提示。利用通信可以与机组 LCU、中控室计算机等进行通信以实现远方监测。

因为技术供水水泵的控制比较简单，所以在选择 PLC 时，选用小型的 PLC 就完全能满足要求，甚至如果不需要与电站监控系统通信连接时，还可以选择可编程继电器来实现（各个 PLC 厂商命名不一样），下面介绍在滤水器控制中使用三菱 FX0N－24MR 为例。

因为输入、输出信号不多，我们选择的三菱 FX0N－24MR 这种 PLC 为整体继电器型，有 14 点输入、10 点输出，完全可以满足滤水器控制要求。

滤水器控制系统 PLC 配置及接线原理如图 2－16 所示。

该滤水器的自动控制系统流程如图 2－17 所示。

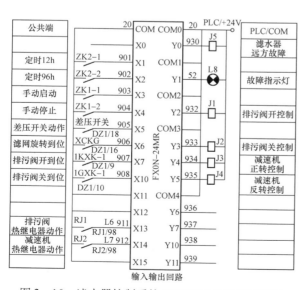

图 2－16　滤水器控制系统 PLC 配置及接线原理图

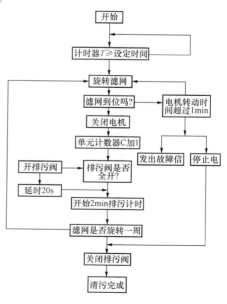

图 2－17　滤水器的自动控制系统流程

第三节　技术排水系统的自动控制

水电站排水系统分为渗漏排水系统和检修排水系统。渗漏排水是厂房的生活用水、技术用水、各种部件及伸缩缝与沉陷缝的渗漏水均需排走，凡能自流排往下游的均自流排往下游，不能自流排除的用水及渗漏水，则集中到集水井内，再以水泵排往下游。检修排水是机组检修时常需放空蜗壳及尾水管中的水，并通过水泵排到下游。渗漏和检修排水系统对于机组的安全运行重要，若排水系统不可靠，就会引起水淹厂房的重大事故，严重威胁水电站的安全和运行。

一、技术排水系统认知

水电站主厂房位地势相对较低，许多设备在尾水以下，渗漏和检修排水系统尤为重要，同时检修和渗漏排水系统也是比较容易发生事故的部位，若排水系统不可靠，将威胁水电站的安全运行，影响机组检修进度。

某水电站排水控制系统如图 2-18 所示，集水井系统通常设置两台泵（离心泵或深井泵），由异步电动机拖动，正常时两台互为备用，转换工作。水泵电动机的控制由设置在集水井的水位信号器来实现。控制系统从外界引入主备两组电源引至双电源转换控制柜，引出至排水控制系统控制柜，现代水电站广泛采用 PLC 实现水泵的自动控制，通过

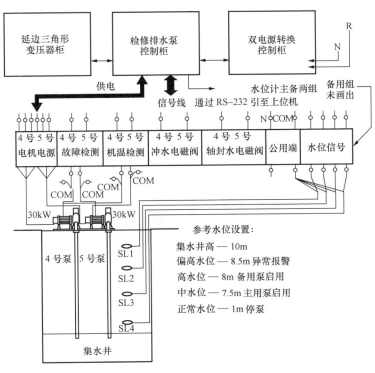

图 2-18　排水控制系统工作示意图

串行通信与监控系统相连，将数据传送给监控系统。图2-18系统中设置四个水位点采样点，使用主备两组液位开关，水位设置如图所示；使用两个速度继电器用于检测电机是否工作，两个温度开关用于电机保护，系统还包含冲水电磁阀和轴封水电磁阀。

为了保证运行安全，使厂房不致被淹和潮湿，排水系统自动化应该达到以下要求：

（1）自动启动和停止工作水泵，维持集水井水位在规定的范围内；

（2）当工作泵发生故障或来水量大增，使集水井水位上升到备用泵启动水位时，应自动投入备用水泵；

（3）但备用水泵投入时，应发出警报信号。

二、集水井控制系统的组成

（一）集水井系统的组成

某水电站集水井控制系统如图2-19所示，包括深井泵、集水井控制系统、水位传感器等。集水井的尺寸为：长2m、宽2m、深10m，水位设置为：正常水位为1m、中水位7.5m、高水位8m、偏高水位8.5m，从起泵水位到停泵水位深度为7.5m-1m=6.5m，排水容量26m³，因动态进水量不确定，按最高进水量40m³/h估算，参考选用型号为MD25-50多级离心泵，流量25m³/h，单级扬程为50m，转速2940r/min，功率为30kW。电机型号为Y200 L2-2，额定功率37kW的电机。

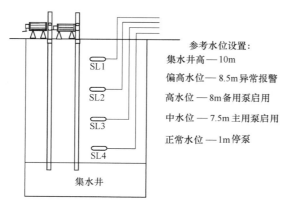

参考水位设置：
集水井高——10m
偏高水位——8.5m异常报警
高水位——8m备用泵启用
中水位——7.5m主用泵启用
正常水位——1m停泵

图2-19　某水电站集水井控制系统

三相异步电动机启动时存在短时间较大电流，对电网冲击较大，对于大容量异步电动机通常采用Y-△降压启动、延边三角形降压启动控制。Y-△降压启动的特点：启动电流小，启动转矩小，可以较频繁启动；延边三角形启动适用范围为：启动电流较小，启动转矩较小，可以频繁启动，仅适用于定子绕组有中间抽头的电机，目前采用较多。本例深井泵主备两台电机启动方式采用延边三角形降压启动。系统中设置四个水位点采样点，使用主备两组浮球液位开关，水位设置如图2-19所示。

控制系统采用三菱FX2N系列PLC来控制器，根据水位信号来控制水泵的启停，PLC通过通信方式与上位机相连，将数据传送给上位机监控系统，上位机可实现远方控制。

浮球液位开关是一种结构简单、使用方便、安全可靠的液位控制器件，它比一般机械开关体积小、速度快、作用寿命长，与电子开关相比，它又有抗负载冲击能力强的特点，在水电站水位控制方面得到了广泛的应用。

（二）干簧管式浮球液位开关

干簧管式浮球液位开关，适用于各种敞开和低压条件下的液面位置测量。可在所要求的液面位置测量，准确地发出相应的控制信号，以便及时的报警或自动控制水泵电动机的启动和停止等。GSK 干簧式浮球液位开关性能稳定，准确可靠，多种规格，信号器的导向管、浮球等材质均采用优质不锈钢材料，该装置适用于工矿企业、民用建筑、科技研究领域中的水塔、水箱、水池等的水（液）位自动控制或报警，同时也可广泛就用于环境保护的"三废"处理排污放液的设施之中。

干簧管式浮球液位开关由大功率干式舌簧管（以下简称干簧管）作为主要控制元件，干簧管装于导管内；浮球套于导管外，球内装有环形恒磁磁钢；利用浮球液位开关的磁性浮子随液位升或降，使传感器检测管内设定位置的干簧管芯片动作，发出触点开（关）转换信号，如图 2 - 20 所示。在密闭的非导磁性管内安装有一个或多个干簧管，然后将此管穿过一个或多个中空且内部有环形磁铁的浮球，液体的上升或下降将带动浮球一起上下移动，从而使该非导磁性管内的干簧管发出吸合或断开的动作，从而输出一个开关信号。

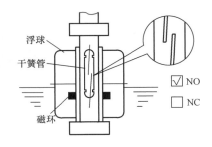

图 2 - 20 干簧管式浮球液位开关原理图

导管上部设有密封接线盒，内设接线端子，导管底部用螺纹底套密封，干簧管式浮球液位开关导管垂直安装于水池等开口容器内，如图 2 - 21（a）所示。干簧管式浮球液位开关浮球随水位变化而上—下升降，当水位降至被控制的低落水位（或升至被控制的高水位）时，干簧管受到磁场的作用，克服簧片复原力矩，簧片动作（常开触点闭合，常闭触点断开），发出低水位或高水位信号，并且作用于水位自动控制装置，其内部触点图如图 2 - 21（b）所示。

干簧管式浮球液位开关是易碎元件，开关必须在垂直状态下使用，触点位于上方，倾斜角不应大于30°；在导向管较长时，下端应加固定措施。

（三）电缆浮球液位开关

电缆浮球液位开关是利用重力与浮力的原理设计而成，如图 2 - 22 所示，电缆浮球

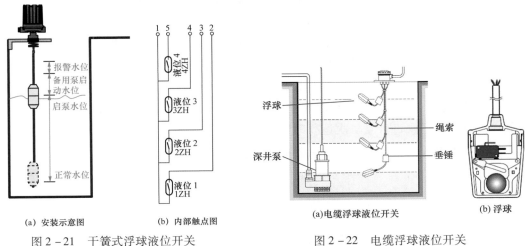

(a) 安装示意图   (b) 内部触点图   (a)电缆浮球液位开关   (b) 浮球

图 2 - 21 干簧式浮球液位开关   图 2 - 22 电缆浮球液位开关

液位开关基本部件由浮球、电缆、绳索、重锤等组成，当浮球受液体浮力作用而随液位上升或下降到与水平面约30°角时，浮球液位开关内部的钢珠会滚动压到微动开关或脱离微动开关，使液位开关输出开（通）或关（断）的信号。

电缆浮球液位开关常利用塑胶一体注塑成型，其结构简单合理，性能稳定可靠，不因液面的波动而引起误动作，同时它还具有无毒、耐腐蚀、安装方便、价格低、寿命长等特点。

如图2-23所示，电缆浮球液位开关在安装时需注意，浮球动作长度 a 必须小于槽壁与电缆距离 A，否则易造成动作不正确。浮球控制之最低水位 d 必须大于泵之最低水位 D，以保护马达。安装位置与抽水机入水口应保持适当距离以免浮球液位计被入水口吸入。安装位置与入水口应保持适当距离以免被水冲击造成感应不正确；若无法避免时可加装防波管或防波板改善。

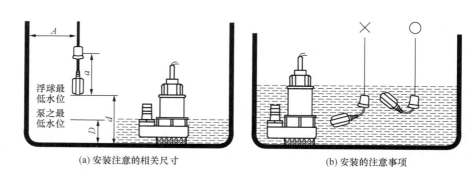

(a) 安装注意的相关尺寸　　　　　　　　(b) 安装的注意事项

图2-23　电缆浮球液位开关的安装

三、集水井的 PLC 控制

（一）集水井控制要求

在正常自动工作模式下，两台排水泵互为备用，由 PLC 控制轮换启动；水泵的启停由 PLC 根据水位自动控制。当集水井水位升高时，工作泵启动；当水位过高时，备用泵启动；水位降至正常水位后，停泵。若水位升至报警水位，则发出报警信号。当主备两泵都正常工作时，水位仍上升，水位升至报警水位，声音报警器长鸣。

启动水泵前，先打开润滑水管上电磁阀，给水2min后，方能允许启动水泵，启动水泵0.5min后润滑水切断。若启动前润滑水中断，水泵不能启动。由 PLC 根据集水井水位控制自动停泵，记录每台泵每次运行时间，累计运行时间及启动频率。PLC 通过通信方式上传水泵工况及报警信号。水泵应能手动开启，自动停泵。

通常运行情况下，根据集水井水位状况，集水井的两个水泵的控制方式有以下两种：

运行模式1：

（1）集水井水位上升到中水位时，1号排水泵启动。

（2）1 号泵启动后，集水井水位开始下降，下降至正常水位后 1 号泵停。

（3）下次集水井水位上升到中水位时，会切换到另泵启用，即 2 号排水泵启动。

（4）两台泵互为备用，轮流运行，依次循环。

运行模式 2：

（1）集水井水位上升到中水位时，1 号排水泵启动。

（2）1 号泵启动后，集水井水位上升速度减慢，上升到高水位后 2 号排水泵启动。

（3）集水井水位开始下降，下降至正常水位后 1 号和 2 号排水泵停。

（4）下次集水井水位上升到中水位时，会切换至另泵启用，即 2 号排水泵启动。

（5）轮流运行，依次循环。

（二）集水井 PLC 控制系统的硬软件实现

1. PLC 的选择

首先要确定集水井水泵控制系统中 PLC 输入点数：用于手动操作的手动/自动选择开关、1 号泵手动启动开关、2 号泵手动启动开关、故障复位按钮共计 4 个输入端；用于电机故障检测和热保护的 4 个输入端；设置四个水位点从高到低依次是 SL1、SL2、SL3、SL4 分别对应偏高水位、高水位、中水位、正常水位，主用与备用水位计均选用液位开关，用到 4 个输入端，总计 12 个开关量输入点。

输出点数的确定：用于电机运行的接触器 KM1、KM2，用于电机延边三角形降压启动的接触器 KM3、KM4、KM5；两组冲水电磁阀、轴封水电磁阀 4 个；水位指示灯 4 个；手动指示灯和自动指示灯 2 个；两组故障指示灯和蜂鸣器报警输出共 3 个；总计 18 个开关量输出点。

以此选用 FX2N - 32MS 外加扩展模块 FX0N - 8EYT，共 16 个开关量输入端、24 个开关量输出端。输入点余出 4 个可用于主备水位计各自输入端，亦可作为余量。

2. I/O 分配及接线图

输入信号 X000 - X003 开关量定义为：SA1 手自动转换开关、SA2 和 SA3 按钮分别用于 1 号和 2 号排水泵手动开启、SB1 按钮用于电机故障的复位。X004～X007 为主用水位计液位开关的输入点，X010～X013 为备用水位计液位开关的输入点。X014、X015 端用于电机的热过载保护。

输出信号共使用 18 个输出端子，用于 1、2 号排水泵电机运转的接触器 KM1、KM2 并各自连上工作指示灯，2 组冲水电磁阀，2 组轴封水电磁阀。KM3 和 KM4 配合使用用于 1 号电机的延边三角形降压启动，同样 KM3 和 KM5 配合使用用于 2 号电机的延边三角形降压启动，其他为指示灯信号和声音报警。

主模块及扩展输出模块触点接线图如图 2 - 24 所示。

3. PLC 控制程序流程分析

根据控制要求在梯形图程序中设置了相应的程序段功能模块，如手动模式功能、自动模式功能、运行故障声光报警、泵启动和停泵控制等。定义的软元件如表 2 - 4 所示。

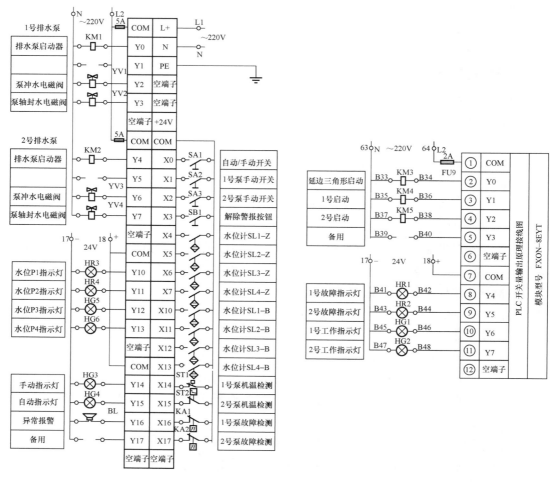

图 2-24　FX2N-32MS 主模块、扩展模块端子分配及接线图

表 2-4　　　　　　　　　　　　软 元 件 定 义

元件	注　　释	元件	注　　释
M10	主泵启动	M54	1 号泵作为备启动
M11	备泵启动	M55	2 号泵作为备启动
M34	1 号泵手动启动	M100	自动运行标志位
M35	2 号泵手动启动	M101	主用泵启动标志位
M44	1 号泵作为主用	M600	泵轮流启用标志位
M45	2 号泵作为主用	X000	自动/手动开关 SA1

手动模式功能程序段具体见图 2-25。

通过拨动转换开关 SA1 使 X000 为 ON 时，自动运行程序段失效，手动运行程序段有效，可通过 SA2 和 SA3 手动开关控制触点 X001 和 X002 控制 M34、M35 的状态使水泵启

图 2 − 25 扩展输出端子分配及接线图

动程序段响应，完成 4 号和 5 号泵的开启与停机。在手动模式下 4、5 号排水泵不会随水位的变化而动作，水位信号可通过水位指示灯显示出来。

1 号泵启动和停泵控制程序段及说明（见图 2 − 26）如下：

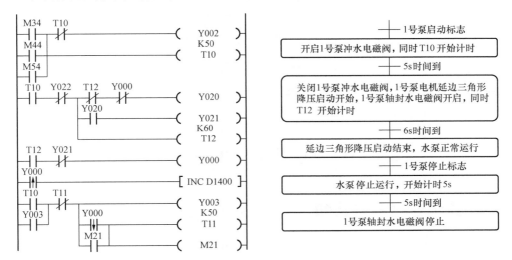

图 2 − 26　1 号泵启动和停泵控制流程图

启动水泵运行：M34、M44、M54 其一为 ON 时，首先 Y002 为 ON，开启 1 号泵冲水电磁阀，同时 T10 开始计时。5s 后 Y002 为 OFF，关闭 1 号泵冲水电磁阀，Y020 和 Y021 为 ON、Y003 为 ON，1 号泵电机延边三角形降压启动开始，1 号泵轴封水电磁阀开启，同时 T12 开始计时，并自锁。6s 后，Y020 和 Y021 为 OFF、Y000 为 ON，延边三角形降压启动结束，KM1 闭合，水泵正常运行。

停泵：M34、M44、M54 其一为 OFF 时，此时 T10、T12 为 OFF，Y000 为 OFF，电机停止运转，同时 Y000 的下降沿会触发 T11 为 ON 并自锁，开始计时。5s 后 Y003 为 OFF，自锁断开。

自动模式功能程序框图 2 − 27 如下：

通过拨动转换开关 SA1 使 X000 为 OFF 时，自动程序段有效，在自动模式下，当水位上升到中水位时（X006/X012）为 ON，此时 M10 为 ON 并自锁，主泵启用，当水位下降低于正常水位时，（X007/X013）为 OFF，M10 为 OFF，自锁解除；但水位继续上升时，到达高水位时，（X005/X011）为 ON，此时 M11 为 ON 并自锁。备泵启用，当水位下降低于正常水位时，（X007/X013）为 OFF，M10、M11 均为 OFF。自锁解除，停泵。

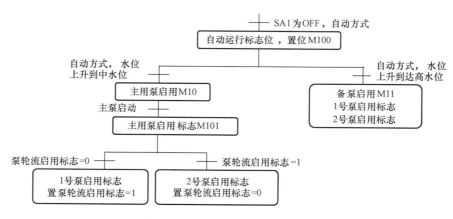

图 2-27 自动模式功能程序框图

在自动控制运行时，泵的轮流运行：M10 为 ON 时，会通过 M600 来确定 M44 或 M45 为 ON 来启动 4 号泵还是 5 号泵。启动后再将 M600 取反，用于下次另一台泵启用。M11 为 ON 时，主泵和备泵都启用。

第四节　气系统的自动控制

一、压缩空气系统认知

空气具有极好的弹性，即压缩性，是储存压能的良好介质，广泛地应用在水电站的运行、检修和安装过程，是一种良好的操作能源。压缩空气装置根据用气设备气压的高低分为低压（供调相压水及机组制动用气）和高压装置（供调速器及主阀用气）。高压压缩空气装置与低压压缩空气装置其储气罐气压的自动控制相似。

水电站压缩空气的用途如下：

（1）油压装置压力油槽充气，油压装置压力油系统是水轮机调节系统机组控制系统液压阀的操作能源，低水头水电站采用的液压系统，额定压力一般为 $25 \times 10^5 Pa$，高水头水电站采用的液压系统，额定压力一般为 $64 \times 10^5 Pa$。

（2）机组机械制动用气，额定气压一般为 $7 \times 10^5 Pa$ 或 $6 \times 10^5 Pa$。

（3）检修维护时的风动工具及吹污清扫用气，额定气压一般为 $7 \times 10^5 Pa$ 或 $8 \times 10^5 Pa$。

（4）水轮机导轴承检修密封围带充气，额定压力一般为 $7 \times 10^5 Pa$。

（5）蝶阀围带充气，额定压力一般为 $7 \times 10^5 Pa$。

二、压缩空气系统的组成

压缩空气系统是由空气压缩装置（空气压缩机及其附属设备）、储气罐及管道系统和测量控制装置三部分组成，其主要任务就是满足用户对气量的要求，并且保证压缩空气质量的要求，即气压、清洁和干燥的要求。

（一） 空气压缩机

空气压缩机按工作原理可分为速度型和容积型两大类，气体在速度型压缩机高速轮叶的作用下，获得巨大的动能，随后在扩压器中急剧降速，使气体的动能转变为势能（压力能）。容积型压缩机靠在气缸内作往复运动的活塞使容积缩小而提高气体压力。

压缩机按结构形式的不同，分类如下：

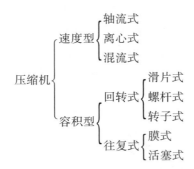

（二） 压缩空气装置的附属设备

压缩空气装置的主要附属设备有：空气过滤器、储气罐油水分离器、冷却器、消声器等。

（1）空气过滤器。空气过滤器用来过滤大气中所含的尘埃。因为尘埃进入气缸后，由于气缸中压缩空气所产生的高温的影响，会与气缸的润滑油混合而碳化并在气缸内壁活塞和阀板上形成积碳，结果会使气阀关不严密，活塞环粘紧在活塞上失去弹性，积碳还会沉积在活塞杆上，所以必须有空气过滤器来清除空气中的混合杂质。

（2）储气罐。储气罐可作为压力调节器，用来缓和压缩机由于断续动作而产生的压力波动。储气罐可作为气能的储存器，当设备耗气量大时放出气能。

（3）油水分离器。油水分离器（习惯上称为气水分离器）的功能是分离压缩空气中所含的油分和水分，使压缩空气得到初步净化，以减少污染、腐蚀管道及用户设备。

油水分离器的原理是通过改变进入油水分离器中压缩空气的气流方向和速度，以及气流的惯性，分离出密度较大的油滴和水滴。

（4）冷却器。冷却器的作用是冷却压缩后的高温气体。一般有风冷式冷却器和水冷式冷却器。

（5）消声器。消声器的作用是减少压缩空气直接对大气排放气体所造成的噪声污染。

三、压缩空气装置的自动控制

水电站空气压缩装置根据用气设备气压的高低分为低压（供调相压水及机组制动用气）和高压装置（供调速器及主阀用气），高压压缩空气装置与低压压缩空气装置其储气罐气压的自动控制相似。

（一）空气压缩装置的工作原理

图 2-28 是某水电站的低压空气压缩装置系统图。系统中设置了两台自然风冷式 2V-6.8 型空气压缩机，它们具有手动与自动两种运行方式。正常情况下，一台工作，一台备用。三个储气筒中，有两个用于供调相压水和其他技术用气，另一只则专门用于机组制动用气。

空气压缩装置的自动控制应实现如下的操作：

（1）自动向充气罐充气，维持储气罐的气压在规定的工作压力范围内。

（2）在空气压缩机启动和停止过程中，自动关闭或打开空气压缩机的无负荷启动阀，对水冷式空气压缩机，还需自动供给和停止冷却水。

（3）当储气罐的气压降低到工作压力下限时，备用空气压缩机自动投入，并发出报警信号。

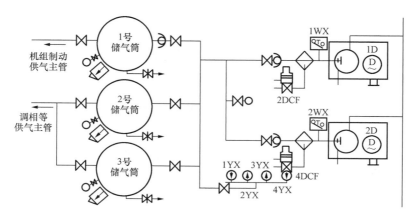

图 2-28 低压空气压缩装置系统图

（二）控制系统技术要求

为了实现自动控制，装设了电接点式压力信号器 1YX～4YX，两只无载启动电磁阀 2DCF、4DCF，以及过热保护的温度信号器。可编程控制器通过开关量输入模块，检测储气罐的压力和空气压缩机排气温度以及监控系统传送的远方控制信号，对此进行判断和数据处理，再通过开关量输出模块发出控制空气压缩机和无载启动阀的信号，以及各种显示报警信号。

控制要求如下：

（1）两台高压空气压缩机互为备用，由 PLC 控制轮换启动。

（2）空气压缩机空载启动，排污阀打开，以 25min 为一个周期进行排污，排污时间为 30s。空气压缩机关闭后，排污阀延时 30s 关闭。

（3）两台空气压缩机由压气罐上的电触点压力表自动控制启停，当压力降低，1PS 动作，主空气压缩机开启；当压力过低，备用空气压缩机开启；若压力正常，4PS 动作，两台空气压缩机停机；若压力过高，Y 动作，安全阀自动打开，高压报警，当压力极低，3PS 动作，低压报警；如图 2-29 所示。

（4）当空气压缩机排气温度高于整定值时，温度信号器发出信号并作用于停机。

（5）记录每台机每次运行时间，累计运行时间及启动频率。

（6）PLC 通过通信方式上传空气压缩机工况及报警信号。

（7）空气压缩机应能手动开启，自动停止。

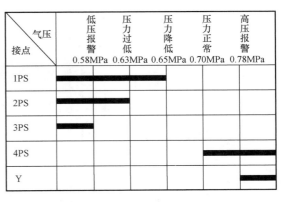

气压 接点	低压 报警 0.58MPa	压力 过低 0.63MPa	压力 降低 0.65MPa	压力 正常 0.70MPa	高压 报警 0.78MPa
1PS	■	■	■		
2PS	■	■			
3PS	■				
4PS				■	■
Y					■

图 2-29　电触点压力表动作触点表

（三）PLC 的控制系统的组成

1. PLC 系统的选择

本案例中采用 GE 公司 Versamax PLC，选择时考虑 I/O 点数留有一定的余量。PLC 系统的由 CPU 模块 IC200CPUE05、电源模块 IC200PWR002、32 点开关量输入模块 IC200CHS02、16 点开关量输出模块 IC200MDD840、4 路模拟量输入模块 IC200ALG230 构成，由 CPU 模块的 RS232 串行通信口通过 RS232/RS485 转换器与监控系统进行通信，如图 2-30 所示。

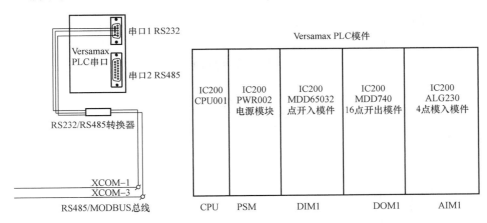

图 2-30　PLC 系统的组成

2. PLC 系统的 I/O 分配

根据工作原理及控制要求，系统设置"3 号机手/自动"、"4 号机手/自动"、"远方/现地"三个转换开关，同时监测"压力降低"、"压力过低"、"压力正常"、"高压报警"、"低压报警"五个压力开关传来的信号与及"3 号机运行状态"、"4 号机运行状态"等开关量输入信号；系统输出通过中间继电器控制 3、4 号空气压缩机的启停以及排污阀的开启与关闭；模拟量模块用来监测 3、4 号空气压缩机的运行温度；I/O 分配示意图如图 2-31 所示。

3. 主控制回路

空气压缩机的主控制回路如图 2-32 所示，主回路由空气开关、交流接触器热继电

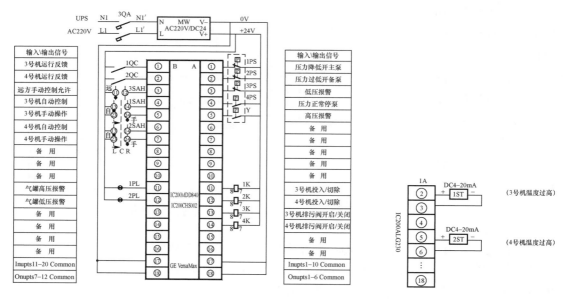

图 2-31　空气压缩机 PLC 控制系统的 I/O 分配

器构成；当现地控制屏上的手自动切换开关切在手动位置时，手动开停机控制回路由现地控制屏上的按钮实现，自动回路无效；当现地控制屏上的手自动切换开关切在自动位置时，开停机由 PLC 输出出口中间继电器的触点通断来完成，此时，手动回路无效。控制屏上空气压缩机的运行、停止及过流故障指示灯由交流接触器及热继电器的辅助触点完成。

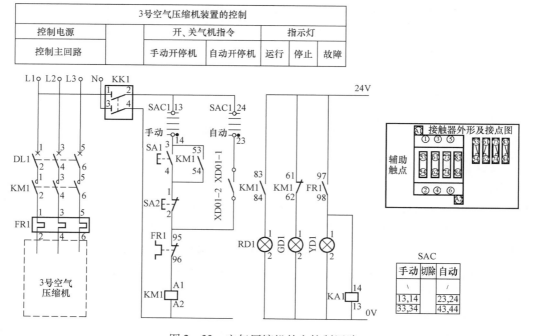

图 2-32　空气压缩机的主控制回路

4. 控制流程

图 2-28 低压空气压缩装置的工作原理如图 2-33 所示，PLC 进入运行状态，先检测各状态开关量，如发现各种事故，则对应做出各种事故处理。例如发现空气压缩机排气管温度过高时，则作用空气压缩机停机；如检测到监控系统传送来手动开停空气压缩机信号，则作对应的信号处理，另外定时作排污处理。当 PLC 检测到储气筒气压小于正常下限值时，则置中间继电器 M1 = 1，当检测到储气筒气压比极低值低时（此值对应于备用空气压缩机投入值），则置 M2 = 1，M1 和 M2 如果设置为"1"则一直保持为此状态，直到储气筒的气压恢复到正常上限值时，才重新被置为 0。M1、M2 的状态如图 2-34 所示。

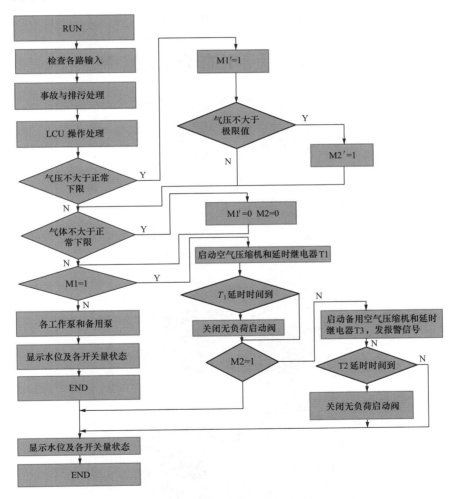

图 2-33 低压空气压缩装置的自动控制流程图

自动投入当 M1 = 1 时，则 PLC 发一开关量输出信号，控制打开工作空气压缩机，同时启动延时继电器 T1，当 T1 延时时间到，则关闭无负荷启动阀向储气筒加压，当储气筒气压上升到正常上限值时，M1 = 0，PC 发一控制信号去关闭空气压缩机和打开无负荷

	压力 极低		正常 下限	正常 上限
M1	1	1		0
M2	1			0

图2-34 M1、M2的状态图

启动阀，为下次启动做好准备。

备用投入：当M2=1时，即储气筒气压降低到备用空气压缩机启动值时，则PC发一开关量控制信号打开备用空气压缩机，同时启动延时继电器T2和发报警信号，当T2延时时间到，则关闭它对应的无负荷启动阀，向储气筒加压，当储气筒气压上升到正常上限时，M1=0、M2=0，关闭工作和备用空气压缩机，打开两个无负荷启动阀。

第五节　主阀的自动控制

在水轮机过水系统中，装置在水轮机蜗壳前的阀门统称水轮机进水主阀，主阀只能用于切断流入蜗壳的水流，不能作调节作用，其位置要么全关，要么全开，属于一种二位控制，常使用各类限位开关作为位置控制信号，其控制系统不复杂。主阀分为两种类型：球阀和蝶阀。

一、主阀的认知

在水轮机过水系统中，装置在水轮机蜗壳前的阀门通称水轮机进水主阀，其相对位置如图2-35所示。

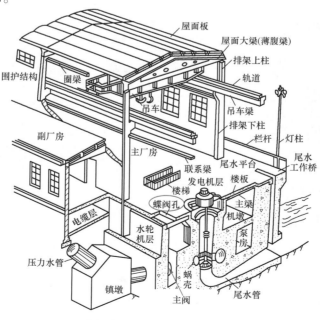

图2-35　水轮机过水系统

其作用有以下三点：

（1）岔管引水的水电站，构成检修机组的安全工作条件。当一根输水总管给几台机组供水时，其中某一台机组需要停机检修，为了不影响其他机组的正常运行，需要关闭水轮机前的进水阀门。

（2）停机时减少机组漏水量和缩短重新启动时间。当机组需要较长时间停机时，导叶漏水几乎是不可避免的。尤其经过一段较长时间运转以后，由于在导叶间隙处产生的汽蚀和磨损，更使漏水量增加。据统计，一般导叶漏水量为机组最大流量的 2%～3%，严重的甚至达到 5%，造成水流的大量损失。装设了进水主阀以后，由于关闭较严，可以大大减少漏水损失。机组停机时，往往不希望关闭进水口闸门，因为这样放掉了压力水管的水以后，水轮机再投入运转又要重新充水，延长了机组启动时间，不利于水电站运行的灵活性和速动性。因此，装设进水阀门对于高水头长压力管道的水电站意义尤为重大。

（3）防止飞逸事故的扩大。当机组和调速系统发生故障时，可以迅速关闭进水阀，截断水流，防止机组飞逸时间超过允许值，避免事故扩大。

大中型水轮机进水管道上的主阀常用的有蝴蝶阀和球阀两种。

蝴蝶阀（也叫蝶阀）主要是由圆筒形的阀体和可以在其中绕轴转动的活门以及阀轴、轴承、密封装置以及操作机构等组成。阀门关闭时，活门的四周与圆筒形阀体接触，封闭水流的通路；阀门开启时，水流绕活门两侧流过，如图 2-36 所示。

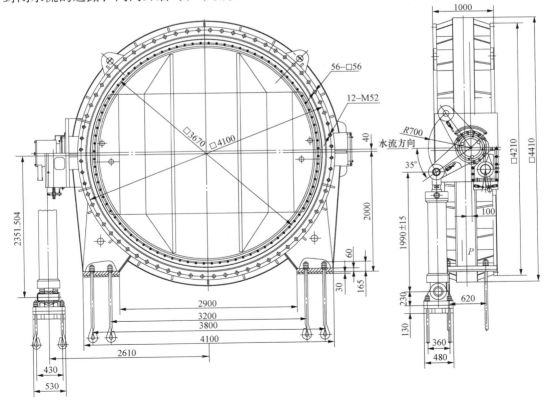

图 2-36　蝶阀结构图

蝶阀的外形尺寸较小，重量较轻，造价便宜，构造简单，操作方便，能动水关闭，可作为机组快速关闭的保护阀门。缺点是蝶阀活门对水流流态有一定影响，引起水力损失和汽蚀，特别在高水头下使用时，因活门厚度增大和流速增加而更为明显。此外，蝶阀封水不如其他型式阀门严密，有少量漏水，围带在阀门启闭过程中容易擦伤，会使漏水量增加。蝶阀一般适用于水头在200m以下。

球阀常用于管道直径在2～3m以下，水头在200m以上的水电站，主要由阀体和活门构成。球阀在开启位置时，圆筒形活门的过水断面就与引水钢管直通，所以阀门对水流不产生阻力，也就不会发生振动，这对提高水轮机的工作效率是特别有利的。关闭时，活门旋转90°来截断水流，在活门上设有止漏环。由于承受水压的工作面是一球面，改善了受力条件，这与平板结构的阀门相比，可以承受较大的水压力，结构如图2-37所示。

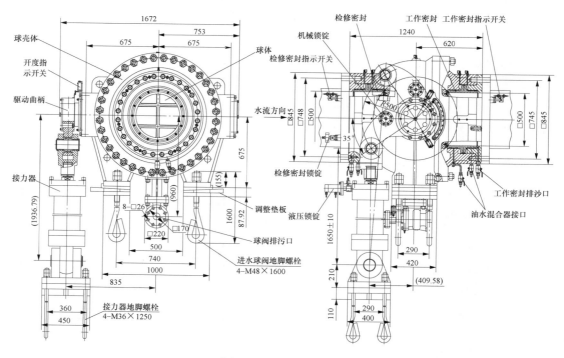

图2-37　球阀结构图

二、蝶阀控制系统功能分析

蝶阀设置在上游压力钢管与水轮机之间，其作用是在机组出现事故时，能够动水紧急关闭，防止事故扩大；在机组检修或长期停机时，截断进水，减少对导叶的磨损，并防止机组蠕动。蝶阀上游侧设有上游连接管与压力钢管通过焊接相连，下游侧设有伸缩节通过螺栓把合与蜗壳延伸段相连。

常规蝶阀设置有旁通阀，其在开启前的平压是通过打开旁通阀来实现的。在正常情况下，蝶阀的开启是在上下游侧进行平压后进行的，蝶阀的关闭是在导叶关闭后在静水中进行，在机组出现事故情况下，蝶阀可以实现紧急动水关闭。图 2 – 38 是 3800SYG – 6Mn 蝶阀液压控制系统原理图。

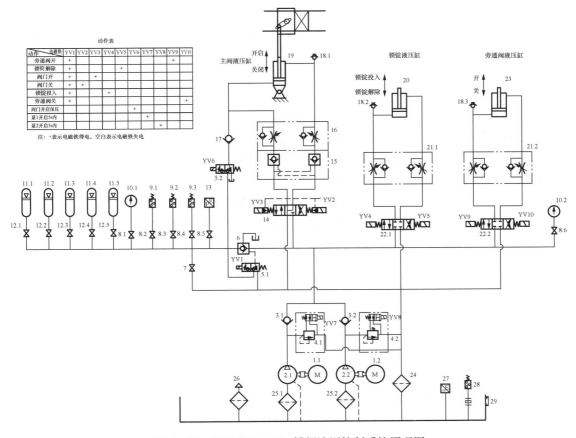

图 2 – 38　3800SYG – 6Mn 蝶阀液压控制系统原理图

3800SYG – 6Mn 蝶阀为卧轴、双平板、双偏心、无重锤自关闭蝶阀，主要技术参数如下：

蝶阀公称直径：3 840 114m；

系统最高工作压力：20MPa；

操作方式：电动操作；

操作电源：直流 220V；

蝶阀正常启闭时间：40 ~ 120s 可调；

动水关闭时间：40 ~ 120s 可调。

在图 2 – 38 中，液压系统由液压站（有 2 台油泵，5 个储油罐）、阀体（包含活门、旁通阀、锁锭 3 个接力器）、4 个单控电磁阀、3 个双控四通电磁阀等其他液压部件构成。

液压系统的工作有两个任务，一是操作蝶阀、旁通阀和锁锭接力器，二是保持液压站的油压压力、油位正常。VY1 为总供油电磁阀，在操作接力器时，VY1 打开。液压站提供的压力油通过双控四通电磁换向阀的换向实现蝶阀、旁通阀和锁锭的开启与关闭。这里采用带有定位机构的二位四通电磁换向阀，由直流电磁铁操作，可以防止误操作，提高系统运行的可靠性。

当有蝶阀的开启命令时，双控四通电磁换向阀 VY2 线圈励磁，压力油通向蝶阀接力器的开启侧，蝶阀开启，一直到蝶阀完全打开，全开的限位开关动作，这时 VY2 线圈失磁，阀门开启保压电磁阀 VY6 动作。

当有蝶阀的关闭命令时，双控四通电磁换向阀 VY3 线圈励磁，压力油通向蝶阀接力器的关闭侧，蝶阀关闭，一直到蝶阀完全关闭，全关的限位开关动作。

旁通阀和锁锭的操作和上述过程类似，请读者根据图 2-38 分析。

液压站用数字显示压力继电器来实现油源压力上下限的控制，当系统压力降到下限值时，由数字显示压力继电器发出信号，使油泵启动；当压力升到上限值时，压力继电器再次发出信号，使油泵停止运行，从而实现电机的断续运行，节约能源，同时保证系统的工作压力。操作供油系统应有两台相同的带电机的油泵，两台油泵控制方式为工作和备用泵可以手动和自动交替切换，互为备用，第一次 1 号泵运行，第二次 2 号泵运行。两台泵空载启动，VY9、VY1 动作，溢流阀动作，5s 后切换到负载运行。每台油泵每分钟的供油量应不小于蝶阀接力器的总容量的 1.5 倍，油泵的扬程应满足蝶阀压力油操作系统额定油压的要求。液压站的外观如图 2-39 所示。

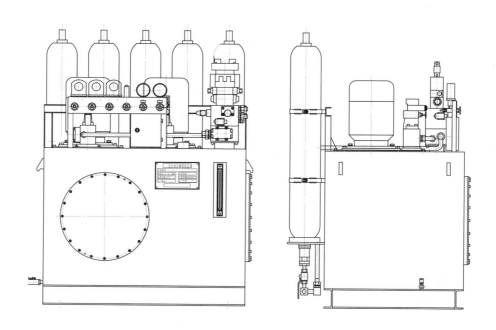

图 2-39　蝶阀液压站外观

现在水电站一般取消了常规的继电控制，采用 PLC 作为核心控制器来实现。对于油泵电机，为了保证使用寿命，现在常采用软启动装置来驱动。要实现如下控制功能：

（1）控制包括蝶阀和液控站。控制方式有就地控制与远方控制两种模式，分别可以实现就地的阀门操作和远方的阀门操作。在现地控制有手动和自动两种模式，可以由控制按钮进行操作，也可以由触摸屏进行操作。控制系统以自动方式运行时，根据机组现地控制单元或中央控制室的指令自动按操作程序控制蝶阀开启和关闭。控制系统以手动方式运行时，通过安装在现地控制柜上的操作按钮控制蝶阀开启和关闭。

（2）蝶阀控制设备应联锁，防止蝶阀活门两侧压力差过大时开启蝶阀。蝶阀控制系统应使蝶阀在开启和关闭的过程中随时可以停止并向相反方向转动。当蝶阀的手动操作锁锭装置投入时，应闭锁蝶阀开启回路，同时应通过联锁装置防止旁通阀自动开启或用按钮开启。

（3）当蝶阀操作系统发生故障或因调试需要时，蝶阀应能通过手轮或电磁阀操作旁通阀，通过电磁配压阀手动操作蝶阀。

（4）在中控室、机组现地控制单元应能显示蝶阀和旁通阀的开、关位置状态，并能显示蝶阀锁锭的位置状态。

（5）当机组过速或事故低油压，且调速器和机组过速限制系统失灵时，应能自动关闭蝶阀。

如何利用先进的技术来实现上述功能？可从硬件和软件两个角度来实现。

三、蝶阀 PLC 控制系统硬件实现

本案例采用西门子 S7 – 200 系列 PLC 作为控制器，采用施耐德的软启动装置驱动油泵电机。

1. 油泵电机的软启动控制

本项目油泵电机的控制采用施耐德 ATS – 48D38Q 软启动 – 软停止装置，这种装置是一种有 6 个晶闸管的控制器，用于功率范围在 4 ～ 1200kW 范围内的三相鼠笼式异步电机的力矩控制软启动和软停机。它提供带有机器和电机保护功能的软启动和减速功能，可以通过降低机械应力、改善机械可用性来降低设备的运行成本。通过降低电机启动过程中的线路峰值电流和电压降来降低电气配电系统的负担。

如图 2 – 40 所示，三相电源经过空气开关 QF，连接主回路交流接触器 KM，然后接至软启动装置 ATS – 48D38Q 的 L1、L2、L3 端，软启动装置 ATS – 48D38Q 的 T1、T2、T3 端输出到电机，在软启动装置的驱动电源输入和输出之间并联了一个旁路接触器，在电机启动前，旁路接触器断开，在电机启动结束后，旁路接触器接通。虽然此时部分电流从旁路接触器流至电机，但软启动装置对电机仍具有各种保护作用。

软启动装置有两个逻辑输入端口：STOP、RUN，用于外部启动和停机控制命令，该命令可以用固定触点和脉冲信号来发送。其控制方式有 2 线制、3 线制两种。2 线制启动和停止由一个信号实现，逻辑输入为 1 状态为启动命令，逻辑输入为 0 状态为停机命令，图 2 – 40 油泵电机的软启动控制采用的就是 2 线制控制方式。3 线制启动和停止由 2 个独立的输入控制逻辑实现，STOP 端为开路（0）状态，电机停止，RUN 端为脉冲启动，启

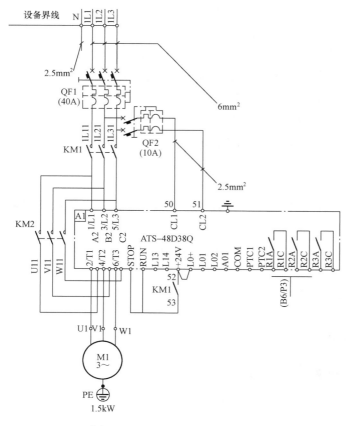

图 2 - 40   油泵电机的软启动控制

动之后保持直到 STOP 端为开路。详细说明见 AST48 产品样本。

2. 输入信号分析及 PLC 实现

根据控制要求，分为两个部分：主阀的控制、液压站的控制。主阀的控制系统需要如下输入信号作为控制和监测信号：

位置信号：主阀全开，主阀全关，旁通阀全开，旁通阀全关，液压锁锭拔出，液压锁锭投入，机械锁锭拔出，机械锁锭投入。上述位置信号采用各式接近传感器实现，共需要开入点 8 个。

控制方式信号：触摸屏控制、控制柜按钮控制、远方控制、本地控制。控制方式采用二位选择开关来实现，需要开入点 4 个。

压力信号：油压下限油泵启动信号，备用泵启动信号（主泵启动工作后，油压仍然下降，这时启动备用泵），油压上限油泵停止信号，事故低油压信号，滤油器堵塞信号，主阀平压信号。油压信号采用电触点压力表或其他压力开关实现，需要开入点 6 个。

阀门控制信号：就地开、关阀信号，远方开、关阀信号。由 4 个按钮实现，需要开入点 4 个。

液压站的控制需要知道油泵的控制方式、运行状态和回油箱油位等信息，需要如下输入信号作为控制和监测信号。

油泵的控制方式：1、2 号油泵手动、自动方式（如既不在手动方式，也不在自动方式，则为停止方式），采用二位选择开关来实现，需要开入点 4 个。

油泵的运行信息：1、2 号油泵的主接触器、旁路接触器、软启动装置的状态信息，共需要 8 个输入点。

根据上述分析，共需要输入信号 32 个，根据 PLC 控制系统设计要求，要求输入点数有一定冗余，因此选择 CPU226 模块和 EM223 开关量扩展模块。工程电气原理如图 2 - 41 和图 2 - 42 所示。

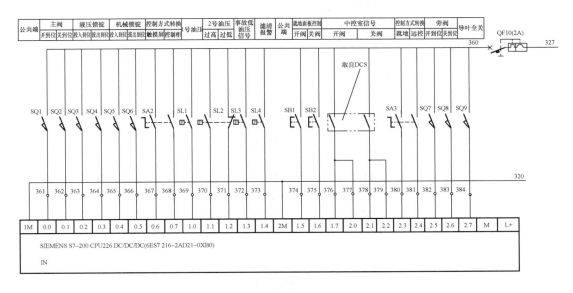

图 2-41 CPU226 模块输入部分接线图

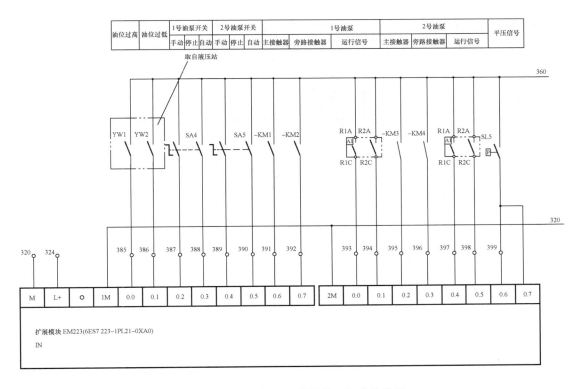

图 2-42 EM223 扩展模块输入部分接线图

图 2-41 为连接至 CPU226 模块输入部分的接线图，SA2、3 为 2 位置的选择开关，SL1、SL2、SL3、SL 为压力传感器的空触点，SQ1 至 SQ8 为行程开关。虚框中的开关阀触点来自于计算机监控系统，为了保证可靠性，将该输入信号分别引至两个输入点，在两个输入端口判断有信号时才确认。

图 2-42 为连接至 EM223 模块输入部分的接线图，需要说明的是，R1A、R1C 为软启动装置输出的一对信号，其意义可以在软启动中定义。SL5 为充水平压完成信号。

3. 输出控制分析及 PLC 实现

根据液压系统图 2-38 所示，共有电磁阀 VY1-VY10，由 PLC 控制，在液压站的中两台电机的主接触器和旁路接触器 KM1-KM4 由 PLC 控制，主阀、旁通阀、锁锭的位置、充水平压信号、油泵电机的运行状态等需要由 PLC 发出信号指示，另外还有液压故障、滤清报警、油压过高、油压过低、开关阀未完成信号等需要报警。由于 PLC 输出端口容量有限，因而每个输出端口接一个出口继电器，用出口继电器去控制相应的电磁阀、接触器和指示灯。如图 2-43 和图 2-44 所示。

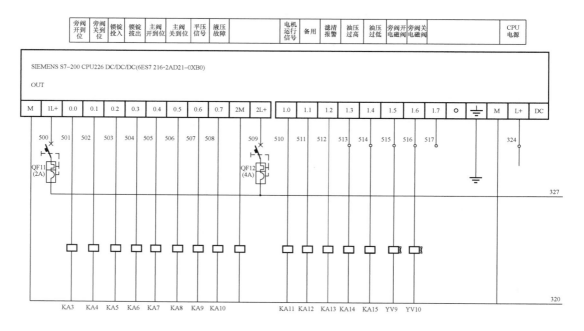

图 2-43　CPU226 模块输出部分接线图

4. PLC 的双电源供电

水电站主阀是一个非常重要的设备，当前多数要求交直流双电源供电，本项目中选择的 PLC 是 DC24V 供电，对主供电交流供电回路，选择一个 AC220V/DC24V 的开关电源即可，对于备用电源，采用一个直流 24V 电源即可，但要求两个电源之间的主备切换，而且两个电源相对独立，没有环流影响，这里采用了两个二级 V1、V2 保证电源输出的单向性，具体如图 2-45 所示。

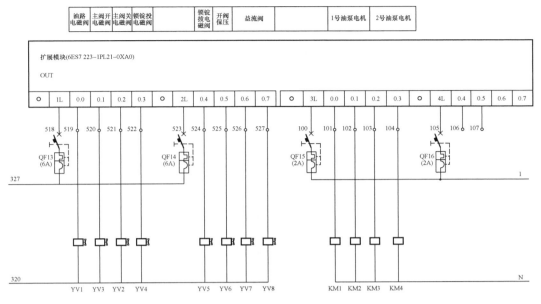

图 2 – 44　EM223 扩展模块输出部分接线图

四、蝶阀 PLC 控制软件实现

根据蝶阀的液压系统图和自动控制要求，当储能器压力正常，液压站无故障，导叶位置在全关，机械锁锭已经拔出，蝶阀自身在全关位置，机组无事故，没有蝶阀"关闭信号"的情况下，按下操作面板上的"开阀"按钮，PLC 发出开阀命令，首先打开油路电磁阀 YV1，如果液压锁锭没有拔出，PLC 首先输出，使拔液压锁锭电磁 YV5 励磁，直到液压锁锭拔出信号接通，电磁 YV5 复归；若液压锁锭已拔出，则 PLC 输出使开旁通阀电磁 YV9 励磁，压力油通向旁通阀接力器开启侧，旁通阀全开后，旁通阀电磁 YV9 复归，等待充水平压。当平压触点信号接通，PLC 输出使开主阀电磁阀 YV3 励磁，压力油通向主阀接力器开启侧。当主阀全开后，电磁 YV3 复归，PLC 输出使开阀保压电磁阀 YV6 励磁，同时 PLC 输出使关旁通阀电磁 YV10 励磁，压力油通向旁通阀接力器关闭侧，旁通阀全关后，旁通阀电磁 YV10 复归，此时整个开阀过程结束。

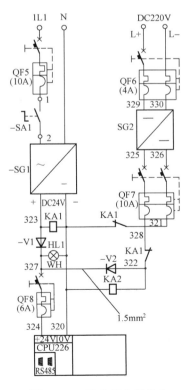

图 2 – 45　PLC 双电源供电

蝶阀的开启条件为在导叶位置在全关，机械锁锭已经拔出，蝶阀自身在全关位置，机组无事故，没有蝶阀"关闭信号"的情况下，根据图2-41～图2-44，开阀流程如图2-46所示，PLC程序如图2-47所示。

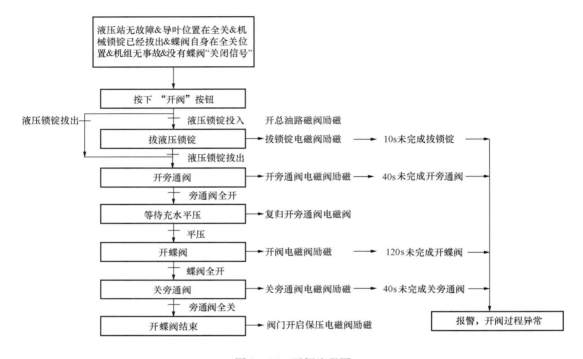

图2-46 开阀流程图

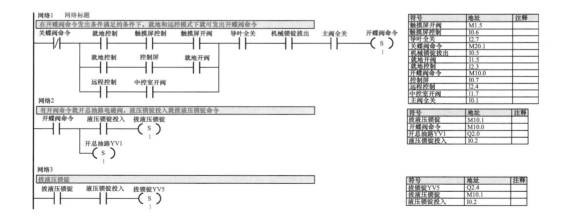

图2-47 开阀程序清单（一）

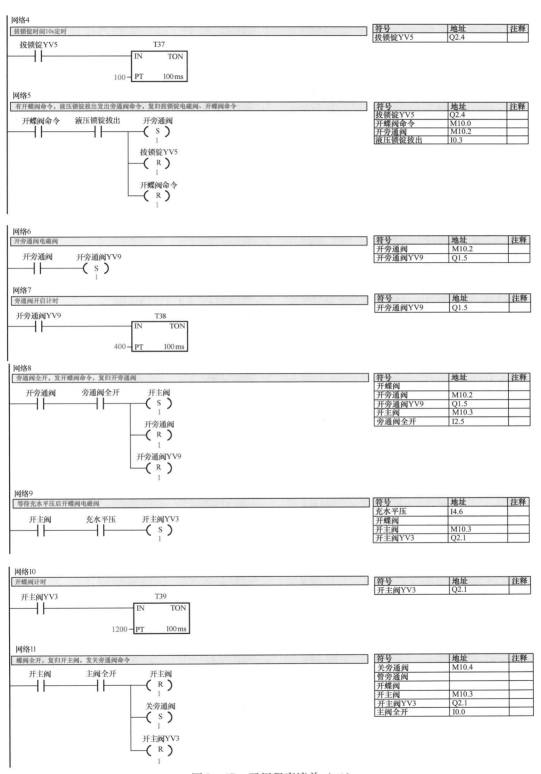

图 2-47　开阀程序清单（二）

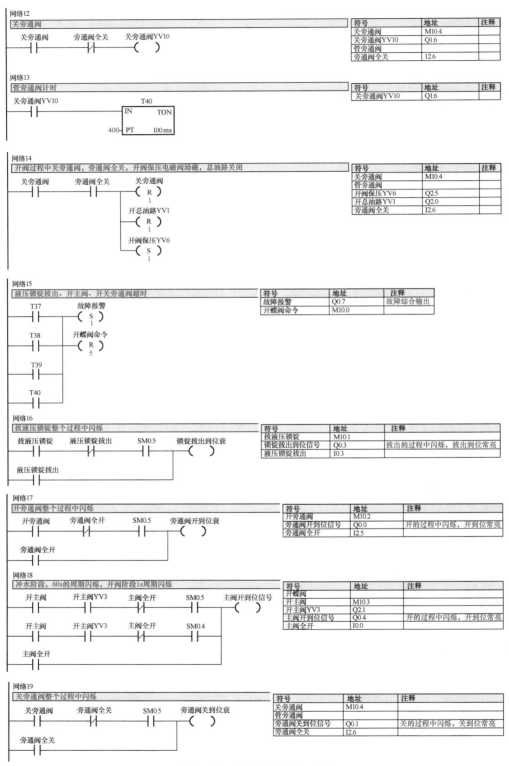

图 2 - 47　开阀程序清单（三）

　　蝶阀在不同的电站其关闭条件不同，有的电站允许"动水"关蝶阀，而有的电站不允许"动水"关蝶阀。若"关蝶阀"命令发出，当液压站无故障，复归阀门开启保压电磁阀，关蝶阀电磁阀励磁，当蝶阀全关，投入液压锁锭，液压锁锭投入，关蝶阀过程结束。当发出"关蝶阀电磁阀励磁"命令120s后，蝶阀没有关闭到位，或发出"投液压锁锭电磁阀励磁"命令20s后，液压锁锭未投入到位，则发出异常报警信号。根据图2－41～图2－44，关蝶阀流程如图2－48所示，PLC程序这里略去，请读者自行编写调试。

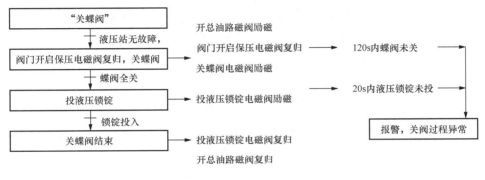

图2－48　关蝶阀流程图

　　在蝶阀的PLC控制系统中，一般由机械液压控制系统和电气控制系统构成。液压系统由提供操作油源的液压站（包括油泵、储能气囊），各种电磁阀、管路及接力器等构成。电气控制系统由PLC、位置、压力传感器、软启动装置、接触器、指示灯及按钮等主令电器构成。

　　蝶阀的控制方式有远方、就地等。在自动控制系统的调试中，首先需要将各部分的传感器安装调试到位，然后手动操作看各部件动作情况是否正常，接着在现地进行操作，检查动作情况，最后对远方进行操作，检查动作情况。

　　不同形式的蝶阀其控制也略有不同，例如空气围带密封的蝶阀相对硬质密封的蝴阀在控制上主要是多了空气围带的充气和放气的控制。

　　当锁锭采用手动操作时，只要将电气线路中锁锭的控制回路取消即可。

　　对于球阀的控制，与蝶阀相比，主要在于由于密封形式的差异所带来的控制上的差异。如图2－49所示为某厂球阀液压控制系统图，和图2－38比较只是增加了密封环和检修门的控制，另外增加了一套手摇泵。

　　请读者根据2－49球阀液压控制系统图，自行设计电气控制方案。

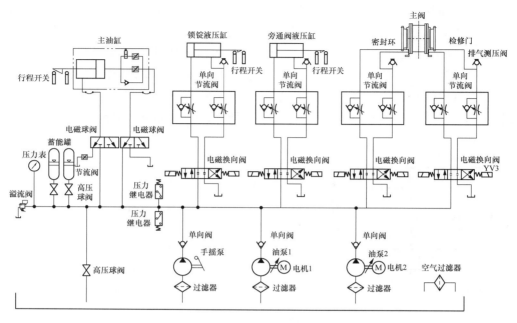

图 2-49 某厂球阀液压控制系统图

习题与思考

一、选择

1. 压油槽充气的目的是（　　　）。

（A）保证操作中的油压平稳；（B）便于观察油压；（C）节省能量；（D）方便操作。

2. 集水井排水泵的扬程要高于（　　　）。

（A）蜗壳进口中心；（B）尾水管低板；（C）尾水管出口顶板；（D）尾水的水面。

3. 下列用气设备，使用高压压缩空气的是（　　　）。

（A）制动器（风闸）；（B）橡胶围带；（C）油压装置的压油槽；（D）风机。

4. 剪断销的作用是（　　　）。

（A）保证导叶不被异物卡住；（B）调节导叶间隙；（C）保证导水机构安全；（D）监视导叶位置。

5. 油压装置压油槽工作时其内应充油和压缩空气，油约占总容积的（　　　）。

（A）1/2 左右；（B）1/4 左右；（C）1/3 左右；（D）2/3 左右。

6. 透平油在设备中的主要作用是（　　　）。

（A）绝缘、润滑、散热；（B）绝缘、散热、消弧；（C）润滑、散热、液压操作；（D）绝缘、消弧、润滑。

7. 水电站辅助设备中，压力油管或进油管的颜色是（　　　）。

（A）黄色；（B）绿色；（C）白色；（D）红色。

8. 水电站机电设备中，（　　）用水量占技术供水的总用水量的比例较大。

（A）空气冷却器；（B）推力和导轴承冷却器；（C）水冷式变压器；（D）水轮机水润滑导轴承。

二、判断

1. 主阀在开启之前必须平压。（　　）

2. 蝶阀的活门在全关时承受全部水压，在全开时，处于水流中心，对水流无阻力。（　　）

3. 球阀与蝶阀相比较，尺寸小，重量轻，关闭严密，造价便宜。（　　）

4. 水轮发电机组技术供水方式主要采用水泵供水。（　　）

5. 水轮机技术供水取水口一般位于大坝后。（　　）

6. 水轮机组的振动传感器主要检测上机架、定子和支持盖的振动情况。（　　）

7. 电磁阀是自动控制中执行元件之一，它是将电气信号转换成机械式动作，以便控制油、气、水管路的关闭或开启。（　　）

8. 位移传感器可以将导水叶的开度转换成电气量信号。（　　）

9. 水轮发电机的用水设备只对供水的水量、水压和水质有要求。（　　）

三、简述与方案设计

1. 简述按自动开启的操作顺序直接手动操作各电磁阀开启蝶阀的过程。

2. 常闭式剪断销信号器的工作原理是什么？

3. 什么是水轮机组的自动化元件？

4. 水轮发电机技术供水水源一般取自哪里？

5. 简述浮子信号器的工作原理。

6. 越限报警通常可分为几类？

7. 根据图 2－49 球阀液压控制系统设计电气控制方案。

第三章

水轮发电机组的现地控制

本章导读

水轮发电机组的运行参数包括模拟量、开关量、电气量等，是机组的"自动化之眼"。围绕机组的运行控制介绍了三线制测温，压力、液位的测量，示流、信号装置、流量的测量，转速信号装置及转速的测量原理，导叶（桨叶）开度的测量，各类行程位置的监测元件，剪断销信号器。

水轮发电机组现地控制的基本任务，是借助于自动化元件及装置，即实现机组的逻辑控制和监视，从而实现机组生产流程自动化。机组现地控制也是实现水电站综合自动化的基础。

机组现地控制单元中需要对机组的开关量和模拟量信号进行采集测量；与监控系统上位机通信，与现地其他控制设备通信，并具备现地的人机交互功能。

机组现地控制流程主要是机组开停机控制，事故、水机保护控制，机组润滑冷却水、机组制动的控制。

通过一个大型水电站 LCU 硬件及软件实现项目案例的分析，为读者贴近现场提供参考。

准同期装置是水电站的常用并列操作方式，机组现地控制单元通常设置手动和自动准同期装置满足机组并列的需要。

水电站要实现"无人值班、少人值守"，对电厂主辅设备都是有要求的，实施电站的自动控制是最基本的要求。水轮发电机组现地控制是水电站计算机监控系统的组成部分之一，由它实现水轮发电机组的监视与控制，将机组的各项基础数据采集上送，同时将各种控制命令下发执行，实现机组安全、可靠、经济地运行。本章以水轮发电机组的现地控制单元为对象，学习机组的控制过程，进而掌握水轮发电机组的现地控制单元。

机组现地控制系统是水电站综合自动化系统的一个非常重要的系统。它必须具有采集水电站的机组、辅机、油水风系统、主变、开关站、厂用电系统以及各种闸门等的电气量、开入量、温度量、压力、液位、流量等输入信号，完成各种生产流程，如开停机、分合开关、运行设备倒换等顺序控制，机组有功功率和无功功率的调节，自动发电控制 AGC、自动电压控制 AVC，以及其他设备的操作控制功能。同时控制系统还需具有丰富的人机界面，防止误操作的措施和一定的反事故处理能力，而且具有能与远方控制系统通信能力，上送有关信息，接收远方控制系统的命令，实现远程控制和调节。

第一节　水轮发电机组的运行参数测量

水轮发电机组运行中，机组各部件的温度、压力、液位、开度、水位、流量、转速、位置信息，发电机的电压、电流、有功、无功、功率因数等参数都要在监控系统中显示出来。自动化测量元件是机组自动化的基础，是实现计算机对整个水电生产过程监控的"耳目"，它担负着自动监测机组和设备状态，发出报警信号等任务。

自动化测量元件即一些水电站专用的测量传感器，按照其输出信号的特征分为两大类：一类是测量连续变化的传感器，主要用于连续控制的场合，有时也用于多点报警系统；另一类是测量位置状态信息的开关式传感器（即开关），主要用于顺序控制的限位、报警等。

我们可以简单对水轮发电机组（主要是水轮机）需要监测的部位进行一下总结分类：

（1）水轮机流道的监测：包括水压——（进水口、蜗壳、顶盖、尾水）的压力、真空压力、压力脉动监测；水轮机过机流量的监测；水位、水头的测量。其采用的元件包括现地的压力表、压力变送器、压力显控器、压力脉动仪、水头水位仪、水头流量效率仪等。

（2）水轮机、发电机轴承及其润滑、冷却系统的监测：包括轴瓦温度的监测、润滑油系统温度及液位、流量的监测、冷却器水温、流量的监测。包括测温电阻（铜电阻和铂电阻）、流量开关、液位开关、液位计、流量开关、温度控制器、温度巡检仪、流量计等；油质监测（油混水信号器）。

（3）机组导水机构和桨叶机构的监测：包括导叶开度、桨叶转角、剪断销状态的监测。主要设备包括位移传感器（变送器）、主令控制器（也叫主令开关、导叶位置开关等）、剪断销信号器等。

（4）机组转速的测量监测及保护：包括电气转速信号装置、机械转速开关。

（5）机组的振动和摆动监测。

（6）机组排水系统的监测：包括各种水位变送器、液位控制器、顶盖排水和集水井的监测。

（7）调速器及油压系统的监测，包括压力、液位、补气系统的监测，压力开关、油混水信号器、压力表、压力变送显控器、液位计（如磁翻板液位计、浮子式液位开关）等。

（8）发电机轴电流的监测：轴电流监测装置。

（9）发电机的转子电流、电压；定子电压、电流；发电机的有功功率、无功功率、功率因数等电气参数。

按照被检测运行参数的类型，可分为非电量、电量、开关量信号。关于电量的测量通常采用电量变送器，本书这里不予介绍，请参看其他资料。

其中，非电量测量包括：

（1）液位：水库水位、下游尾水位；油罐、集油槽、漏油箱油位；集水井、排水廊道、供水池水位；水轮机顶盖漏水水位；

（2）压力：引水、尾水、冷却水、压力油、压缩空气管管路压力，油压装置、压缩空气罐、供排水泵进出口、空气压缩机出口，等等；

（3）温度：定子线圈、冷却水、轴承润滑油、轴瓦，油罐、油箱、气罐、空气压缩机各段温度，发电机空冷器进、出口风温，等等；

（4）流量：机组过机流量、各冷却水流量等；

（5）位移：接力器行程，导水叶开度，桨叶开度，闸门、阀门开度，等等；

（6）振动：大轴摆度，水轮机顶盖、发电机机架水平垂直振动，等等。

开关量测量（位置量测量）包括：

（1）闸门、阀门的位置（开、关）；

（2）各种电气开关的位置（分、合）；

（3）各种继电器触点位置（开、闭）；

（4）控制、执行机构位置（投、切）；

（5）冷却水（通、断）；

（6）制动闸位置（上、下）；

（7）集水井水位（上限、下限）；

（8）导叶开度（空载、全开）。

水电站的开关量有的是空触点信号，通常可直接连接 PLC，而部分位置信号如闸门、阀门的位置，导叶开度等需要用到机械的行程开关或接近式传感器。

一、温度测量

在水电发电机组的运行中，需要监测推力、导轴承的瓦温和油温监测，空气冷却器的风温、发电机空气温度和油冷却器进出口水温油温、发电机定子铁芯、定子线棒、变压器等设备的运行温度。各发热部件和摩擦表面的工作温度均有一定的限制。若温度超过这个限度，则可能引起这些部件和摩擦表面烧毁。因此对于一些重要的温度量，如推力、导轴承的温度等是要直接作用于机组的控制，如推力瓦温度过高作用于事故停机，这些量通常由 PLC 直接采集；一部分温度量是要作用于报警，由温度巡检装置采集后给 PLC。

1. 测温电阻

热电阻测温是基于金属导体的电阻值随温度的增加而增加这一特性来进行温度测量的。热电阻大都由纯金属材料制成，Pt100 和 Cu50 是目前电厂最常用的测温电阻，基本上 99% 的水电站都在使用。Pt100 是用铂金材料作为敏感元件，Cu50 是用铜做敏感元件。

铠装式铂电阻由电阻体、引线、绝缘氧化镁及保护套管整体拉制而成，顶部焊接铂电阻，比普通装配式铂电阻的响应速度更快，抗震性能更好，测温范围更宽，并且长度方向可以弯曲，适用于刚性保护管不能插入或需要弯曲测量的部位测温，其结构如图 3-1 所示。

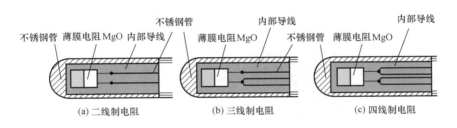

（a）二线制电阻　　　（b）三线制电阻　　　（c）四线制电阻

图 3-1　铠装式铂电阻的结构

对于测温电阻来说，水电站的运行环境是非常特殊的，这有别于其他的工业领域。如果把工业上通用的测温电阻拿到水电站使用是肯定要出问题的。这些特殊性表现为：

（1）运行时间长、不易维护。瓦温测温电阻安装在空间狭小不宜维护更换传感器的地方，一般在大修时才有机会维护测温电阻。而现在由于技术进步，大修周期越来越长，这就要求测温电阻长期稳定运行。

（2）重要程度高。推力轴承是发电机组的关键装置之一，其中的测温电阻又是监测推力瓦运行状态的唯一手段。而且推力瓦温测温电阻，一般要求接保护，重要性不言而喻。而一般的工业领域没有这么高的重要性。

（3）运行环境恶劣。还是以推力瓦测温电阻为例，传感器及其导线长期浸泡在温度较高的透平油里，并时刻承受油流的冲击和机组的振动。在这样的环境中很少有传感器及导线能经受长达 5 年的考验。

（4）电磁干扰的强度相当大。一般水电站发电机的功率都非常大，发电机产生的强电场特别是漏磁产生的强磁场对上导瓦和推力瓦测温电阻干扰非常大。这对传感器及其导线的抗干扰能力的要求很高。

2. 三线制测温电路

三线制的铂电阻温度传感器要求引出的三根导线截面积和长度均相同，测量铂电阻的电路一般是不平衡电桥，铂电阻作为电桥的一个桥臂电阻，将导线一根接到电桥的电源端，其余两根分别接到铂电阻所在的桥臂及与其相邻的桥臂上，如图 3 - 2 所示。当桥路平衡时，导线电阻的变化对测量结果影响较小，三线制测温要求三根导线的材质、线径、长度一致且工作温度相同，使三根导线的电阻值相同，这样会大大减小导线电阻带来的附加误差。

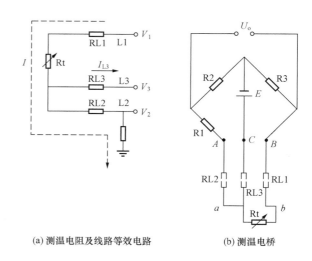

(a) 测温电阻及线路等效电路　　(b) 测温电桥

图 3 - 2　三线制测温电桥电路

（设计使 R1 ~ R4≫Rt）

由测温电桥输入的信号经信号调理电路转换为 0 ～ 5V 电压信号，送可直接送 PLC 的 A/D 模块进行信号的采集、运算、线性补偿。

二、压力、液位的测量

水电站中，压力测量主要用于油压装置压力油罐压力测量、检修密封供气压力监测及水轮机水力测量（包括蜗壳进口、蜗壳末端压力、蜗壳中部断面、尾水管进口和出口压力、顶盖压力、转轮上下止漏环外腔压力、活动导叶前后压力）等；差压变送器和差压开关主要用于过滤器前后、蜗壳差压测流、压力油罐油位测量等。

压力测量的自动化元件主要包括：压力传感器（含绝压）、压力变送器、差压变送器、压力开关、差压开关、压力表等。

液位测量的主要使用场合：机组各轴承油槽的油位、油压装置压力油罐和回油箱的油位、集油装置的油位、水轮机顶盖水位等。

液位测量的自动化元件主要包括：浮子式液位信号开关、带液位开关的磁翻板液位计（在第二章中已经讲解）、投入式液位变送器、压力传感器式液位变送器等。

扩散硅压力传感器在压力监测中的使用比较普遍，图 3 - 3 所示是封闭式容器和敞开式容器两种不同的测量方式。

利用根据所测液体产生的压力与深度成正比例的原理，扩散硅压力传感器可以测得液位深度。扩散硅压力传感器通过扩散硅敏感元件的压阻效应，将液位的静压转换成电信号输出到测量仪表或检测系统。图3-3（a）是封闭式容器开关点液位的测量，用于动态变化的液位上下限的监测，以及容器内部压力的测量方式；图3-3（b）是敞开式容器连续液位的测量，直接将传感器探头浸入水中进行监测。

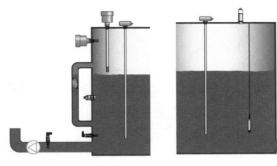

(a)封闭式容器开关点液位测量　(b)敞开式容器连续液位测量

图3-3　不同的液位测量

扩散硅压力传感器的结构如图3-4所示，传感器硅膜片两边有两个压力腔，一个是和被测压力相连接的高压腔，另一个是低压腔，非差压式压力传感器通常和大气相通。

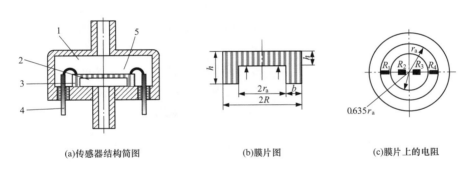

(a)传感器结构简图　　　　　　(b)膜片图　　　　　　　(c)膜片上的电阻

图3-4　扩散硅压力传感器结构简图
1—低压腔；2—高压腔；3—硅杯；4—引线；5—硅膜片

根据被测压力，可以选择表压、绝压、密封式表压、差压等压力显示值，现代传感器通常已经和变送器整体化，根据现场的安装需要，可以选用投入式、法兰式、螺纹式和直杆式等安装方式的压力传感器。

有的传感器采用较大内孔和法兰连接方式，适用于非密封场合，尤其是具有黏稠或浆状介质等特性的液体，或富含颗粒类介质的测量，不易堵塞，便于清洗，其外观如图3-5所示。

投入式压力传感器主要用于敞开容器液位的测量。

螺纹式结构压力传感器一般用于封闭式压力容器中，采用差压测量方式进行液位的测量，其外观如图3-6所示。

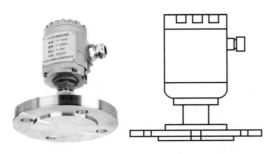

图 3-5　法兰式压力变送器的外观

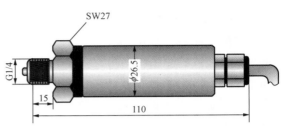

图 3-6　螺纹式压力变送器的外观

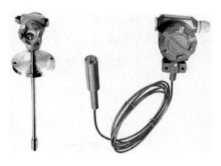

图 3-7　插入式压力变送器外观

插入式结构压力变送器分为直杆式和软管式两种，直杆式压力传感器与接线盒之间的线缆采用不锈钢管封装防护，它具有较强的硬度，可以直接插入到被测液体底部，适用于量程在 4m 内的敞口容器或需要插入安装的液位测量。软管式液位变送器的压力传感器与接线盒之间的线缆采用不锈钢柔性软管封装防护，使其既具有一定的强度，又具有一定的柔软性，适于便携安装，此类液位变送器的测量范围在 0～20m，如图 3-7 所示。

将压力传感器与转换电路集成在一起的压力变送器外部接线有两线制和三线制，有电流输出方式和电压输出方式，可直接与 PLC 的 A/D 模块连接。

三、流量测量

流量测量的主要使用场合：机组各冷却器的冷却水量、主轴密封的冷却水量、补气装置的润滑水量等。流量测量的自动化元件主要包括：流量开关、电磁流量计、超声波流量计等。这里重点介绍流量开关。

1. 流量开关（示流信号器）

用于对管道内的流体流通情况进行自动监视，当管道内流量很小或中断时，可自动发出信号，投入备用水源或作用于停机。主要用于发电机冷却水、水轮机导轴承润滑水及其他冷却水的监视。

（1）冲击式示流信号器的结构如图 3-8 所示，动作原理为：有水流时，借助水流的冲击，将浮子及磁钢推动上升到一定位置。使水银开关的常闭触点断开；如果水流减少到一定程度或中断，则浮子及磁钢下降，水银开关触点闭合，发出断流信号。

（2）热导式流量开关如图 3-9 所示。测量时，由发热模块发出热量，如果管道内没有介质流动，则感热模块接收到的热量是一个固定值；当有介质流动时，感热模块所接收到的热量将随介质的流速变化而变化，感热模块将温差信号转化成电信号，再通过处理器将其转换为对应的标准模拟量信号或触点信号输出，流量开关通过这个信号对介质的流速进行显示及控制。

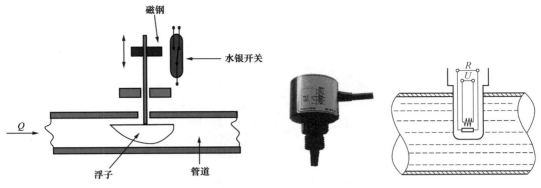

图 3-8 冲击式示流信号器   图 3-9 热导式流量开关

（3）挡板式流量开关如图 3-10 所示，通过旋动调节旋钮设定流速动作点，当管道内有流体流过时，流体推动挡板偏转，挡板带动磁性模块上移。如果流体流速大于等于设定流速，则腔室内开关模块动作，输出触点信号；如果流体流速小于设定流速，则磁性模块下移，开关复位，触点断开。

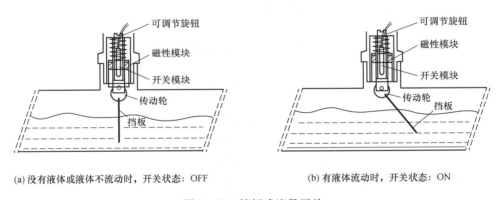

(a) 没有液体或液体不流动时，开关状态：OFF   (b) 有液体流动时，开关状态：ON

图 3-10 挡板式流量开关

2. 流量测量

电磁式流量传感器的工作原理是基于法拉第电磁感应定律，即当导体经过一个磁场时将感应出一个电压，电磁式流量传感器用于需要高质量和低维护成本的系统中测量导电液体（包括水）的流速。

如图 3-11 所示，当液体流过围在磁场中的测量管时，在与流向和磁场二者相垂直的方向会产生与平均流速成正比的感应电动势，体积流量与感应电动势和测量管内径呈线性关系。

水电站常见的还有差压流量计和超声波流量计。差压流量计利用蜗壳差压测量水轮机流量，通常当水流过蜗壳时，在蜗壳的内外侧产生差压 Δp，利用流量与差压的关系便可计算出流量。超声波流量计是利用超声波在流动的流体中传播时，就载上流体流速的信息，因此，通过接收到的超声波就可以检测出流体的流速，从而换算成流量。

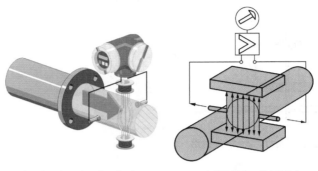

(a) 电磁流量计工作示意图　　　　　(b) 电磁流量计工作原理图

图 3 – 11　电磁流量计工作原理

四、转速测量与转速信号

水电机组的转速测量对于水电机组状态检测和控制是十分重要的，其测量精度及其可靠性直接关系到水轮机调节的性能和水电机组运行的安全性。

1. 转速信号器

转速信号器是用于测量反映机组运行的转速，并能够在机组转速到达所设置的转速值时发出相应的信号，用于对机组进行自动操作和保护。如：

当 $n \geqslant 140\% \, n_r$（额定转速）时，发出飞逸信号，命令机组事故紧急停机；

当 $n \geqslant 115\% \, n_r$（额定转速）时，发出过速信号，命令机组事故停机；

当 $n \geqslant 90\% \, n_r$（额定转速）时，发出信号，命令同期投入；

当 $n \leqslant 35\% \, n_r$（额定转速）时，发出制动信号，对机组进行刹车。

水轮发电机的转速测量常采用电气残压测速（TV 或永磁机测速）和机械测速（齿盘或钢带测速方式）两种方式相结合，当一路信号源断线或出现故障时，装置仍能继续工作。转速信号器的工作原理见图 3 – 12。

齿盘测速是一种常用的水电机组测速方法，其原理是在水电机组的转轴上安装环形齿状设备（齿盘），当机组旋转时通过接近式或光电式传感器感应产生反映机组转速的脉冲信号，由计算机测量脉冲个数（或宽度）并计算获取机组转速。由于齿盘测速是一种转速的直接测量方式，其可靠性和安全性明显高于残压测速。

2. 转速测量原理

一般采用的齿盘测速原理为频率法和周期法两种。

（1）基于频率法的转速测量。这种方法的基本原理是：当机组转速变化时，在单位时间内通过传感器测量的脉冲个数也会随之变化，见图 3 – 13。

设：齿盘的齿数为 N，在单位时间 T 内测量通过传感器的脉冲个数为 M，则机组转速 $n = K \times M / T$。式中：K 为折算系数；齿数 N 取决于对转速测量精度要求和加工工艺的限制；测量周期 T 则取决于对测量精度要求和测量速度要求的协调，T 越大，精度越高，

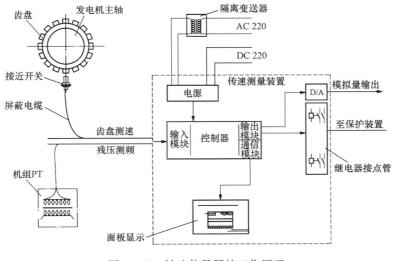

图 3 – 12　转速信号器的工作原理

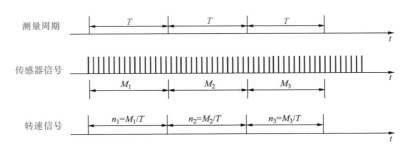

图 3 – 13　频率法转速测量的工作原理

但速度则越慢。这种方法简单、可靠，对齿盘加工的精度要求不高，并且能方便地测量机组的蠕动；但存在测量精度不高和反应速度慢的缺点。

（2）基于周期法的转速测量。这种方法的基本原理是：当水电机组的极对数为 p 时，将外径为 d 的齿盘加工成 N 个齿，其标准齿加工间距为 $D = \pi d/p$。当机组旋转时，各齿边沿通过传感器感应产生其周期依据转速变化的脉冲信号，信号周期将受机组转速和齿距 D 的影响。当通过计算机记录到第 i 个齿在第 j 圈通过传感器测量点的周期 $T[k]$，则此时机组转速为 $n[k] = D/T[k]$。周期法转速测量的工作原理见图 3 – 14。

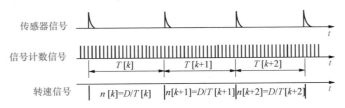

图 3 – 14　周期法转速测量的工作原理

　　由于存在着齿盘的加工精度很难保证达到水电机组转速测量的精度要求。为了解决这一困难，通常采用齿盘测速的双传感器策略，即沿齿盘圆周不同位置设置两个传感器，在已知两个传感器之间距离 Y 的前提下，测量齿盘中各齿通过两个传感器的时间 T_n，并由此计算机组转速 $n = KY/T_n$。这种方法是通过两个传感器来消除齿盘加工精度等引起的测量误差，以满足水电机组控制对测速精度和实时性方面的要求，原理图见图 3 – 15。

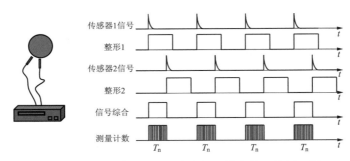

图 3 – 15　两传感器来消除齿盘加工精度的工作原理图

五、位置和位移测量

　　位移和位置测量的主要使用场合是在水轮机接力器机械开限、开度等位置监测等，位移包括接力器行程、导叶开度、桨叶开度、闸门、阀门开度等信号，位置测量主要包括导叶开度（全关、空载、全开）、制动闸位置（上、下）、锁锭的位置（投入、拔出）、剪断销信号器等。

1. 开度、位移变送器

　　水轮机导叶开度的测量可将开度、位移变送控制器的测量绳直接固定在接力器推拉杆上，测量行程。位移变送控制器通过一根高柔性的不锈钢芯线同被测体相连，经恒力弹簧与传感器轴相连，将直线运动转换成旋转运动。传感器内置的精密电路进行可靠的数据处理，输出与直线位移成线性变化的模拟量输出（4 ~ 20mA），如图 3 – 16 所示。

　　导叶开度的测量常使用电阻式线位移传感器，如图 3 – 17 所示。测量时，如果直线位移或角位移发生变化，拉线伸缩，带动转轴旋转，电位器随转轴转动产生变化的线性电阻信号，变送器再将这个变化的电阻信号转换为标准电流或电压信号输出。

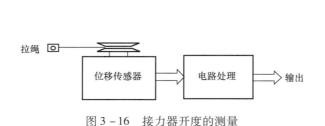

图 3 – 16　接力器开度的测量

图 3 – 17　电阻式线位移传感器

在进水口闸门开度测量时，常采用由一组拉线式弹簧机构、转轮、光电编码器构成的开度测量装置。将闸门的直线上下运动通过钢丝绳拉动，从而带动编码器旋转，通过光电编码器输出标准脉冲信号，通常使用绝对编码器，防止掉电后数据消失。

2. 位置测量开关

主令控制器即是水轮机导叶位置开关，主要用于水电站反映水轮机导叶开度位置，通过装置中的触点与二次回路连接，可实现机组控制自动化。传统的主令控制器主要由触点组、凸轮组、传动装置及接线端子等组成，接力器带动凸轮的内外轮转动使微动开关触点动作，达到开关触点切换的目的，并发出相应的信号，如导叶全关、导叶全开等信号。

常用位置检测元件还有机械行程开关和接近开关。机械行程开关通过被测物件与之碰撞，使其内部触点接通或断开。图 3 - 18 所示为机械行程开关外观图。

图 3 - 18　机械行程开关外观图

根据被测物的不同，安装环境不同，水电站常选用电容式、电涡流和光电式接近传感器。光电式接近开关（简称光电开关）通常在环境条件比较好、无粉尘污染的场合下使用。光电式接近开关工作时对被测对象几乎无任何影响。

电容式接近开关亦属于一种具有开关量输出的位置传感器，它的测量头通常是构成电容器的一个极板，而另一个极板是物体的本身，当物体移向接近开关时，物体和接近开关的极距或者介电常数发生变化，引起静电容量发生变化，使得和测量头相连的电路状态也随之发生变化，由此便可控制开关的接通和关断。这种接近开关的检测物体，并不限于金属导体，也可以是绝缘的液体或粉状物体，外观如图 3 - 19 所示。

电涡流接近开关属于电感传感器的一种，是利用电涡流效应制成的有开关量输出的位置传感器，这种接近开关所能检测的物体必须是金属物体。

接近开关输出形式常为三极管输出，有 NPN 三线、PNP 三线、常开、常闭等几种常用的输出形式。

3. 剪断销信号器

剪断销信号器通常安装在控制环拐臂与导叶的连接处，当控制环带动导叶开关时，如导叶被卡住无法关闭，为防止将导叶损坏，此时，将剪断销剪断。剪断销信号器壳体通常采用脆性材料，壳内采用印刷电路，然后用环氧树脂封装，如图 3 - 20 所示。剪断销信号器输出为常闭触点，水轮机导水机构上所有的剪断销信号器串联，只要任何一个剪断销信号器剪断，便发出信号。

4. 油混水信号器

油混水信号器的工作原理为在回（漏油）箱的底部装有一对电极，利用油和水的导电率、密度不同，通过电极发出信号，如图 3 - 21 所示。

图3-19 常见的电容式接近开关

图3-20 剪断销信号器

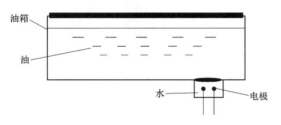

图3-21 油混水信号器

在油箱没有浸入水的情况下，电极间因为油的导电率小，而不足以导通；混入水后，水因密度大而下沉，随着水量的增加，水将逐渐淹没电极，从而导致两个电极导通，形成电流回路。

第二节 水轮发电机组的现地控制系统

水轮发电机组现地控制主要是就地对机组运行实现监控和控制，一般布置在发电机附近，是水电站计算机监控系统较底层的控制部分。原始数据在此进行采集，各种控制调节命令最后都在此发出，可以说是整个监控系统很重要的、对可靠性要求很高的"一线"控制设备。现地控制单元可用来选择远方/就地控制方式，可就地进行手动控制或自动控制，实现数据采集、处理和设备运行监视，通过局域网与监控系统其他设备进行通信，以及完成自诊断功能等。机组现地控制单元直接与电厂的生产过程接口，对发电机生产过程进行监控，实时完成调速、调压、调频以及事故处理等快速控制的任务。

一、水轮发电机组现地控制相关知识准备

（一）水轮发电机组现地控制的任务和要求

水轮发电机组现地控制的基本任务，是借助于自动化元件及装置，即实现机组调速操作系统和油、气、水辅助设备系统的逻辑控制和监视，从而实现机组生产流程自

动化。除上述基本任务外，机组的现地控制与水电站的监控系统通信，实现整个水电站的综合自动化。就这个意义来说，机组现地控制也是实现全厂综合自动化的基础。

机组的现地自动控制，在很大程度上与水轮机和发电机的型式和结构，调速器的型式，机组油、气、水辅助设备系统的特点以及机组运行方式等条件有关。对于不同电站、不同机组，上述条件虽可能有较大差别，但对机组现地控制的基本要求和内容来说，却大体是相同的。根据水电站的运行实践，这些基本要求有以下几方面：

（1）根据一个操作指令，机组应能迅速、可靠地完成开、停机的自动操作、发电空载、空转、调相运行工况的转换。

（2）当机组或辅助设备出现事故或故障时，应能迅速、准确地进行诊断，将事故的机组从系统解列或用信号系统向运行人员指明故障的性质和部位，指导运行人员进行处理。

（3）应能根据运行的需要，改变并列运行机组间负荷的分配。

（4）作为全厂综合自动化的基础，机组自动控制系统与整个电站的监控系统、自动装置之间应具有方便的接口，从而实现机组的遥控和经济运行。

（5）在实现上述基本要求的前提下，机组自动控制系统应力求简单、可靠。在一个操作指令结束后，应能自动复归，为下一次操作作好准备。同时，还应便于运行人员修正操作中的错误。

（二）机组 LCU 控制对象

水轮发电机组的现地控制系统通常称作 LCU（local control unit）。各类水电站机组类型的不同，对其控制对象可能会有一些差别，但总的控制方式和结构模式基本一致，特别是采用国产设备的水电机组，相似程度更高。现地控制单元的控制对象主要包括主机、辅机、变压器等；而开关站的母线、断路器及隔离开关的控制在相关课程中介绍，本书不作阐述。

（三）机组 LCU 结构分类

水电站机组现地控制 LCU 经历了以下几个发展阶段：① 20 世纪七、八十年代初由单板机构成的简单自动控制装置，其特点是常规控制为主，自动控制为辅；② 20 世纪80 年代中后期由进口 PLC 或自行开发的控制器构成的现地控制单元，其特点是自动控制为主，常规控制为辅；③ 20 世纪 90 年代初期，由进口 PLC 或自行开发的控制器构成的现地控制单元，其特点是现地控制单元与小型 PLC 顺控装置的控制冗余；④ 20 世纪 90年代中以后，由进口 PLC 或自行开发的控制器构成的现地控制单元，其完全取消常规，成为水电站安全运行的必须设备。

采用单板机——总线型结构的 LCU 在国内外较为普遍，例如南瑞自控公司的 SJ—400 等，其基本结构是采用总线型的母板，如 SJ—400 就是采用 IEEE769 总线标准，或称为多总线（Mulitbus）。采用的模件有美国 Intel 公司的 Isbc86/05A 单板机，以及南瑞自控自行开发的 MB 模件系列。采用的模件种类有监控板、存储器板、开入开出板、A/D 或

D/A 转换板、面板接口板、串行或并行接口板、总线背板及 I/O 总线扩充板、端配板、电源及其监视板等总计近 60 种。其基本特点是由引进或国产的芯片设计成各种功能的单板，并配以控制面板、输入输出匹配电路、电源等，构成现地控制装置；采用 PL/M 的功能语言编程，可用来实现数据检测及闭环控制。

以可编程控制器为基础的 LCU，由于可编程控制器一般均按工业环境使用标准设计，可靠性高，抗振等性能好，为系统集成商省去了机械设计、加工、装配、焊接等技术和工艺要求等工作，并且接插性能好，整机可靠性高。目前用于配置 LCU 的可编程控制器的种类有：美国 GE 公司的 90 系列，如 90—70 或 90—30；KOYO 公司的 SU—5，SU—6，SG—8 系列；美国 AB 公司的 PLC—5、PLC—2 和 SLC 系列；日本 OMRON 公司的 C200、C500、C2000 系列；美国 Modicon 公司的 Quantum 系列；日本 MITSUBISHI 公司的 FX2、A 系列；德国西门子 S7 系列等。通过选择不同型号的 PLC，可方便构置成高、中、低不同容量的现地控制单元。

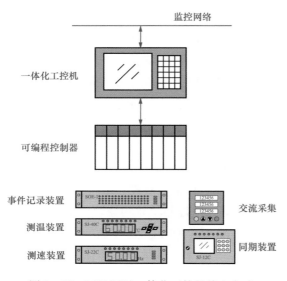

图 3 - 22　LCU 通过一体化工控机接入方式

随着 PLC 技术、网络技术、现场总线技术的发展，现地控制单元同步也在发展，比如出现了智能 I/O 模件配工业实时网的 LCU，以 PLC 为基础的 LCU 和以网络为基础的 LCU。这类 LCU 的代表产品为 ABB - MODCELL 智能数据处理模件及其国产化产品的代表 SJ—600 系列 LCU 等。

图 3 - 22 是 LCU 通过一体化工控机接入监控系统方式，这种模式在 20 世纪末到 21 世纪初广泛应用于大部分水电站监控系统中。图 3 - 23 是触摸屏 + PLC直接接入监控系统方式，这是目前使用较多的模式，如广东青溪电厂、乌江渡水电厂、湖南木龙滩水电厂机组现地控制系统等。

一些大型水电站的 LCU 中的 PLC 采用双 CPU 冗余方式，如图 3 - 24 所示，典型应用如湖北清江隔河岩水电厂、贵州引子渡水电厂、四川福堂水电厂、宁夏沙坡头水电厂等。近年来，一些水电站为提高可靠性，采用了双 PLC、双网络 + 远程 I/O 的完全冗余模式，如图 3 - 25 所示，所有 I/O 模板都是智能模板，板上带有处理器，做到了智能分散，功能分散，危险分散的现地控制系统，LCU 采用现场总线与辅机控制系统通信交换数据，大大提高了系统的可靠性，可用性，缩短了平均检修时间。

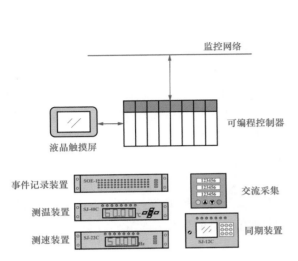

图 3 – 23　触摸屏 + PLC 直接接入方式

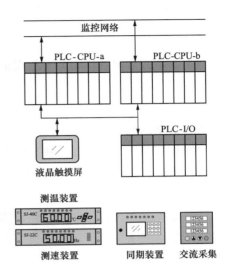

图 3 – 24　LCU 中的 PLC 采用双 CPU 冗余方式

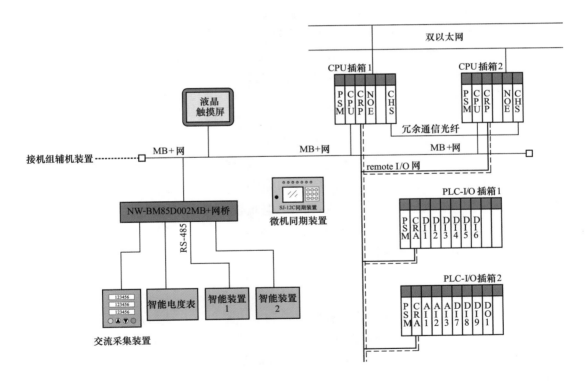

图 3 – 25　双 PLC、双网络 + 远程 I/O 的完全冗余方式

二、机组现地控制 LCU 功能分析

（一）数据采集处理

机组现地控制单元中需要对机组的开关量和模拟量信号进行采集测量。开关量信号主要包括断路器、隔离开关、阀门、锁锭的位置，各类主令电器、传感器的报警输出触点信号等；模拟量信号主要包括温度、导叶开度、油压、气压、水压等非电量测量，用于大闭环控制的机组有功、无功电量测量和用于过速保护的机组频率测量等。除机组频率由可编程控制器高速输入模块直接进行测量外，其余所有模拟量均由可编程控制器 AD 模块进行采集，由主模块对各 AD 模块进行初始化、数据调用。

1. 开关量采集及处理

LCU 根据生产过程中的实时性要求，将数字量分为两种类型：中断数字量和状态数字量。LCU 对开关量进行实时采集处理，并根据开关量的变化及变化性质判断是否做相应的处理。

对一些重要的数字量信号如 SOE 量，作为中断数字量输入。当中断量输入发生变位时，LCU 以中断方式立即采集，并记下变位时间。中断数量的 I/O 分辨率较高，响应时间一般小于 2ms，在变位时开中断，并产生事件记录。

对一般的数字量信号，只需了解它的当前状态，这些测点作为状态开关输入。对于状态开关输入采用秒级定时查询进行采集，查到某测点状态变位时，记录变位时间。

所有数字量输入均经过光电耦合隔离，并对电磁干扰、触点抖动等采取了硬件、软件的多种滤波措施。

2. 有功、无功电量采集及处理

为了实现机组现地测控保护单元对机组有功、无功的自动闭环调节，并保证具有良好的自动调节特性，即高的调节精度及短的调节时间，则机组现地控制单元必须对有功、无功进行实时测量。LCU 电度量处理可以由交流量采集装置将采集到的电度量数据通过通信方式传送至 LCU，也可采用电量变送器将机组有功无功信号送入 PLC 的 AD 模块进行模数变换。机组并网后，若设定了有功、无功目标值及起调信号，则现地控制单元的功率调整程序根据该测量值与目标值的差值，进行有功、无功的自动调节。

3. 模拟量的采集及处理

模拟量定义为除温度量以外的所有电气量和非电量。LCU 能对所采集的模拟量进行越/复限比较，每点模拟量设置高高限、高限、低限、低低限四种限值，设置越、复限死区和刷新死区，一旦模拟量测值超越设定的限值，LCU 要作出报警或进行事故流程处理。

4. 温度量的采集及处理

温度的感温元件为电阻，本案例的 LCU 温度量共有 96 点，测温点均接入 LCU 的 PLC 温度采集模块，其中各个部位测点的单点进入 1 号可编程测温装置，双点进入 2 号

可编程测温装置。在触摸屏或者通过调试终端能设置高限、高高限、越/复限死区，且可用软件对温度电阻进行补偿。当某一点温度异常时，LCU 能对其进行追忆，在离线方式下人为地定义追忆点。

轴承温度点分别进行保护处理，任意一组满足启动温度保护的条件，且温度保护功能投切压板投入，则进行温度保护动作停机。当机组温度越上限或上上限时，LCU 应能作出报警处理。机组轴承温度测点又分别分为上导、水导、推力三组，当同一组中的任意两点温度越上上限，启动事故停机流程进行停机并报警。

5. 导叶开度测量

导叶开度由调速器的导叶反馈装置直接接入，0 ～ 10V 电压或 4 ～ 20mA 电流信号对应 0 ～ 100% 开度，该信号一方面用于监测，另一方面用于导叶接力器开度监视及自动有功调整时确定是否进行调节的参考信号，当导叶开度低于空载开度或高于 100% 开度，则清有功调节信号。

6. 压力测量

压力测量主要是油压、气压、水压的测量，由压力传感器来的 4 ～ 20mA 电流信号输入 PLC 的 AD 模块进行模数转换。压力测量一方面用于监视，另一方面用于保护容错。

7. 事故追忆记录

当机组发生事故时，LCU 自动记录相关模拟量数值，进行事件追忆。对事件追忆，可追忆故障前后各 10s 的记录，模拟量的采集速度不大于 0.5s，追忆点数不少于 16 个模拟量点。

（二）　信息输出

1. 与上位机通信

LCU 直接上 100Mbit/s 以太网与上位机进行数据交换，并将所有开关量、模拟量、SOE 事件及开出动作记录 LCU 状态字、计算量及标志等向上位机传送。

2. 与辅设 PLC 的通信

LCU 通过 1 ～ 12Mbit/s PROFIBUS – DP 现场总线与辅设 PLC 进行数据交换，并将现地所有状态、信息上送至机组 LCU。

3. 人机接口功能

LCU 通过速率为 187.5kbit/s 的 MPI 方式与触摸屏通信，触摸屏从而完成现地实现人机接口功能：

- 显示采集的机组运行信息。
- 显示机组的事故、故障信息一览表。
- 操作员输入，包括控制命令、定值设置、测点投退、修改参数整定值。
- 脱机状态时钟设置。
- 操作过程显示。
- 控制操作密码设置。

部分画面显示如图 3 – 26 ～图 3 – 31 所示。

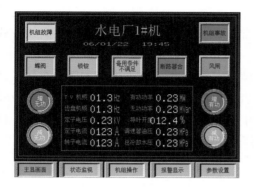

图 3-26　机组监视画面

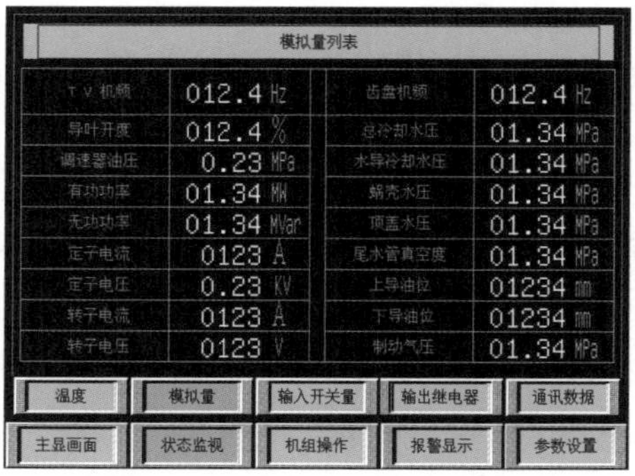

图 3-27　模拟量列表画面

图 3-28　机组故障显示画面

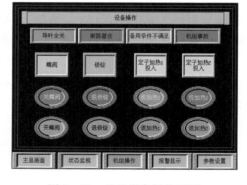

图 3-29　机组备用监视画面

图 3-30　机组开机监视画面

图 3-31　机组设备操作画面

（三）控制操作

1. 机组正常开停机控制

机组运行工况有发电、调相和停机三种，工况转换方式有发电转调相、发电转停机、停机转发电、停机转调相、调相转发电机和调相转停机。

正常停机时，采用电气制动和机械制动混合制动方式，机组电气事故停机时则将电气制动闭锁，只采用机械制动。

根据上位机或 LCU 触摸屏下达的命令，自动进行机组的开停机顺序控制，自动开停机可选择连续或分步控制方式完成。水电机组状态一般设有全停、辅设运行、空转、空载、发电、调相几种状态，操作员可以使机组启/停至上面五种状态之一。

2. 自动紧急停机控制

机组自动紧急停机的启动由需要紧急停机的保护启动。紧急停机启动后必须启动正常停机流程，自动紧急停机保护设以下五种：

（1）Ⅰ级过速保护——机组过速 115% n_r 且调速器失灵保护。

（2）Ⅱ级过速保护——机组过速 140% n_r 保护。

（3）机组电气事故保护。

（4）机组瓦温过高保护。

（5）机组油压装置油压过低保护。

机组紧急停机控制命令与事故停机命令具有最高的优先权。机组紧急停机顺序操作由安全装置自动启动或机组 LCU 屏上的机组紧急停机按钮控制，作用于机组直接与系统解列并停机等操作。机组电气保护作用于机组事故停机，与系统解列并停机。机组机械保护作用于机组停机，应先减负荷至空载，然后与系统分列。反映主设备事故的继电保护动作信号，除作用于事故停机外，还应不经 LCU 直接作用于断路器和灭磁开关的跳闸回路，机组辅助设备启动/停止控制。

3. 调速器控制

自动开停机时，LCU 将控制命令送给电调及调速器开停机集成阀以控制机组开停。可根据上位机 AGC 或操作员在工作站或 LCU 触摸屏下达的有功给定值进行闭环控制。LCU 与电调的控制调节接口方式采用通信和继电器触点两种方式。正常时可选择使用其中一种。在上位机和 LCU 上均可设置接口方式标志，以实现两种方式之间的切换。当采用继电器触点接口方式时，LCU 根据给定值与实测值之间的差值大小计算出不同的调节脉冲宽度，平稳调节。LCU 具备有功负荷差保护功能，当有功给定值与实测值大于一定限值时，AGC 及 P 调节自动退出，P 调节退出后，再次投入必须经人工确定。LCU 应对给定值进行检查，对给定值超过允许限制应拒收。

当 P 调节投入且采用继电器触点接口方式时，LCU 连续监视发电值的变化，维持有功在死区范围内。当 P 调节退出时，触点方式与通信方式的负荷调节功能均退出运行，LCU 不进行有功调节，但不影响其他数据的传送。

4. 励磁调节器控制

自动开、停机时，LCU 将命令送给励磁调节器，与励磁调节器的接口采用空触点方式和通信接口方式。

当 Q 调节退出时，LCU 不进行无功调节。

5. 同期控制

LCU 内设有微机自动准同期装置，同期输出的合闸指令触点与同期闭锁继电器串联后接入 DL 合闸操作回路。需要并网时先将同步闭锁继电器和同期装置的 TV 信号投入，并网后将同期闭锁继电器和同期装置的 TV 信号退出。

6. 机组其他设备控制

机组其他设备主要包括：发电机出口隔离开关、厂用电开关、刀闸、出口开关、制动风闸、锁锭、空气围带、中央音响信号等设备。

在开停机过程中 LCU 能自动实现制动风闸、锁锭、空气围带、发电机出口隔离开关等设备的控制。在机组有故障或事故时实现对中央音响信号的控制。

三、机组现地控制 LCU 控制流程

前面我们对 LCU 的功能进行了分析，机组现地控制流程主要是机组开停机控制，事故、水轮机保护控制，现场设备的单步控制。

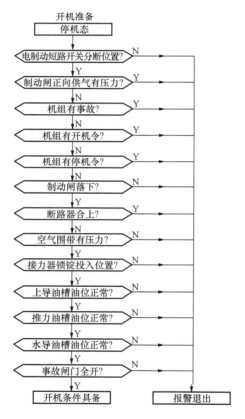

图 3 - 32　开机准备条件流程图

（一）　开机准备条件

机组开机时，必须满足开机准备条件，如电制动退出、机械制动闸落下、无停机令、进水口闸门全开、机组无事故、机组出口断路器在开断位置、空气围带无压、导叶锁锭拔除、断路器未合、推力轴承、导轴承油位正常等。如图 3 - 32 所示。根据机组的形式不同，有小的差别。

在设有所谓开、停机液压减载装置的机组上，机组启动前，应先启动高压油泵向推力轴瓦供油，只有监视每块瓦上的油压达到给定值时（表面推力头已被顶起）方可开机。机组转速达到额定转速的 90% 时，推力头下的镜板与推力瓦间楔形油膜已经形成，这时即可切掉油泵。停机时，亦需启动高压油顶起装置，待机组全停后方可将油泵切除。

（二）　机组润滑冷却水

水轮发电机组一般设有推力轴承、上导轴承、下导轴承和水轮机导轴承，推力轴承和上、下导轴承采用油润滑的巴氏合金轴瓦。水轮机导轴承有的采用油润滑的巴氏合金轴瓦，有的则采用水润滑的橡胶轴瓦。机组运转时，巴氏合金轴瓦部分因摩擦产生的热量靠轴承内油冷却器的循环冷却水带走；采用橡胶轴瓦时，水不仅起润滑作用，同时也起冷却作用，由于结构上的不同，两种轴承对自动化亦提出了不同的要求。

采用油润滑的巴氏合金轴瓦的轴承时，要求轴承内的油位保持一定高度，且轴瓦的温度不应超过规定的允许值。如不正常，则应发出相应的故障信号或事故停机信号。

采用水润滑的橡胶轴承时，即使润滑水短时间中断，也会引起轴瓦温度急剧升高，导致轴承的损坏，因此需要立即投入备用润滑水，并发出相应的信号。如果备用润滑水电磁阀启动后仍然无水流，则经过一定时间（2～3s）后应作用于事故停机。

对于低水头电站来说，若节约用水并不很重要，那么为了简化操作接线和提高可靠性，可以采用经常性供给润滑水的方式，即不必切除电磁阀。

除了轴承需要冷却水以外，为了将内部所产生的热量带走，发电机也需要冷却系统。发电机冷却方式一般有两种，一种是空气冷却方式，通常采用密闭式自循环通风，即借助于在空气冷却器中循环的冷风带走发电机内部所产生的热量，而空气冷却器则靠循环外的冷却水进行冷却。另一种是水内冷方式，经过处理的循环冷却水直接通入定子绕组、转子绕组的空心导线内部和铁芯中的冷却水管将热量带走。发电机冷却系统对自动化的要求是保证冷却水的供应。

采用空气冷却方式时，冷却水由机组总冷却水电磁阀供应，开机时打开总冷却水电磁阀，停机时关闭总冷却水电磁阀。用示流信号器进行监视，中断时发出故障信号，但不作用于事故停机。

（三）　机组制动

机组与系统解列后，由于转子的巨大转动惯性储存着较大的机械能量，故若不采取任何制动措施，则转子将需很长时间才能完全停下来。这样不仅延长了停机时间，而且使机组在较长时间内处于低转速运转状态。众所周知，低转速运行对推力轴瓦润滑极为不利，有可能导致轴瓦在干摩擦或半干摩擦状态下运转。因此，有必要采取制动措施，以缩短停机时间。

通常采用的制动措施是当机组转速下降到额定转速的35%左右时，用压缩空气顶起设于发电机转子下面的制动闸瓦，即对转子进行机械制动，其所以不在停机同时就加闸，是为了减少闸瓦的磨损。

一些水电站亦有采用电气制动的，即停机时通过专设的断路器将与系统解列的发电机接入制动用的三相短路电阻以实现电气制动，为了提高低转速时电气制动的效果（因为此时励磁机电压很低，发电机短路电流很小，制动功率也较小），可将发电机励磁绕组改由厂用电经整流后供给。电气制动不存在闸瓦磨损、发电机内部污染等问题，但控制较为复杂，且发电机绕组内部短路时不能采用，还需机械制动作为备用。

在设有所谓开、停机液压减载装置的机组上，由于在开、停机时启动高压油泵，将高压油注入推力轴瓦间隙中，故轴瓦即使在低转速时也有一定厚度的油膜，不会在干摩擦或半干摩状态下运行。此时，为了减轻制动闸瓦的磨损，可考虑在机组转速下降到10%额定转速时再加制动闸，不过这样将延长停机时间。

机组转动部分完全静止后，应撤除制动，以便于下次启动。在停机过程中，如果导叶剪断销被剪断，个别导叶失去控制而处于全开位置，则为了使机组能停下来，就不应撤除制动。

在图3-38机组空转至停机模块软件流程图中，有机械制动和机械电气混合制动的流程图，供参考阅读。

（四）　机组开停机控制流程

机组开机具备条件后，就可进行相应的开停机操作，工况转换。经常操作的流程包括：开机至空转、空转至空载、空载至发电、发电至空载、空载至空转、空转至停机备用、事故紧急停机等（流程图详见图 3 – 33 ～图 3 – 39）。其中，紧急停机流程具有最高优先级，事故停机流程次之，正常停机流程再次之。任一停机流程启动的同时，即退出当前正在执行的非停机流程，非停机流程之间是并列关系，不可能同时进行。

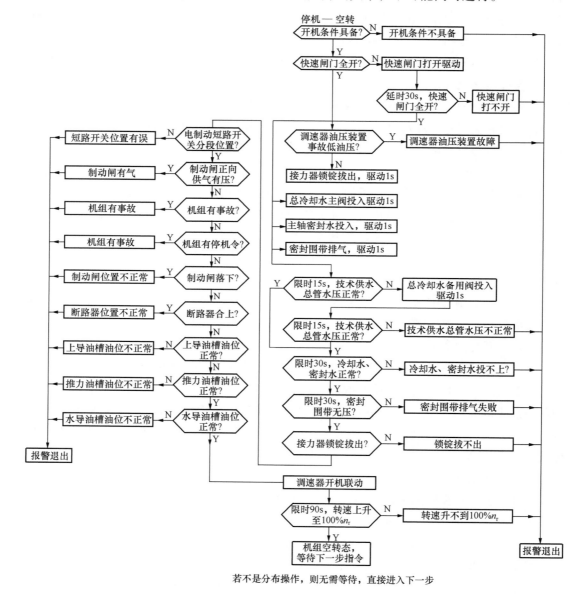

若不是分布操作，则无需等待，直接进入下一步

图 3 – 33　机组开机至空转模块软件流程图

若不是分步操作，则无需等待，直接进入下一步

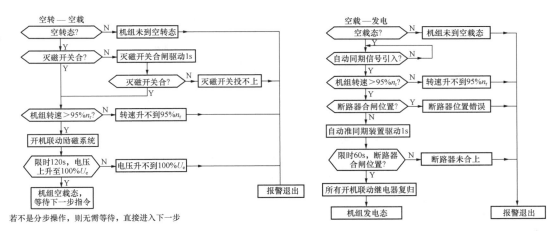

图 3－34　机组空转至空载模块软件流程图

图 3－35　机组空载至发电模块软件流程图

若不是分步操作，则无需等待，直接进入停机流程

图 3－36　机组发电至空载模块软件流程图

若不是分步操作，则无此流程

图 3－37　机组空载至空转模块软件流程图

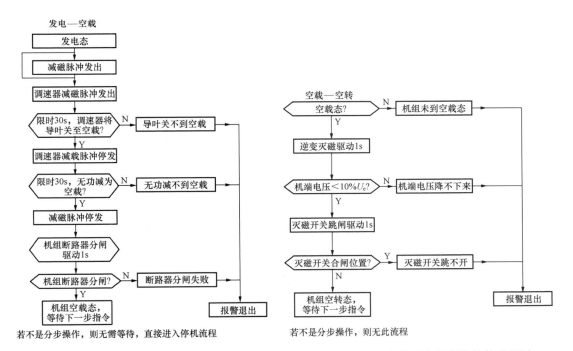

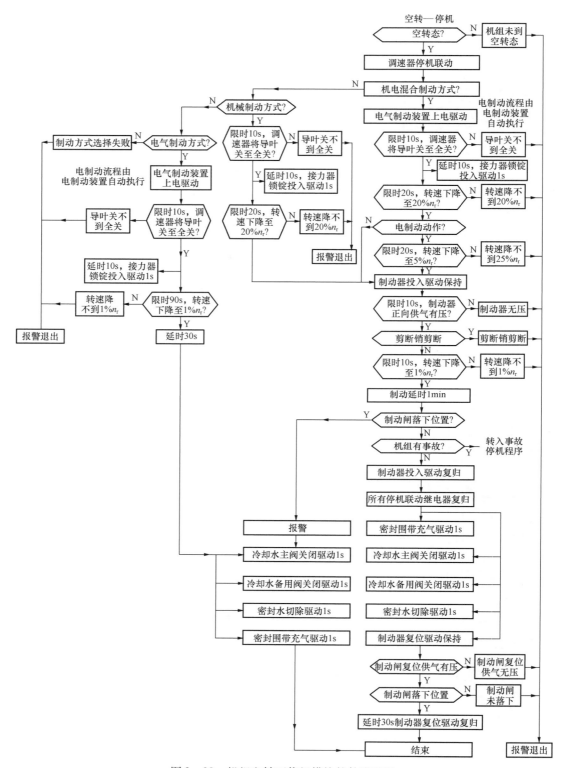

图 3-38 机组空转至停机模块软件流程图

机组现地控制系统另一重要功能就是机组的保护，发电机组电气部分的保护由机组配置的发变组保护完成，LCU 主要完成水轮机部分的保护，水轮发电机组的保护主要配置的有机组过速保护、机组瓦温过高保护、机组油压装置油压过低保护。LCU 设置事故总出口继电器，任何机组事故均启动事故出口继电器，包括保护的电气事故。

（五）　水力机械事故保护

1. 机组的过速保护

机组过速保护又分为 I 级过速保护和 II 级过速保护，过速保护的转速测量元件是配置转速测量装置，当机组转速超过额定转速的 115% 时，转速装置输出触点信号到 LCU 输入模件，机组出口断路器在分位置，此时若调速器失去调节，不能控制回关导叶，LCU 输出启动 I 级动作过速电磁阀，过速电磁阀配压启动事故配压阀，迅速将导叶关闭，将机组停下，同时启动正常停机流程，完成正常停机时应控制操作的设备。当机组转速超过额定转速的 152% 时，LCU 输出启动 II 级动作过速电磁阀，过速电磁阀配压启动事故配压阀，迅速将导叶关闭，将机组停下，同时启动正常停机时应控制操作的设备。

2. 机组瓦温过高保护

机组瓦温过高保护主要是机组的上导、水导、下导、推力轴承的温度保护，在瓦内埋设测温电阻，可以埋设双电阻，电阻的接线方式可采用两线制或三线制，建议采用三线制接线方式，避免线路的电阻误差，测温电阻接入温度采集装置，温度采集装置通过通信将温度测量值上送 LCU 主控模件，LCU 进行处理，任一点越上限就报警，若同一类型的瓦温任两点越上上限，LCU 启动事故总出口继电器，跳开发电机出口断路器，发电机灭磁，启动事故停机电磁阀关机组导叶，同时启动正常停机流程，完成正常停机时的应控制操作的设备。若温度点较多，温度采集装置可设置两套，分别采集温度点的单、双号点，一套以 LCU 通信，另一套独立进行温度采集处理，输出空触点到常规的控制回路，作为后备保护。温度采集也可使用专用温度仪表，一块温度仪表对应一个测温点，仪表输出两个串接，启动事故总出口继电器。

3. 机组油压装置压力过低保护

机组油压系统压力过低时，为保证机组安全是要将运行的机组迅速停运的，油压的监视是监视机组油压装置的主油罐压力，使用的是压力传感器和压力开关两个共同测量，这是防止测量元件误动造成误停机。当机组主油罐压力低于低低限值时，LCU 采集到两个测点均低于限值，启动事故出口继电器，跳开发电机出口断路器，发电机灭磁，启动 II 级动作过速电磁阀，过速电磁阀配压启动事故配压阀，迅速将导叶关闭，将机组停下，同时启动正常停机流程，完成正常停机时应控制操作的设备。

根据机组的形式、电站的地位作用的不同，机组事故停机流程稍有不同。图 3 - 39 是某电厂的事故停机流程，当机组运行中冷却水中断、机组温度过高、发变组电气保护动作、调速器油压装置事故低油压、调速器油压装置回油箱油位过低、顶盖积水水位过高、机组过速限制器动作、机组调速器严重故障、振动摆度过大，机组将事故停机，现地控制单元 LCU 都将执行停机流程。

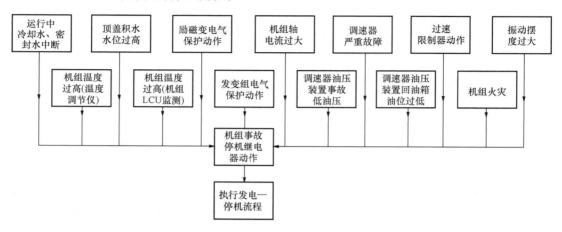

图 3-39　某电厂事故停机流程

（六）　紧急事故停机

某电厂紧急事故停机流程如图 3-40 所示，当机组运行过程中出现下列事故时，应进行紧急事故停机：

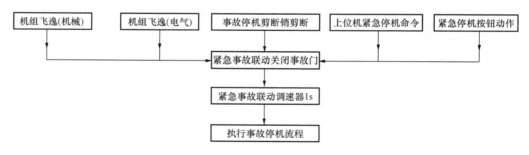

图 3-40　某电厂紧急事故停机流程

（1）机组的转速达到额定转速的 140% 时，即达到或超过飞逸转速时，由机械或电气转速信号装置发出紧急事故停机信号，现地控制单元 LCU 都将执行紧急事故停机流程。

（2）当机组事故停机过程中剪断销剪断时，现地控制单元 LCU 都将执行紧急事故停机流程。

机组紧急事故停机流程一般首先关闭事故快速闸门，联动调速器紧急事故停机。

（七）　水力机械故障报警

当机组运行过程中出现下列情况时，现地控制单元 LCU 将发出报警信号：

（1）上导轴承、下导轴承、推力轴承、水导轴承及发电机热风温度过高；

（2）上导轴承、下导轴承、推力轴承油槽油位不正常；

（3）水导轴承油槽油位过低；

（4）漏油箱油位过高；

（5）回油箱油位不正常；

（6）上导轴承、下导轴承、推力轴承、水导轴承冷却水中断；

（7）剪断销剪断；

（8）开停机未完成等。

上述故障发生时，现地控制单元 LCU 都将发出故障音响及光字报警信号，通知运行人员，并指出故障性质，故障消除后，应手动解除故障信号。

四、机组现地控制系统硬件实现

水轮发电机组现地控制系统是水电站计算机监控系统的组成部分之一，是监控系统的下位机，通过网络方式与上位机系统通信链接，现场监视仪表、传感器与现地 I/O 连接，下位机采用现场总线与各智能设备链接。

（一） 机组现地控制单元硬件体系

本案例 LCU 硬件体系结构上，采用西门子 S7 系列 PLC 构件机组的现地控制单元，机组现地控制单元（LCU）系统采用全开放分层分布式结构。机组监控功能分散设置，分层分布，利用微机调速器、微机励磁、微机保护和原设备常规二次控制回路功能与职能，协调配合，共同完成对机组的控制。

如图 3 - 41 所示，整个系统以网络为基础，连接各个智能设备，该装置分为两层：现地控制单元主控制器采用 S7 - 400PLC 与上位机链接，主干网络采用 100Mbit/s 双冗余以太网结构，连接上位机主机以及工程师站。当某一段网络出现故障时，整个计算机监控系统都不会受到影响。实现如下功能：

（1）与上位机之间交换数据；

（2）各个 LCU 之间相互交换数据；

（3）工程师站通过以太网对 LCU 装置进行装置程序编辑、维护以及下载；

（4）网络速率为 10/100Mbit/s；

（5）网络拓扑结构可以采用总线、星型或者环行；

（6）规约为 TCP/IP。

现场总线网络，采用标准、开放的 PROFIBUS - DP 现场总线，速率最高可以达到 12Mbit/s。现场总线与技术供水室、油压装置、顶盖泵、漏油泵远程 I/O 相连，各远程 I/O 可独立工作，实现数据采集上送和现地设备的控制，同时接受上位机或 LCU 的控制命令。现场总线也与智能仪表链接，交流量采集装置采集的机组电压、电流、有功、无功等电气量通过现场总线通信上送 LCU，温度测控装置采集机组定子、各部位轴承、冷却水等温度上送 LCU 实现机组保护。

从图 3 - 41 中可以看出，机组现地控制系统与调速器和励磁系统相连，连接方式采用通信和硬接线两种方式，通信采用串口通信，硬接线输入输出为空触点控制。与保护系统链接为硬接线，输入输出为空触点控制。

（二） 机组现地控制单元硬件结构

本案例的现地控制单元硬件结构以大中型水轮发电机组为例，其他类型的机组可进

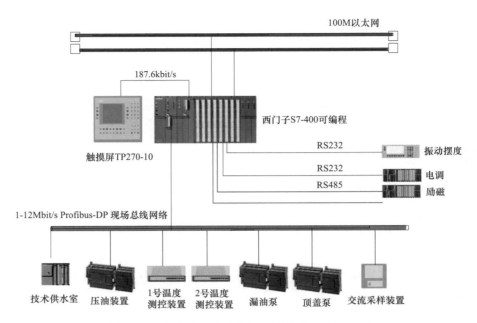

图 3 – 41 机组水轮发电机组现地控制系统结构图

行配置的增减，但基本原理是一致的。

水轮发电机组现地控制单元装置一般布置有：装置供电电源和输出电源，PLC 控制模块，网路设备，机组各类智能测量装置，出口继电器，操作按钮把手，连片等设备，如图 3 – 42 所示。

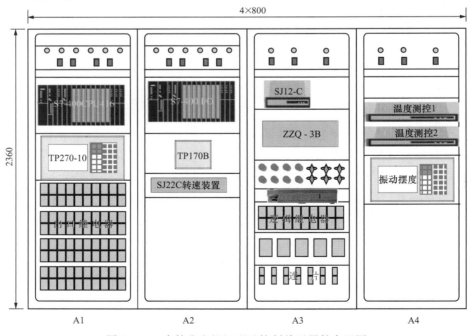

图 3 – 42 水轮发电机组现地控制单元器件布置图

A1 柜上布置了可编程冗余电源 PS407、CPU416 - 2DP、以太网卡 CP443 - 1、串行通信接口卡 CP441 - 2、开出模块 SM422、接口模块 IM460、主机架底板、SIEMENS 10 触摸屏 TP270 - 10、开出继电器以及双供电电源插箱等设备。

电源 ps407 采用 DC220 输入，输出 DC24V，供给 PLC 各模件电源。可编程 CPU 模件主控模件是控制系统核心部件，进行数据的采集处理。以太网卡 CP443 - 1 负责与以太网的链接，实现与上位机数据交换。串行通信接口卡 CP441 - 2 与现场调速器、励磁系统、电量采集装置以及各类现场智能仪表通信，进行数据交换。开出模块 SM422 驱动开出继电器，开出继电器用于 PLC 开出容量扩充，继电器触点控制现场设备。接口模块 IM460 进行机架的扩展，增加现场采集信号点数。触摸屏用于人机接口操作、控制信息的输出。

A2 柜上布置了模拟量输入模块 SM431、中断量输入模块 SM421（16DI）、状态量输入模块 SM322（32DI）、测温装置触摸屏 TP170B、转速测量装置 SJ22C 以及双供电电源插箱。

模拟输入模块 SM431 用于采集现场压力、油位、位移等传感器模拟信号，中断量输入模块 SM421（16DI）和状态量输入模块 SM322（32DI）采集开关量数字信号。转速测量装置用于监控机组转速，实现机组过速保护。

A3 柜上布置自动准同期装置 SJ12C（主）、ZZQ - 3B 同期装置（备用）、常规按钮、连片、后备保护可编程 S7 - 200、电压继电器、同期闭锁继电器与开出继电器等设备。自动准同期装置控制机组同期并列，并网过程中发出调频脉冲，控制机组转速，同时发出调压脉冲控制机端电压。常规按钮是在 LCU 失去自动控制功能后，人工手动控制机组使用。连片用于机组保护功能投入/退出切换。

A4 柜上布置了两套温度巡检控制可编程（S7 - 300）以及振动摆度装置，温度巡检控制可编程采集机组定子、各部位轴承、冷却水等温度，上送 LCU 实现机组温度保护。

远程 I/O 技术供水控制系统、机组压油装置控制系统、顶盖排水控制系统、漏油泵控制系统通过 PROFIBUS - DP 现场总线与 LCU 相连，组成机组现地控制的一部分，远程 I/O 独立工作，采集现场数据，控制现场设备，同时上送数据至 LCU，接受 LCU 的控制命令。技术供水控制系统采用西门子 S7 - 300 控制模件，开关量输入点数 48 点，模拟量输入点数 16 点，开关量输出点数 48 点。机组压油装置控制系统、顶盖排水控制系统、漏油泵控制系统配置相同，均采用西门子 S7 - 200 控制模件，开关量输入点数 24 点，模拟量输入点数 4 点，开关量输出点数 16 点。

（三）　输入信号分析

机组现地控制系统的输入信号基本分为状态开关量信号、中断开关量信号、脉冲量信号、模拟量信号、温度量信号几大类别。

开关量信号采集的是现场设备信号通断状态，用 1、0 两个状态表示，对应反映采集的设备运行、停止或分、合或开启、关闭等状态，一般状态开关量采集分辨率为秒级，中断开关量分辨率为毫秒级，从原理上的应用两者的用途是一样的，但从经济角度考虑，中断开关量采集模件成本偏高，一般用于比较重要的、对于时间反应快的状态量采集，中断量变位后一般要进行开中断控制或形成事件记录。脉冲量主要用于电度量的采集计量，一些编码器也输出脉冲量。

现地控制单元模拟量采集反映的是压力、油位、位移、温度等信号连续的变化过程，使用的传感器或变送器输出的模拟量信号一般为 0～20mA、4～20mA、0～5V、1～5V、0～10V，LCU 采集模拟量分辨率为秒级，也有快速模拟量采集，但使用较少。温度量规集为模拟量类别，但与一般模拟量信号有所差别，因采集的是测温电阻阻值的变化，转换成电压信号进行处理。但也可将温度电阻接入变送器转换为一般的模拟量信号，输送到模拟量采集模件。

水电站机组现地控制单元输入信号根据机组的型号和类型的差别有所不同，本案例根据控制要求分为以下几部分：发变组保护控制，励磁系统控制，发电机出口断路器控制，厂用变控制，机组压油装置控制，锁锭控制，机组技术供水系统控制，机组过速系统控制，机组同期控制，机盘动力电源控制、调速器控制，同时包括顶盖泵、漏油泵、转速测量、装置电源监视信号以及轴承油位信号。

发变组保护控制输入信号：发变组差动保护动作、主变零序跳母联、匝间保护动作、失磁、主变零序跳本变、负序跳本变、低压过流、串并变过流、自用变过流及零序跳低压断路器、自用变过流及零序跳发电机断路器、主变冷却器全停、转子一点接地、主变轻瓦斯、操作回路监视、保护直流消失、弹簧压力低、SF$_6$ 断路器气压低、启动失灵、定子过负荷、定子一点接地、转子过载、TV 断线、保护出口动作、负序过载、保护元件故障、主变冷却器故障、主变油温升高、常规事故停机，上述 31 个信号全部为中断开关量，来自机组保护和主变保护设备信号输出。除中断量外还有 5 个主变风机停止位置信号和 1 个主变中心点隔离开关位置信号，发变组保护输入信号共需 37 个。

励磁系统控制输入信号：包括 FMK 跳闸、强励限制动作、欠励动作、励磁 TV 断线、励磁直流消失、V/F 限制、励磁调节器切换动作、励磁功率柜故障、励磁备励开关分闸、励磁主励开关分闸 10 个中断量信号，还包括 FMK 合闸、励磁调节器 I 套故障、励磁调节器 II 套故障、同步断线、无功过载、RL 板故障、启励失败、通信故障、励磁交流电源消失、励磁备励合闸、励磁主励合闸 11 个状态量信号。

发电机出口断路器控制输入信号：本案例的发电机机组带 GCB 出口断路器，带厂用电，有两个发电机出口断路器，以及出口断路器隔离开关、接地开关。隔离开关、接地开关位置分合两个位置状态共需 22 个信号，为状态量输入信号。2 个断路器的分闸位置为中断量信号，合闸位置信号为状态量信号。GCB 断路器还有 GCB SF$_6$ 压力低、GCB 第一控制电源消失、GCB 第二控制电源消失、GCB 压油泵长时间运行、GCB 加热器电源消失、GCB 压油泵电源消失、GCB 弹簧压力低 7 个监视信号。

厂用变控制输入信号：由厂用变断路器合、厂用变断路器分、厂用变隔离开关合 3 个信号实现。

机组压油装置控制信号：机组压油装置的控制有单独的现地控制 PLC 装置，但机组现地 LCU 也对其进行监控，实现远方控制。压油装置控制输入信号有开关量输入信号，同时有模拟量输入信号。开关量信号包括：压油泵电源监视信号，油泵运行/停止状态信号，主油罐油位过高/过低信号，主油罐压力过高/过低信号，事故油罐油位过高/过低信号，事故油罐压力过高/过低信号，模拟量信号主要是事故油罐油位过高/过低信号，事故油罐压力过高/过低信号。

锁锭控制输入信号：锁锭投入/拔出由机械锁锭的位置触点实现。

机组技术供水系统控制：技术供水系统控制作为机组的辅助设备控制由现地 PLC 独立控制，机组现地控制 LCU 通过 PROFIBUS – DP 现场总线与之通信链接，作 LCU 的下位机，同时接受 LCU 的控制，上送现场信息。本案例中机组现地控制装置还采集了技术供水 PLC 电源消失、技术供水水压低、正向供水中断、反向供水中断 4 个输入信号。

机组过速系统控制输入信号：机组转速测量由两套齿盘测速装置进行转速的测量实现，输入的信号有：机组转速 $< 5\% \, n_r$、$< 15\% \, n_r$、$< 60\% \, n_r$、$< 80\% \, n_r$、机组转速 $> 95\% \, n_r$、$> 105\% \, n_r$、$> 115\% \, n_r$、$> 152\% \, n_r$。过速保护执行元件是 Ⅰ 级过速电磁阀、Ⅱ 级过速电磁阀，输入信号是两个电磁阀的投入/撤除位置触点。LCU 采集两套齿盘测速装置的转速模拟量信号，实现转速的显示和连续监视。

机组同期控制输入信号：机组同期并网由自动准同期装置完成，LCU 采集同期故障、同期合 GCB 动作、同期合 DL 动作结果信号，实现开机并网流程控制。

机盘动力电源控制信号：动力盘电源两段进线开关和联络开关需远方分/合操作，通过开关所带位置触点实现，同时两段母线的电压必须监视，由电压变送器 4 ~ 20mA 模拟量信号实现。

调速器控制输入信号：导叶中接脱开、轮叶中接脱开、主配发卡、电调故障、电调电源故障用于调速器状态的监视，导叶开度采用模拟量信号。

轴承油位的监视同时采用了状态量和模拟量双重监视，密封水压力、蜗壳水压力、尾水真空压力、围带气压模拟量信号用于监视水轮机运行状况。

在机组现地控制系统中，温度测量占有重要地位，温度信号包括发电机定子温度、主变油温绕组温度、各轴承温度、冷却水温，用温度电阻变换实现，较常见温度电阻有 Cu50、Cu53、TV100、TV200，本案例共需 96 点温度输入信号。

根据上述分析，结合本案例的工程实际需求输入信号量，考虑一定余量，状态输入开关量配置 160 点，由 5 块西门子 6ES74211BL 输入模件实现，每块模件输入点数 32 点；中断开关量点配置 64 点，由 4 块西门子 6ES74217BH 输入模件实现，每块模件输入点数 16 点；模拟量输入点数配置 32 点，由 2 块 16 点的西门子 SM431 模拟量输入模件实现；温度量 96 点由 14 块西门子 6ES73317PF 温度采集模件实现，每块模件输入点数为 8 个。

（四）　输出信号分析

以上是对输入信号进行的分析，这些采集的信号有的用作状态监视，有的用于控制判断、有的进行故障报警，机组现地控制装置控制的设备对象较多，从表 3 - 1 中看出，有发电机出口断路器，发电机出口断路器隔离开关、接地开关，主变冷却器风机，励磁系统主备励断路器，功率柜风机，励磁调节器（无功），机旁动力盘开关，厂用/自用变隔离开关，制动闸，锁锭，励磁调速器（有功），以及故障报警、事故保护等，都需要现地控制系统来进行实现。由于现场一些设备的控制回路电压等级高、驱动执行元件需求功率大，LCU 是通过输出控制模件驱动输出继电器，由继电器的输出触点操作现地的执行元件。LCU 输出信号接线原理图以 DO1 模件为例，如图 3 - 45 所示。

表 3-1 机组现地控制装置输出信号

机组现地控制装置输出模块排列顺序							
DO1		DO2		DO3		DO4	
点号	信号定义	点号	信号定义	点号	信号定义	点号	信号定义
DO1	RTU 开出执行 1	DO33	备用	DO65	动力盘母联开关分	DO97	投围带
DO2	主断路器合	DO34	同期合 GCB	DO66	RTU 开出执行 7	DO98	撤围带
DO3	主断路器分	DO35	同期合 DL	DO67	厂用变隔离开关合	DO99	停 2 号励磁风机
DO4	RTU 开出执行 2	DO36	启动主变 1 号风机	DO68	厂用变隔离开关分	DO100	复归开机令
DO5	80X 断路器合	DO37	启动主变 2 号风机	DO69	自用变隔离开关合 8054	DO101	导叶切手动（无）
DO6	80X 断路器分	DO38	启动主变 3 号风机	DO70	自用变隔离开关分 8054	DO102	导叶切自动（无）
DO7	RTU 开出执行 3	DO39	停主变 2 号风机	DO71	并联变隔离开关合 8055	DO103	轮叶切手动（无）
DO8	1G 合	DO40	停主变 3 号风机	DO72	并联变隔离开关分 8055	DO104	轮叶切自动（无）
DO9	1G 分	DO41	启动主变 4 号风机	DO73	RTU 开出执行 8	DO105	撤紧停
DO10	2G 合	DO42	启动主变 5 号风机	DO74	厂用变断路器合	DO106	投停机电磁铁
DO11	2G 分	DO43	启动主变 6 号风机	DO75	厂用变断路器分	DO107	投两段关闭电磁阀
DO12	3G 合	DO44	RTU 开出执行 5	DO76	LCU 开机令	DO108	撤两段关闭电磁阀
DO13	3G 分	DO45	水机事故送保护	DO77	LCU 停机令	DO109	P 调节开出执行
DO14	4G 合	DO46	给励磁停机令（无）	DO78	投同期	DO110	P +
DO15	4G 分	DO47	FMK 合	DO79	停主变 6 号风机	DO111	P −
DO16	5G 合	DO48	FMK 分	DO80	停 1 号励磁风机	DO112	Q 调节开出执行
DO17	5G 分	DO49	投逆变（弱电）	DO81	投 1 号同期点	DO113	Q +
DO18	主变中性点隔离开关合	DO50	起励（弱电）	DO82	投 2 号同期点	DO114	Q −
DO19	220kV 隔离开关远方复归	DO51	主励开关分	DO83	给励磁开机令	DO115	备用
DO20	停主变 1 号风机*	DO52	备励开关分	DO84	备用	DO116	备用
DO21	主变中性点隔离开关分	DO53	主励开关合	DO85	备用	DO117	备用
DO22	RTU 开出执行 4	DO54	备励开关合	DO86	备用	DO118	备用
DO23	1G 接地开关合	DO55	启动 1 号励磁风机	DO87	备用	DO119	备用
DO24	1G 接地开关分	DO56	启动 2 号励磁风机	DO88	中控室水轮机事故光字	DO120	备用
DO25	2G 接地开关合	DO57	RTU 开出执行 6	DO89	过速 115% n_r 停机	DO121	备用
DO26	2G 接地开关分	DO58	动力盘 I 段开关合	DO90	过速 152% n_r 停机	DO122	备用
DO27	3G（1）接地开关合	DO59	停变 4 号风机	DO91	投紧停	DO123	备用
DO28	3G（1）接地开关分	DO60	停变 5 号风机	DO92	投制动	DO124	备用
DO29	3G（2）接地开关合	DO61	动力盘 I 段开关分	DO93	撤制动	DO125	备用
DO30	3G（2）接地开关分	DO62	动力盘 II 段开关合	DO94	复归撤制动	DO126	备用
DO31	4G 接地开关合	DO63	动力盘 II 段开关分	DO95	拔锁锭	DO127	备用
DO32	4G 接地开关分	DO64	动力盘母联开关合	DO96	投锁锭	DO128	备用

五、机组现地控制 LCU 软件实现

本案例采用西门子 S7 系列 PLC 实现机组的现地控制。可编程控制器的软件可以分为系统软件和应用软件两大类，系统软件一般可分为编程器的系统软件和 PLC 的操作系统这两部分。把各个编程语言编写的程序变为 PLC 中央处理器能接受的机器语言，需要通过编译才能完成。这种编译程序构成了编程器的系统软件，它存放在编程器的 ROM 存储器中。操作系统一般存储在 PLC 系统的 EPROM 存储器中。其主要任务是解读用户程序，管理整个系统。可编程控制器（PLC）的应用软件是指用户根据自己的控制要求编写的应用程序，用于完成特定的控制任务。

西门子 S7 系列 PLC 采用的是 SIMATIC STEP 7 专业版软件，直接用于组态、管理和维护自动化控制系统。操作系统是分时多任务操作系统，具备满足大中型水电站机组控制的要求，其编程语言有梯形图 LAD，指令表 IL，结构文本 ST，顺序功能表 SFC 标准 C语言，并配有高级语言 GRAPHI5。其组态软件主窗体、模件配置组态界面、设备控制软件编辑界面如图 3-43～图 3-45 所示。

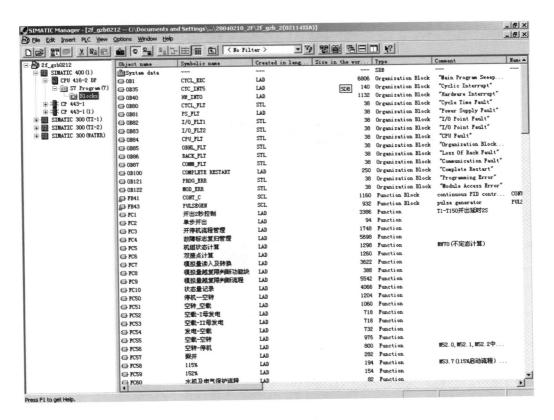

图 3-43　西门子 S7 PLC 组态软件主窗体

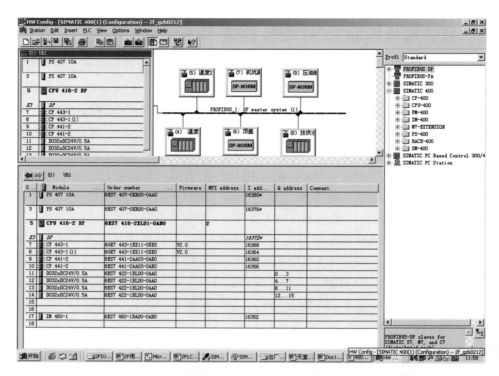

图 3 - 44　西门子 S7 PLC 模块配置组态界面

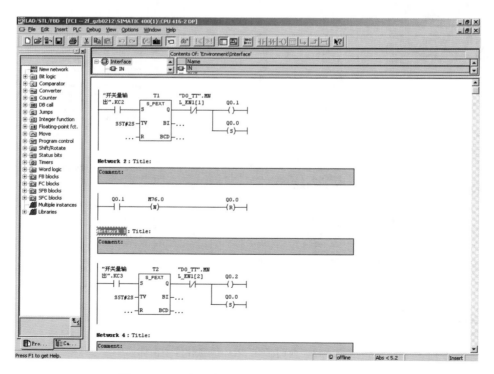

图 3 - 45　西门子 S7 PLC 设备控制软件编辑界面

　　主窗体为程序功能块（OB、FB、FC）以及数据块（DB），所有的流程均包含在各类程序功能块中，见表 3 - 2。程序功能块和数据块详细使用参考西门子 SIMATIC STEP 7 专业版软件应用指南。

表 3 - 2　　　　　　　　　　　　　LCU 程序功能块（OB、FB、FC）

类型	序号	对象名		符号名	注释
功能	1	FC	1	开出 2s 控制	
	2	FC	2	单步开出	
	3	FC	3	开停机流程管理	
	4	FC	4	故障标志复归管理	
	5	FC	5	机组状态计算	
	6	FC	6	双触点计算	
	7	FC	7	模拟量读入及转换	
	8	FC	10	状态量记录	
	9	FC	50	停机—空转	
	10	FC	51	空转—空载	
	11	FC	52	空载 - I 母发电	
	12	FC	53	空载 - II 母发电	
	13	FC	54	发电 - 空载	
	14	FC	55	空载 - 空转	
	15	FC	56	空转 - 停机	
	16	FC	57	假并	
	17	FC	58	115% 过速	
	18	FC	59	152% 过速	
	19	FC	60	水轮机及电气保护流程	
	20	FC	61	低油压	
	21	FC	62	温度保护控制流程	
	22	FC	84	ATT	Add to Table
	23	FC	85	FIFO	First In/First Out Unload Table
	24	FC	101	1G 分单步流程	F_ 1G
	25	FC	102	1G 合单步流程	H_ 1G
	26	FC	103	2G 分单步流程	F_ 2G
	27	FC	104	2G 合单步流程	H_ 2G
	28	FC	105	4G 分单步流程	F_ 4G
	29	FC	106	4G 合单步流程	H_ 4G
	30	FC	107	1GD 分单步流程	F_ 1GD

类型	序号	对象名		符号名	注释
	31	FC	108	1GD 合单步流程	H_ 1GD
	32	FC	109	2GD 分单步流程	F_ 2GD
	33	FC	110	2GD 合单步流程	
	34	FC	111	3G 分单步流程	F_ 3G
	35	FC	112	3G 合单步流程	H_ 3G
	36	FC	113	3GD1 分单步流程	F_ 3GD1
	37	FC	114	3GD1 合单步流程	H_ 3GD1
	38	FC	115	3GD2 分单步流程	F_ 3GD2
	39	FC	116	3GD2 合单步流程	H_ 3GD2
	40	FC	117	4GD 分单步流程	F_ 4GD
	41	FC	118	4GD 合单步流程	H_ 4GD
	42	FC	119	DL 分单步流程	F_ DL
	43	FC	120	DL 合单步流程	H_ DL
	44	FC	121	1 号励磁风机启动单步流程	QD_ 1LCFJ
	45	FC	122	1 号励磁风机停止单步流程	TZ_ 1LCFJ
	46	FC	123	1 号主变风机启动单步流程	QD_ 1ZBFJ
	47	FC	124	1 号主变风机停止单步流程	TZ_ 1ZBFJ
功能	48	FC	125	2 号励磁风机启动单步流程	QD_ 2LCFJ
	49	FC	126	2 号励磁风机停止单步流程	TZ_ 2LCFJ
	50	FC	127	2 号主变风机启动单步流程	QD_ 2ZBFJ
	51	FC	128	2 号主变风机停止单步流程	TZ_ 2ZBFJ
	52	FC	129	3 号主变风机启动单步流程	QD_ 3ZBFJ
	53	FC	130	3 号主变风机停止单步流程	TZ_ 3ZBFJ
	54	FC	131	4 号主变风机启动单步流程	QD_ 4ZBFJ
	55	FC	132	4 号主变风机停止单步流程	TZ_ 4ZBFJ
	56	FC	133	5 号主变风机启动单步流程	QD_ 5ZBFJ
	57	FC	134	5 号主变风机停止单步流程	TZ_ 5ZBFJ
	58	FC	135	6 号主变风机启动单步流程	QD_ 6ZBFJ
	59	FC	136	6 号主变风机停止单步流程	TZ_ 6ZBFJ
	60	FC	137	ZK 分单步流程	F_ ZK
	61	FC	138	ZK 合单步流程	H_ ZK
	62	FC	139	BZK 分单步流程	F_ BZK
	63	FC	140	BZK 合单步流程	H_ BZK
	64	FC	141	单合 DL 单步流程	DH_ DL

续表

类型	序号	对象名		符号名	注释
功能	65	FC	142	动力盘 I 段开关分单步流程	F_ 4201DL
	66	FC	143	动力盘 II 段开关分单步流程	F_ 4202DL
	67	FC	144	动力盘母联开关分单步流程	F_ 4240DL
	68	FC	145	动力盘 I 段开合关单步流程	H_ 4201DL
	69	FC	146	动力盘 II 段开关合单步流程	H_ 4202DL
	70	FC	147	动力盘母联开关合单步流程	H_ 4250DL
	71	FC	148	5G 分单步流程	F_ 5G
	72	FC	149	5G 合单步流程	H_ 5G
	73	FC	200	主变风机启动	
	74	FC	201	励磁风机启动	
	75	FC	203	主变风机自启动控制流程	
	76	FC	204	主变风机方式倒换流程	
	77	FC	300	DP 通信处理	
	78	FC	305	顶盖通信	
	79	FC	306	机坑通信程序	
	80	FC	310	串口 1～4 发送通信程序	
	81	FC	400	SOE	
	82	FC	666	SCALE	Scaling Values
组织块	1	OB	1	CYCL_ EXC	Cycle Execution
	2	OB	40	HW_ INT0	Hardware InterruTV 0
	3	OB	80	CYCL_ FLT	Cycle Time Fault
	4	OB	81	PS_ FLT	Power Supply Fault
	5	OB	82	I/O_ FLT1	I/O Point Fault 1
	6	OB	83	I/O_ FLT2	I/O Point Fault 2
	7	OB	84	CPU_ FLT	CPU Fault
	8	OB	85	OBNL_ FLT	OB Not Loaded Fault
	9	OB	86	RACK_ FLT	Loss of Rack Fault
	10	OB	87	COMM_ FLT	Communication Fault
	11	OB	100	COMPLETE RESTART	Complete Restart
	12	OB	121	PROG_ ERR	Programming Error
	13	OB	122	MOD_ ERR	Module Access Error
系统功能块	1	SFB	12	BSEND	Sending Segmented Data
系统功能	1	SFC	0	SET_ CLK	Set System Clock
	2	SFC	1	READ_ CLK	Read System Clock
	3	SFC	20	BLKMOV	Copy Variables
	4	SFC	21	FILL	Initialize a Memory Area

从表 3－2 中看出，机组设备的控制以一个控制任务流程为功能块，进行模块化设计，作为程序的功能块，程序的运行自诊断诸如 CPU、通信、I/O 等故障诊断，系统功能等均由程序功能块实现完成。

数据模块完成数据的采集、上下位机通信处理、模拟量限值上送报警、事件追忆等一系列的数据处理。

下面以图 3－33 机组开机至空转模块软件流程图为例简述机组现地控制系统控制流程的实现。机组开机首先应该是机组无事故和异常信号，运行值班人员在中控室或机旁盘发令开机，LCU 接到命令后置正在停机标志，目的是在 LCU 接到另一控制命令时，如控制命令级别比开机低或相同就不执行新的命令，检查开机条件，开机条件包括机组是无事故、保护出口未动作、主油罐油压正常、机组出口断路器分、转速 <5% n_r、停机态，如开机条件不满足或机组状态不明退出执行，开机条件满足发令启动技术供水系统；再在发令拔锁锭，命令发出 5s 后，判断锁锭 30s 内是否拔出，如拔出就进行下一步，否则退出流程控制；锁锭拔出后判断水系统供水电磁配压阀是否开启，若开启，判断技术供水水压是否满足要求大于 0.1MPa，未开启退出流程控制；在判断技术供水水压未大于 0.1MPa 退出流程控制，水压满足要求，就发命令至励磁设备，进行励磁设备控制；接着进行撤围带操作，然后判断围带是否撤除，如未撤除，围带有压退出流程控制，围带无压时才进行下一步操作发令至调速器，接着打开调速器的开机电磁阀，机组开始启动；然后判断机组机组转速在 80s 内是否达到额定转速的 95% 以上，如达到，置开机机组空转标志，机组达到空转状态，流程控制完成。

机组现地控制系统是电站控制系统的一部分，基本功能是监视与控制，现地控制 LCU 采集机组的电流、电压、有功无功等电气量，也采集油位、压力、设备位置状态等信号，这些信号反映了机组的运行状态，LCU 通过这些信号的采集用于机组监视，现场设备状态位置发生变化，油位、压力信号越限等出现异常时进行报警，提醒运行人员，采取措施进行处理。

LCU 也根据信号的变化或异常对机组进行控制，维持机组的正常状态，机组现地控制主要功能之一就是开停机操作，运行人员可以在中央控制室或机组现地机旁盘发令进行操作，由 LCU 自动连续地执行，控制过程中涉及需监视的设备包括发变组保护、励磁系统、发电机出口断路器、厂用变、机组压油装置、锁锭、机组技术供水系统、机组过速系统、机组同期、机盘动力电源、调速器，同时包括顶盖泵、漏油泵、转速测量、装置电源监视信号以及轴承油位信号，在机组现地 LCU 控制软件应用示例进行了分析，读者可参考。

六、机组开停机故障判断处理

机组现地控制单元进行机组的开停机操作是自动完成，但在操作过程中由于现场设备或流程执行过程中的问题会造成自动开停机的失败，电站人员在进行操作时需要有相关的操作判断技能，在出现开停机失败时能迅速恢复处理，下面就一些开停机操作的故障判断处理进行分析。

1. 机组现地控制的开停机操作命令不能发出

现象：在中控室或机旁盘的操作面板上发开停机操作命令，命令不能执行或没有反映。

原因：机组状态不明或状态不正确。

处理：在操作显示屏上检查机组显示状态，若机组状态不明，逐项检查各机组状态的设置条件，根据不满足的条件检查现场设备，进行操作至条件满足。开机操作时必须在停机态，命令才能发出。

2. 开机条件不满足

现象：开机命令发出后，流程提示开机条件不满足。

处理：（1）检查机组事故出口继电器是否励磁，机组是否有事故；

（2）检查断路器是否在分，如已分，检查辅助转换触点是否转换到位，重复继电器是否有粘连，若有上述现象通知检修人员处理；

（3）检查保护出口继电器是否动作，保护装置是否有信号动作，若有复位保护装置，保护装置信号消失，出口动作复归，否则通知检修人员处理；

（4）检查机组转速测量装置测值是否小于 $5\% \, n_r$，未小于则检查机组是否在蠕动。若蠕动，手动加风闸使机组稳定停住；未蠕动，复位转速测量装置，消除干扰信号；

（5）检查压油装置油压，油压低于限值，手动启动压油泵打压至额定。

3. 技术供水压力低或无压

现象：开机命令发出后，提示开水系统失败或报警技术供水水压低。

处理：（1）检查技术供水电磁液压阀是否动作开启，未开启，现地手动操作；

（2）检查滤水器进出口水阀门是否开启，未开启，现地手动操作；

（3）检查现地出口水压传感器采集是否正确，测值异常，通知检修人员处理。

4. 锁锭未拔出

现象：LCU 报拔锁锭失败。

检查：（1）检查机械锁锭动作是否到位，未到位，手动将其投入，然后拔出，若不能到位通知检修人员处理。

（2）检查锁锭液压电磁阀操作油阀门是否开启，未开，将其开启。

5. 空气围带不能撤除

现象：空气围带有压，报撤围带失败。

处理：检查围带进出口阀门位置是否正确，检查电磁空气阀是否动作灵活。

6. 机组导叶不能打开

现象：LCU 发令打开调速器主接未动作。

处理：（1）检查开机电磁阀是否被锁，将其解锁；

（2）检查调速器机械反馈是否有故障，通知检修人员处理；

（3）检查电调是否有故障，复位故障，若故障仍在通知检修人员处理。

7. 机组转速不能达到额定

现象：导叶开启，转速长时间不能大于 $95\% n_r$。

处理：（1）检查机械开限是否过小，将其适当放开；

（2）检查电调电气开限设置是否过小，将其适当增大；

（3）检查电调机组水头设置是否正确；

（4）检查调速器是否有故障，若有，将调速器切手动控制。

8. 机组未起励

现象：机组启动后，发令空载，报机组开机空载失败。

处理：（1）检查机组转速是否大于 $95\% n_r$，若大于，检查转速测量装置测量输出是否正常，若不正常，通知检修人员处理；

（2）检查主/备励开关是否合上，若未合，手动跳开 FMK 灭磁开关，然后合上主励或备励开关，然后合上 FMK，再次发空载令或手动起励；

（3）检查 FMK 灭磁开关是否合上，若未合，手动合，再次发空载令或手动起励；

（4）检查励磁调节器是否有故障，手动复归，若不能复归通知检修人员处理。

9. 机组不能建压或不到额定电压

现象：起励命令发出后，机组不能建压或不到额定电压。

处理：（1）检查励磁调节器是否有故障，手动复归，若不能复归通知检修人员处理；

（2）检查功率柜是否有掉相或故障，通知检修人员处理；

（3）检查励磁调节器设置。

10. 同期并网失败

现象：机组发令并网，不能实现机组并列。

处理：（1）检查同期装置电源是否投入，未投将其投入，启动同期；检查同期装置是否有故障，将其复归；仍存在故障，通知检修人员处理；

（2）检查 TV 一次保险是否装好，将其装好；

（3）通知检修人员检查断路器操作回路。

11. 机组不能带负荷

现象：机组并网后，不能增加机组负荷。

处理：（1）检查调速器机械开限是否放开，将其打开至限定或全开位置；

（2）检查电调电气开限仍在空载开度，手动增加开限至限定值；

（3）检查电调故障将其复归，若故障仍在，通知检修人员处理。

12. 机组不能减负荷或负荷减不到 0

现象：机组停机时不能减负荷，或负荷减不到 0，造成停机甩负荷。

处理：（1）检查电调是否有故障，若有将其复归，不能复归，手动减负荷；

（2）检查电调空载开度设置是否过大，若大，检修人员将其调整。

13. 停机不能自动加风闸

现象：导叶全关后，机组长时间低转速运转。

处理：（1）检查机组导叶是否漏水，若漏，手动加风闸；

（2）检查风闸电磁阀进出口阀门是否开启，将其开启；

（3）检查测速装置测值是否正确或有故障，手动加风闸。

第三节　发电机的同期并列

一、同期并列

将一台单独运行的发电机投入到运行中的电力系统参加并列运行的操作，称为发电机的并列操作。同步发电机的并列操作，必须按照准同期方法或自同期方法进行。否则，盲目地将发电机并入系统，将会出现冲击电流，引起系统振荡，甚至会发生事故，造成设备损坏。

同步发电机组并列时遵循如下的原则：

（1）并列断路器合闸时，冲击电流应尽可能小，其瞬时最大值一般不超过 $1 \sim 2$ 倍的额定电流。

（2）发电机组并入电网后，应能迅速进入同步运行状态，其暂态过程要短，以减小对电力系统的扰动。

同步发电机的并列方法可分为准同期并列和自同期并列两种。

准同期并列操作，就是将待并发电机升至额定转速和额定电压后，满足以下四项准同期条件时，操作同期点断路器合闸，使发电机并网。

（1）发电机电压相序与系统电压相序相同；

（2）发电机电压与并列点系统电压相等；

（3）发电机的频率与系统的频率基本相等；

（4）合闸瞬间发电机电压相位与系统电压相位相同。

自同期并列操作，就是将发电机升速至额定转速后，在未加励磁的情况下合闸，将发电机并入系统，随即供给励磁电流，由系统将发电机拉入同步。

自同期法的优点：① 合闸迅速，自同期一般只需要几分钟就能完成，在系统急需增加功率的事故情况下，对系统稳定具有特别重要的意义；② 操作简便，易于实现操作自动化。因为在发电机未加励磁电流时合闸并网，不存在准同期条件的限制，不存在准同期法可能出现的问题；③ 在系统电压和频率因故降低至不能使用准同期法并列操作时，自同期法为发电机投入系统提供了可能性。

自同期法的缺点：未加励磁的发电机合闸并入系统瞬间，相当一个大容量的电感线圈接入系统，必然会产生冲击电流，导致局部系统电压瞬间下降。在采用自同期法实施并列前，应经计算核对。

水电站发电机的并列操作断路器，称为同期点。除了发电机的出口断路器之外，在一次电路中，凡有可能与发电机主回路串联后与系统（或另一电源）之间构成唯一断路点的断路器，均可作为同期点。例如，发电机—变压器组的高压侧断路器，发电机—三绕组变压器组的各侧断路器，高压母线联络断路器及旁路断路器，都可作为同期点。在同期点应装设准同期装置。对于电压在 110kV 以上的联络线路的断路器，除装设准同期装置外，其重合闸装置应具有检查无压、检查同期的功能。

在水电站，并列操作比较频繁，在实施并列过程中可直接调节发电机的同期参数。一般同期点应装设带非同期闭锁的手动准同期装置和自动准同期装置；在水电站，除了装设以上两种准同期装置之外，还应装设自动自同期装置。

二、同步发电机准同期并列原理

发电机并列主电路示意图见图 3 - 46（a），G1 为待并发电机，当同期点断路器 QF1 合闸使发电机 G1 并网后，如果断路器 QF2 跳闸，QF2 两侧为不同系统的电源，也必须按照准同期条件合闸。图 3 - 46（b）为待并发电机电压（U_g）与系统电压（U_s）波形图；图 3 - 46（c）为滑差电压（U_d）波形图。图中系统电压瞬时值为

$$u_s = U_{sm}\sin(\omega_s t + \varphi_{os})\tag{3-1}$$

待并发电机电压瞬时值为

$$u_g = U_{gm}\sin(\omega_g t + \varphi_{og})\tag{3-2}$$

式中　U_{sm}、U_{gm}——系统电压、发电机电压幅值；

　　φ_{os}、φ_{og}——系统电压、发电机电压的初相角；

　　ω_s、ω_g——系统电压、发电机电压的电角速度。

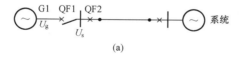

(a)

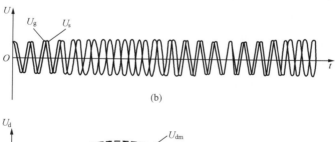

(b)

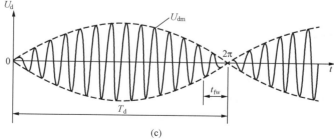

(c)

图 3 - 46　发电机并列示意图

（a）主电路；（b）U_s、U_g 波形；（c）滑差电压 U_d 波形

设 $U_{sm} = U_{gm} = U_m$，初相角均为零，即

$$\omega_{os} = \omega_{og} = 0°, \omega_d = \omega_s - \omega_g$$

则系统电压与发电机电压瞬时值之差为滑差电压瞬时值：

$$
\begin{aligned}
u_d &= u_s - u_g = U_{sm}\sin(\omega_s t + \varphi_{os}) - U_{gm}\sin(\omega_g t + \varphi_{og}) \\
&= U_m\sin\omega_s t - U_m\sin\omega_g t \\
&= 2U_m\sin\frac{1}{2}\omega_d t\cos\frac{1}{2}(\omega_s + \omega_g)
\end{aligned}
\tag{3-3}
$$

也可用几何方法以 u_s 瞬时值减 u_g 的瞬时值得到 u_d 的波形，如图 3-46（c）所示。滑差电压 u_d 是一个角速度为 $\frac{1}{2}$（$\omega_s + \omega_g$）、幅值为 $2U_m\sin\frac{\omega_d}{2}t$ 作正弦变化的电压。

滑差电压幅值的变化规律为 $U_{dm} = 2U_m\sin\frac{1}{2}\omega_d t$

由于在并网之前系统频率与待并发电机频率不相等，u_g 与 u_s 之间的相角差 $\delta = \omega_d t$ 随时间 t 而变化，δ 以 $0 \sim 2\pi$ 为周期而变化，u_d 的幅值也由小到大随之变化。当 $\delta = 0$ 时，$u_d = 0$；当 $\delta = \pi$ 时，滑差电压达最大值 $u_d = 2U_m$。从 $0 \sim 2\pi$ 的时间，即相邻滑差电压幅值为零点之间的时间，即为滑差电压 u_d 的周期 T_d。

滑差电压幅值的零点，表示 u_g 与 u_s 之间相角差为零，T_d 的长短又反映两电压频差的大小，所以准同期可利用滑差电压包络线波形变化，来实现准同期合闸。手动准同期和自动准同期的目的，均为检查发电机电压与系统电压之间的电压差、频率差以及电压相角差，当电压差和频率差满足要求时，以导前时间 T_{fw} 发出合闸命令，使并列断路器主触头在电压相角差为零的瞬间合闸，实现发电机平稳并入系统。

由于断路器的合闸机构为机械操动机构，从接受合闸命令到断路器主触头闭合之间要经一定时间，此时间约为 $0.5 \sim 0.8s$，所以必须以提前时间 T_{fw} 发出合闸命令。

如前所述，同步发电机按照准同期法并网，必须同时满足准同期四项条件。其中，待并发电机的电压相序和电压数值，比较容易满足要求；而频率绝对相等（$f_g = f_s$）是不可能的。因为发电机的转子是由动力机械（如水轮机）带动的，在并网之前，它的转速不可能稳定保持额定转速，而总是有微小的反复变动，机端电压的频率也就不可能长时间保持与系统频率相等。正是由于电压频率的微小变动，两侧电压相位随之变化，才产生同期点（图 3-46 中 0 和 2π 点），才能实现在四项同期条件同时满足时断路器主触头接通，使发电机平稳并网。从图 3-46 不难看出，正是由于待并发电机转速不稳定，才能给同期并列创造条件。如果待并发电机转速长时间保持恒定，使同期点两侧电压的频率保持绝对相等，那么 u_g 与 u_s 之间相角差相对静止，就不可能出现同期点，也就不可能实现准同期并列。

三、同期电压的引入回路

发电厂（或变电站）中每个有可能进行同期操作的断路器称为同期点，也就是说当断路器两侧有可能出现非同一系统电源时，此断路器是同期点。选择如下：

（1）发电机出口断路器及发电机—双绕组变压器出口断路器，都是同期点。因为各

发电机的并列操作，通常均是利用各自的断路器进行并列的。

（2）母联断路器都是同期点。它们是同一母线上的所有电源元件的后备同期点。

（3）自耦变压器或三绕组变压器的三侧断路器都是同期点。这些并列点是为了减少并列时可能出现的倒闸操作，以保证事故情况下迅速可靠的恢复供电。

（4）系统联络线的线路断路器都是同期点。

（5）旁路断路器也是同期点，因为它可以代替联络线断路器进行并列。

（6）若不同的厂用变引至不同系统，也是同期点。

在准同期操作时，需要检测同期电压是否满足并列条件。同期电压是同期点（断路器）两侧电压经过电压互感器变换和二次回路切换后的交流电压，通常把同期电压小母线上的二次电压称为同期电压。同期电压的引入方式（即同期电压小母线的数目）与同期系统采用的接线方式有关。

1. 发电机出口断路器同期电压的引入

许多水电站同期系统采用三相接线方式，设置四条同期电压小母线：即系统电压小母线 L1′-620，待并系统电压小母线 L1-610、L3-610 和公用接地小母线 L2-600。同期装置从同期电压小母线 L1-610、L3-610 和 L2-600 引入发电机的三相电压和 L1′-620、L2-600 引入系统的两相电压。

图 3-47 为发电机出口断路器三相同期电压的引入电路。

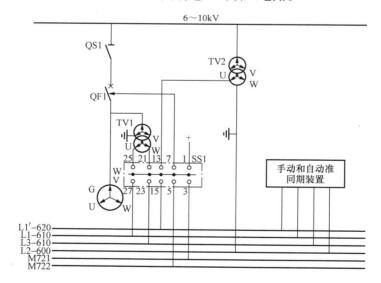

图 3-47 发电机出口断路器三相同期电压的引入电路

具体接入方法是：将待并发电机侧的同期电压，经电压互感器 TV1 变换后，取其二次侧 U、W 相电压，该同期电压经过同期开关 SS125-27、SS121-23 触点分别引至同期电压小母线 L1-610 和 L3-610。系统侧同期电压取母线电压互感器 TV2 的二次 U 相电压，该电压经过同期开关 SS113-15 触点引至同期电压小母线 L1′-620 上。再通过同期电压小母线，把发电机和系统的同期电压引至准同期装置。

2. 双绕组变压器三相同期电压的引入

在某水电站中，升压变压器采用 Y/△ − 11 接线，这种变压器两侧相应电压的相位是不同的，同期点两侧的电压互感器一次侧连接于不同电压等级的母线上，若同期点两侧同期时，相对应的二次电压并不同期。图 3 − 48 中，升压变压器 1ZB 为 Y/△ − 11 接线方式，电压互感器 11YH 与 YHH 接线方式相同，当同期点 1DL 两侧电压同期时，发电机端线电压超前于 220kV 母线同名线电压 30°，这样，11YH 的二次线电压便超前于 YYH 二次同名线电压 30°。在这种情况下，如果将 11YH 的二次电压和 YYH 的同名电压直接引至同期装置，将不可能实现准同期并列。因为当前现场采用的准同期装置只能在输入的同期点两侧电压完全同期时刻，判断为同期点同期，并发出合闸命令。如果按前述接线取得同期装置用电压，当同期装置发出合闸命令的时刻，同期点 1DL 两侧同名相电压相位差为 30°，这将造成非同期合闸。为了使高、低压侧互感器取得的电压相位与同期点的相位相符，就需要引入同期装置的电压相位加以校正，常采用转角变压器对此相位差进行补偿，转角变压器可对高压侧互感器电压相位进行校正，也可在低压侧进行校正。

常用的转角变压器 ZB 的接线如图 3 − 49 所示，转角变压器 ZB 接于高压侧电压互感器 A612、B612、C612，ZB 的变比为 $\dfrac{100\text{V}}{100\text{V}/\sqrt{3}}$，绕组采用 △/Y − 11 接线，即星形侧线电压超前三角形侧线电压 30°。转角变压器 ZB 星型绕组 a、b 分别接同期母线 A620（TQMa′）、B600。

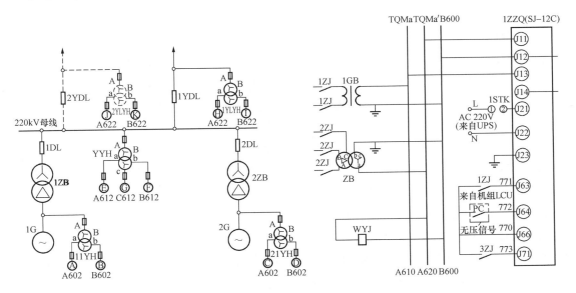

图 3 − 48 某水电站电气主接线图　　图 3 − 49 某水电站 1 号发电机同期装置回路图

在同期接线中，为了简化接线和减少同期开关的挡数，通常将电压互感器 B 相接地，而保护装置通常要求互感器的二次绕组中性点接地，这样就产生矛盾。为此，一般将转角变压器接于高压侧互感器，将转角变压器的二次侧 B 相接地。

为了使两侧同期电压取得共用点并接地，发电机侧的同期回路经隔离变压器 1GB，隔离变压器的变压比为 100V/100V，然后接同期母线 A610（TQMa）、B600。

四、同期系统设备

在水电站的发电机现地控制单元的同期屏上通常装设一套微机自动准同期和一套手动准同期装置，以微机自动准同期作为水轮发电机正常的并列方式，以手动准同期作为备用，并均带有非同期闭锁装置。

1. 手动准同期装置

通常完成手动准同期需要频差表、压差表和同期表，为了减少仪表数量和屏面的布局，新建水电站多采用组合式同期表，如 MZ—10 型组合式同期表，是由频率差指示、同期指示和电压差指示三个测量机构组成的仪表。它用来检测工频三、单相发电机与运行的电网系统进行并联时，对电压、频率和相位同期性指示之用，如图 3 – 50 所示。

图 3 – 50　MZ—10 型组合式同期表

（1）MZ—10 型组合式同期表的电压差指示、频率差指示及同期指示的简单电气原理。MZ—10 型组合式同期表的频率差指示采用定电压电容微分电路，将输入的正弦波被测信号，经过晶体稳压管削波成为近似方波，经由电容与电阻组成的微分电路和二极管整流器，将被测信号转换成与信号频率成正比的直流电表，待并联发电机的正弦波信号及电网的正弦波信号分别通过两个参数基本相同的定电压电容微分电路，将这两个信号转换成与信号频率成正比的两个直流电流，同时送入一个零位在中间的磁电式电表中。当待并联发电机与电网的频率相同时，转换成的两个直流电流值相等，则磁电式电表指针指示在中间零位；如果待并联发电机的频率大于电网的频率，转换成的两个直流电流值将不相等，磁电式电表指针将朝"＋"方向偏转；反之，若待并联发电机的频率小于电网的频率，转换成的两个直流电流值也不相等，磁电式电表的指针将向"－"偏转。

电压差指示采用半波整流电路，将被测信号经二极管半波整流电路转换成与信号电压幅值成正比的直流电流。待并联发电机的正弦波信号及电网的正弦波信号分别通过两个参数基本相同的整流电路，将这两个信号转换成与信号电压幅值成正比的两个直流电流，同时送入一个零位在中间的磁电式电表中。待并联发电机与电网的电压幅值相同时，转换成的两个直流电流也相等，则磁电式电表指针指示在中间零位；如果待并联发电机的电压幅值大于电网的电压幅值，转换成的两个直流电流值将不相等，磁电式电表指针将朝"＋"方向偏转；反之，若待并联发电机的电压幅值小于电网的电压幅值，转换成的两个直流电流值也不相等，磁电式电表指针将朝"－"方向偏转。

同期指示采用电磁系结构。它由两个交叉成 60°的固定线圈和一个圆形固定线圈，其中有一个 Z 形动铁片转动指示器固定在转轴上，组成两个交叉成 60°的固定线圈，通过附加电阻接到待并联发电机电路上，圆形固定线圈接到电网电路上。两个交叉线圈产生两个交变磁场，它的合成磁场为一个旋转磁场，固定圆形线圈产生一个脉动磁场，它们使Z形铁片磁化。铁片总处在能量最大位置。当待并联发电机的频率高于电网频率时，旋转磁场的旋转速度（沿顺时针方向）将加快。旋转磁场与脉动磁场最大值相遇的位置也将不断沿顺时针向移动，铁片也将带动指针顺时针向快的方向（"＋"方向）转动。同样，当待并联发电机的频率低于电网频率时，指针将逆时针向"慢"方向（"－"方向）转动。

（2）单项组合式同步表、同步检查继电器的接线。为了防止在不允许的相角差下误合闸，通常在手动准同期合闸回路中装设闭锁误合闸的同期检查继电器。

图3－51所示为单项组合式同步表1S和同步检查继电器1TJJ的接线图，TQMa′为系统的同期电压小母线，TQMa为待并发电机的同期电压小母线，B600为公共的B相小母线（接地），1TBM、2TBM为非同期合闸闭锁小母线。

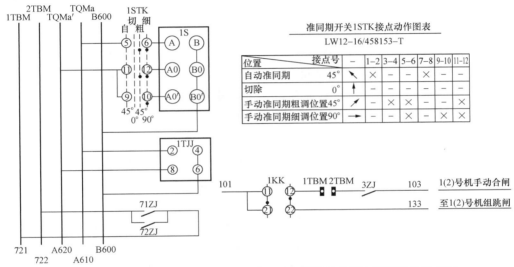

准同期开关1STK接点动作图表
LW12－16/458153－T

位置	接点号	－	1－2	3－4	5－6	7－8	9－10	11－12
自动准同期	45°	↖	×	－	×	－	×	－
切除	0°	↑	－	－	－	－	－	－
手动准同期粗调位置45°	↗	－	×	×	×	－	×
手动准同期细调位置90°	→	－	－	×	×	×	×

图3－51　单项组合式同步表、同步检查继电器的接线图和同期开关触点图

同期开关1STK用于将单项组合式同步表接入同期电压母线，在图3－51中，当同期开关1STK切到"手动准同期粗调"位置时，使单项组合式同步表的频差表、压差表开始工作，并根据它们的指示调节发电机的电压和转速，使其尽量与待并系统接近。当同期开关1STK切到"手动准同期细调"位置时，使单项组合式同步表也投入工作。分两步投入组合式同步表的目的就是为了防止在很大的频差时投入同步表而损坏其指针。

图中1KK为同期点断路器的控制开关，手动合闸回路还接至闭锁小母线1TBM、2TBM，而两根闭锁小母线又通过同步检查继电器1TJJ的同步检查重复继电器71ZJ的常开触点（与1TJJ的常闭触点状态一致）相连，当待并的发电机与系统的相位差δ较大时，1TJJ的常闭触点断开，3ZJ的常开触点断开，即1TBM和2TBM间断开，断路器无法合闸；若发电机与系统的相位差δ小于1TJJ的整定值，则1TJJ的常闭触点闭合，71ZJ的常开触点闭合，1TBM和2TBM间接通，现地允许合闸，3ZJ接通，此时断路器才能合闸，这里，1TJJ起到了非同期闭锁的作用。在1TBM、2TBM为非同期合闸闭锁小母线的连接回路中，还有无压重复继电器72ZJ的常开触点与同步检查重复继电器71ZJ的常开触点并联，当断路器一侧无电源而又要合闸时，无压重复继电器 72ZJ 的常开触点闭合，1TBM 和 2TBM 间接通，此时允许断路器合闸。

（3）MZ—10 型组合式同期指示表的使用方法。同期开关 1STK 切到"手动准同期粗调"位置后，电压差指示和频率差指示应能正常工作，指针应有偏转。调节待并的发电机的电压和频率，使电压差指示和频率差指示的指针朝平衡标线偏转。根据电力系统进入同期允许的电压差和频率差的范围，当电压差指示和频率差指示的指针反映两个差值已达到该范围时，将同期开关 1STK 切到"手动准同期细调"位置，使单项组合式同步表也投入工作，观看同期指示，指针的旋转，然后再调节待并发电机的电压与频率，直到组合式同期指示表的电压差和频率差的指针指示在平衡标线，同期指示指针由"慢"向"快"方向缓慢转动，并快要达到同期标线时，认为待并的发电机已进入同期，迅速通过 1KK 发出合闸脉冲，将发电机并入网运行。并车后应将同期开关 1STK 切到"切除"位置，组合式同期指示表的输入信号切断，不再工作。

由于断路器、合闸接触器等存在固有的动作时间，因此合闸信号脉冲应在发电机与系统的相位差 $\delta = 0$ 到来的前一段时间发出。运行人员根据同期表的指示，选择合适的超前时间（此超前时间约等于断路器的合闸时间）发出合闸脉冲，以保证断路器合闸时，两侧电压间的相角差等于零或控制在允许范围内。

手动准同期的主要缺点是：并列时间长，最佳合闸瞬间的选择与运行人员的经验和操作水平有关，无法保证在最佳条件下并列，不能实现机组的自动启动与并列，因此在水电站中一般只作为备用的并列方式。水轮发电机的正常运行采用自动准同期方式并列。

2. 自动准同期装置

水轮发电机的自动准同期并列是由自动准同期装置完成的，自动准同期装置主要完成三个任务：① 检测电压间的滑差角频率，且调节发电机的转速，使发电机的频率接近于系统频率；② 检测电压差值，且调节发电机的电压，使两电压的差值小于规定允许值；③ 检查并列条件，条件满足时发出合闸信号。

（1）微机自动准同期装置。依据其完成的任务，自动准同期装置的功能组成框图如 3－52 所示，包含频差控制单元、电压控制单元、合闸信号控制单元、电源等。合闸信号控制单元检查并列条件，当待并机组的频率和电压都满足并列条件，合闸信号控制单元就选择合适的时机，即在相角差等于零的时刻，提前一个"恒定导前时间"发出合闸信号。现代水轮发电机组都装设有自动调节励磁装置和自动调速装置，且设有跟踪功能，频差控制单元、

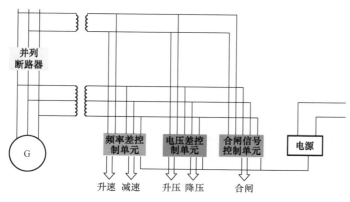

图 3－52　自动准同期装置的功能组成框图

电压控制单元的允许频差、压差范围较宽，通常还设有电压差闭锁回路和频差闭锁回路。

自动准同期装置一般利用脉动电压（滑差电压）特性来检查发电机是否满足并列条件，在准同期并列操作中，合闸信号控制单元是准同期并列装置的核心部件，所以准同期并列装置原理也往往是指该控制单元的原理。其控制原则是当频率和电压满足并列条件的情况下，在待并发电机电压与系统电压相位差为零的瞬间使断路器接通，这要求自动准同期装置提前发出合闸脉冲信号。从装置发出合闸脉冲信号到断路器合闸，待并发电机电压与系统电压相位差 $\delta=0$ 的这一段时间称为导前时间。导前时间等于同期点断路器、合闸接触器和辅助继电器等的固有动作时间之和。由于导前时间只与断路器等的动作时间有关，而与频率差无关，故按此原理构成的自动准同期装置为恒定导前时间的准同期装置。控制逻辑如图 3－53 所示。

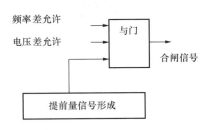

图 3－53　自动准同期装置控制逻辑

微机数字式自动同期并列装置借助于大规模集成电路、中央处理器单元（CPU）的高速处理信息能力，利用编制的程序，在硬件配置下实现发电机并列操作，微机硬件结构如图 3－54 所示，包含频差、相角差、电压差电路、带光电隔离的开关量输入接口电路、输出接口电路、键盘显示电路、CPU 和数据存储系统等。由于利用微处理器具有高速运算功能和逻辑判断能力，在频差、压差满足要求后，随时确定理想导前相角，使合闸瞬间冲击电流更小，同时过程缩短。

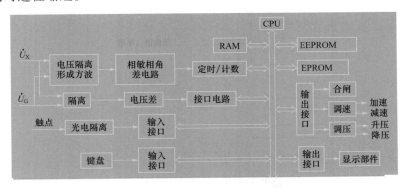

图 3－54　微机数字式自动同期并列装置硬件结构

下面以 SJ－12C 微机准同期装置及其应用为例来说明。

SJ－12C 微机准同期装置主要由装置机箱、键盘/显示接口板、LCD 液晶显示板、电源板、I/O 板、同期副板（简称辅板）、同期主板（简称主板）等几部分构成，如图 3－55 所示。

其中主要部分由四块模件组成：① 电源板，型号为 SYNC103，主要功能是为整个装置提供工作电源。② I/O 板，型号为 SYNC102，主要功能是提供同期装置的输入输出功能。③ 同期副板（简称辅板），型号 SYNC101，主要功能是同期时和主板同时进行同期判断提供安全闭锁检查功能。④ 同期主板（简称主板），型号 SYNC101，主要功能时进

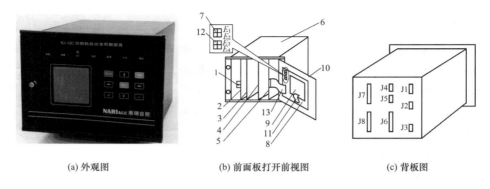

(a) 外观图　　　　　　(b) 前面板打开前视图　　　　　　(c) 背板图

图 3 - 55　SJ - 12C 微机准同期装置外观结构图

1—装置电源开关；2—电源板；3—I/O 板；4—同期副板（简称辅板）；5—同期主板（简称主板）；

6—装置机箱；7—装置写保护跨接器；8—键盘/显示接口板，简称 MMI 板；9—LCD 液晶显示板；

10—机箱前面板；11—MMI 板与 LCD 液晶显示板之间的连接电缆；

12—无压合闸方式跨接器；13—主板与 MMI 板之间的连接电缆

行同期判断，条件满足时发出合闸脉冲指令。

　　SJ - 12C 微机准同期装置的输入输出接口都在背板上，如图 3 - 56 所示，包含同期电压引入接口 J1、工作电源 J2、开关量输入 J6、开关量输出增减速信号 J4、升降压信号 J5、断路器合闸信号 J3 等。

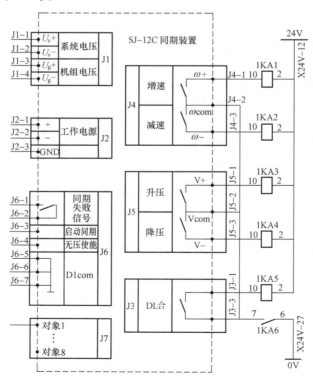

图 3 - 56　SJ - 12C 微机数字式自动同期并列装置背板图

在 SJ-12C 微机准同期装置的运行前，根据实验结果需要对一些参数进行合理的设置，参数如表 3-3 所示。所有用到同期对象的参数必须逐项设置，并认真审核无误后，装置才能投入运行，否则可能会危害同期的质量。

表 3-3　　　　　　　　　　SJ-12C 微机准同期装置部分参数

符号	意义	取值范围	符号	意义	取值范围
T_{DL}	合闸脉冲导前时间	$20 \sim 990ms$	T_f	调速周期	$1 \sim 15S$
ΔU_h	允许压差高限	$\pm 15V$	K_{pf}	调速比例项因子	$1 \sim 200$
ΔU_l	允许压差低限	$\pm 15V$	K_{if}	调速积分项因子	$1 \sim 200$
Δf_h	允许频差高限	$\pm 0.5Hz$	K_{df}	调速微分项因子	$1 \sim 200$
Δf_l	允许频差低限	$\pm 0.5Hz$	T_v	调压周期	$1 \sim 15S$
$\Delta \varphi$	相角差补偿	$0°/ \pm 30°$	K_{pv}	调压比例项因子	$1 \sim 200$
K_{UL}	系统电压补偿因子	1 或 1.732	K_{iv}	调压积分项因子	$1 \sim 200$
K_{Ug}	待并电压补偿因子	1 或 1.732	K_{dv}	调压微分项因子	$1 \sim 200$

（2）自动准同期的方式及接线。水电站采用的自动准同期装置并列有集中和分散两种方式，集中自动准同期是整个电站只设置少量的公用同期装置，由它们实现各台机组和线路的自动准同期并列。这种方式的优点是自动准同期装置用得少，可节约投资；缺点是操作步骤较多，接线复杂，影响并列时间，且不适用于远程控制、装有自动开停机或"无人值班、少人值守"的电站。

分散自动准同期是每台机组装设一套专用的自动准同期装置，目前实现了计算机监控和远程控制的"无人值班、少人值守"的电站大多采用分散自动准同期方式。

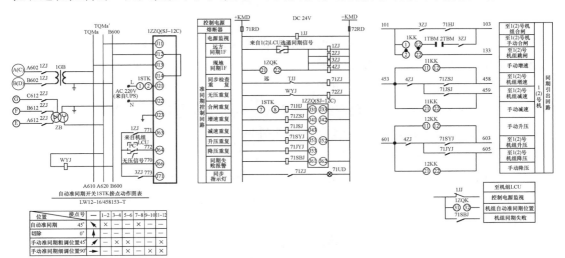

图 3-57　分散自动准同期的原理接线图及控制回路图

图 3-57 是某水电站机组的分散自动准同期的原理接线图及控制回路图，图中采用的是一台 SJ-12C 微机自动准同期装置，系统的同期电压回路经转角变压器 ZB 星型绕组

a、b 分别接同期母线 A620（TQMa'）、B600，然后引入 SJ – 12C 的 J11、J12 端子，发电机侧的同期电压回路经隔离变压器 1GB 接同期母线 A610（TQMa）、B600，然后引入 SJ – 12C 的 J13、J14 端子，转角变压器的二次侧 B 相 B600 接地。SJ – 12C 微机自动准同期装置采用交流 220V 供电，经过自动准同期开关 1STK 的 1 – 2 号触点引入，只有同期开关把手位置在"自动同期"上，SJ – 12C 微机自动准同期装置才有电源。在 A620（TQMa'）与 B600 间并接了一个电压监视继电器 WYJ，监视系统电压。

在自动准同期控制回路中，1ZQK 为"现地/远方同期选择开关"，通常置于远方位置，1ZJ、2ZJ、3ZJ、4ZJ 由"LCU 选通同期信号"接通得电励磁，或由 1ZQK 置于现地位置接通得电励磁。1ZJ 的辅助触点接至 SJ – 12C 的 J63 端子，作为同期启动信号，LCU 输出的"无压信号"接至 SJ – 12C 的 J64 端子，作为无压使能/TV 断线信号。

同期回路中，71ZJ 为同步检查重复继电器，72ZJ 为无压重复继电器，自动准同期开关 1STK 的 7 – 8 触点接 SJ – 12C 的 J31 端子，作为断路器合闸信号输入。71HJ 为合闸重复继电器，71ZSJ 为增速重复继电器，71JSJ 为减速重复继电器，71SYJ 为升压重复继电器，71JYJ 为升压重复继电器，71SBJ 为同期失败报警输出继电器。

自动准同期的合闸回路由 3ZJ（远方或现地同期选通信号）、71HJ 合闸重复继电器输出到 103，控制同期点断路器的合闸；手动准同期的合闸回路 1KK 手动同期合闸开关经非同期闭锁母线、3ZJ 输出到 103。

11KK 为手动增减速开关，分别与 71ZSJ（增速重复继电器）、71JSJ（减速重复继电器）的辅助触点并联，输出到增减速回路 458、459。

12KK 为手动升降压开关，分别与 71SYJ（升压重复继电器）、71JYJ（升压重复继电器）的辅助触点并联，输出到升降压回路 603、605。

3. 微机自动准同期装置的调试过程

（1）设定同期参数。SJ12C 使用前需根据设计院提供的同期参数进行设定，其中比较重要的有允许频率差 Δf_h、Δf_l，允许电压差 ΔU_h、ΔU_l，合闸导前时间：T_{DL}、相角补偿 $\Delta \varphi$、系统电压补偿 K_{UL}、待并侧电压补偿 K_{Ug} 等。

1）允许频率差 Δf_h、Δf_l，允许电压差 ΔU_h、ΔU_l 若无具体要求，按默认参数即可。对于用于水轮发电机组的同期，为了避免机组并网时出现进相，一般允许频差低限 Δf_l、允许电压差低限 ΔU_l 取正值。

2）导前时间 T_{DL}：导前时间一定要根据实测值设定，一般安装公司或业主会在现场对每个同期开关进行测量，如未测量，则以开关制造厂商提供值为准。最终导前时间以现场合闸效果最佳为准。

3）相角补偿：需根据现场实际情况，对相角进行补偿。

4）电压补偿：若使用的是相电压，则需对相应侧进行电压补偿。

（2）同期相序检查。在同期对象两侧输入电压为同一电压源时（例如对线路侧开关系统倒送电或机组开关机组零起升压），拔出同期背后 J3 端子（同期合闸输出），将两路 TV 电压投入，启动同期，查看面板显示，此时应显示 U_l、U_g 电压相等（100V 左右），

F_1、F_g 频率相等（50Hz 左右），δ 相角差为 0°。

（3）假同期试验。

1）假同期试验前的安全检查：

a）同期相序检查绝对无误后方可进行假同期试验。

b）由现场组织做好安全措施，如断开相应隔离开关等。

c）断开同期输出回路，如拔出同期背后 J3 端子（同期合闸输出）。

2）发电机出口断路器假同期。机组进入空载后，有条件的情况下接入录波装置，投入系统和机组 TV 电压，选择相应同期对象，启动同期装置，观察面板上参数，δ 应在 0°～180° 间有序变化，在 δ 趋向于零时发出合闸令。如接入到录波装置，可检查所拍摄波形，观察合闸脉冲是否在压差基本为零时发出。如误差较大可适当更改"导前时间"以获得最佳合闸效果。有条件的情况下手动调速器将机组频率适当降低，升高，观察增速，减速调节脉冲是否正确发至调速器，手动励磁装置将机组电压降低，升高，观察升压，降压调节脉冲是否正确发至励磁装置。

（4）同期试验。假同期完成后如无问题可进行真同期试验。

插入同期装置背后的 J3 端子（同期合闸输出），接入录波装置。投入系统、机组（待并侧）TV，选择相应同期对象，由现场指挥人员发出启动同期令，观察同期装置，其参数变化应与假同期时基本相同，在 δ 趋向于零时发出合闸令。注意听机组并网时有无比较大的响声，如有则合闸效果不理想，检查同期相序，导前时间或现场接线是否有问题，查找出原因后重新做各项试验。通过录波装置，检查拍摄波形，检查实际合闸效果。

习题与思考

一、选择

1. 机组现地控制采用（　　）方式与上位机链接。

（A）串口；（B）现场 PROFIBUS – DP 总线；（C）100M 以太网；（D）CAN 总线。

2. 西门子 PLC 操作系统程序存储在（　　）中。

（A）硬盘；（B）EPROM；（C）ROM；（D）CPU。

3. 准同期装置可（　　）发出合闸脉冲。

（A）在发电机与系统的频率、相位、电压幅值相等时；（B）在发电机与系统的频率、相位、电压幅值在规程要求范围内；（C）在发电机与系统的频率、相位、电压幅值在整定范围内；（D）在电压幅值相等时。

4. 作用于紧急关主阀的保护有（　　）。

（A）机组过速达 140%；（B）电气保护动作；（C）水机保护动作；（D）事故。

5. 主站（水电站计算机监控系统）在满足（　　）条件后，正常开机令方可发出。

（A）风闸落下，围带无气压，机组无事故；（B）风闸落下，出口断路器断开，机组无事故；（C）风闸落下，围带无气压，出口断路器断开；（D）风闸落下，出口隔离开关拉开，出口断路器断开。

6. 开机前顶转子是为了（　　　）。

（A）缩短开机时间；（B）建立油膜，防止干摩擦；（C）减小轴电流；（D）调整推力瓦水平。

7. 剪断销的作用是（　　　）。

（A）保证导叶不被异物卡住；（B）调节导叶间隙；（C）保证导水机构安全；（D）监视导叶位置。

二、判断

1. 机组过速保护设置两级过速保护，其启动值不同。（　　　）

2. 机组控制流程执行有优先级别设置。（　　　）

3. 模拟量输入信号只能使用 $4 \sim 20mA$ 电流类型。（　　　）

4. 机组设备的控制只能连续控制，不能单步操作。（　　　）

5. 自动准同期装置，在并列过程中，自动比较发电机电压和并列点的系统侧电压的数值、相位以及频率。（　　　）

6. 电磁阀是自动控制中执行元件之一，它是将电气信号转换成机械式动作，以便控制油、气、水管路的关闭或开启。（　　　）

7. 发电机并入系统时，为减少冲击电流，自动准同期在发电机电压与系统电压相位相同的情况下即可发出合闸脉冲。（　　　）

8. 水轮发电机组技术供水方式主要采用水泵供水。（　　　）

9. 机组过速 115% 额定转速时，动作锁锭电磁阀，停止转速调整。（　　　）

10. 水轮发电机正常运行中，当水导轴瓦油温度达到 60℃ 时，将会引起保护动作停机。（　　　）

三、简述与问答

1. 简述浮子信号器的工作原理。

2. 常闭式剪断销信号器的工作原理是什么？

3. 简述图 3-38 机组空转至停机模块软件流程图控制过程。

4. 简述机组现地控制输入信号种类及特点。

5. 为防止误输出，机组现地控制可采取何种措施？

6. 作用于事故停机的保护有哪些？

7. 水轮发电机组自动开机必须具备哪些条件？

8. 请分析和比较自同期与准同期的特点、适用条件。

9. 请归纳和总结同步发电机并列的基本准则、理想条件，以及这些条件不能满足时分别可能发生什么情况？

10. 请根据自动化程度分析不同发电厂同期装置的基本配置，并简述理由。

第四章

水轮机调速器的自动控制

本章导读

　　水轮机调速器作为水电站的重要控制设备，其主要任务是根据负荷的改变，相应改变水轮机导水机构（导叶、桨叶或喷嘴）的开度调节过机流量，以使水轮发电机组的转速（或负荷）维持在某一预定值，或按某一预定的规律变化。水轮机调速器对水轮发电机组安全、可靠地运行具有举足轻重的作用，并直接影响着电力系统向用户供电的质量及可靠性。

　　本章介绍水轮机调速系统的任务与工作原理、调速系统的结构与组成、电/液随动系统，并以 PLC 危急调速器为例，介绍其工作过程及软件实现。对水轮机调速器常见运行故障现象进行了分析和处理。

水轮机调速器作为水电站的重要控制设备，其主要任务是根据负荷的改变，相应改变水轮机导水机构（导叶、桨叶或喷嘴）的开度调节过机流量，以使水轮发电机组的转速（或负荷）维持在某一预定值，或按某一预定的规律变化。由于水轮机调速器对水轮发电机组安全、可靠地运行具有举足轻重的作用，并直接影响着电力系统向用户供电的质量及可靠性，因此，水轮机调速器一直是水电站自动控制的重要内容。

第一节　水轮机调节系统的基本任务及原理

一、水轮机调节的基本任务

1. 水轮机调节的目的

水轮发电机组把水能转变成电能供用户使用，用户除要求供电安全、可靠外，还要求电能的频率及电压在额定值附近某一范围内，若频率偏离额定值过大，就会直接影响用户的产品质量。按照规定，电力系统的额定频率应保持在 50Hz，其偏差不应超过 $\pm 0.2Hz$，有关标准对额定电压及其偏差值也有相应的规定。

电力系统的负荷是不断变化的，存在着变化周期为几秒至几十分的负荷波动，这种负荷波动的幅值可达系统容量的 2%～3%，而且是不可预见的。此外，一天之内系统负荷有上午、晚上两个高峰和中午、深夜两个低谷，这种负荷变化基本上是可以预见的，但从低谷向高峰过渡的速度往往较快，如有的电力系统记录到每分钟负荷增加达到系统容量的 1%。电力系统负荷的不断变化必然导致系统频率的变化。

水轮发电机一般是三相同步发电机，其频率 f 与转速 n 之间有着严格的关系式：

$$f = \frac{np}{60} \tag{4-1}$$

式中：p 为发电机磁极对数；n 为发电机转速，r/min；f 为频率，Hz。

发电机的磁极对数 p 是由发电机的结构确定的，对于运行中的机组一般是固定不变的，所以发电机的输出频率实际上是随着水轮发电机组转速的变化而变化。而水轮机的转速是由导叶开度控制的，因此，水轮机调节的基本任务就是当电力系统负荷发生变化、机组转速出现偏差时，通过调速器相应地改变水轮机导叶开度，使水轮机转速保持在规定的范围之内，从而使发电机组的输出功率和频率满足用户要求。具体来讲，水轮机调节的基本任务可分为转速调节、有功功率调节和水位调节。

转速调节主要用于空载工况和带孤立负荷工况，空载工况时，调速器的任务是使机组转速跟踪转速给定或系统频率；带孤立负荷时，调速器的任务是在发生负荷扰动时维持转速（频率）和跟踪转速给定（频率给定）；在与电网并列运行时，调速器有时作为电站调频装置的一部分起作用。

有功功率调节用于与电网并列运行工况，其任务是根据负荷调节指令来改变机组的输出功率，当频率变化超过一次调频的死区时，将根据永态转差率适当调整导叶开度，达到调整机组输出功率的目的。

水位调节用于保持上水库水位。例如对径流式电站，由于没有水库，若发电用水量超过来水量，水位就会下降，从而导致水电站水头下降和单位水量的发电量下降，这样就降低了电站运行的经济效益；当发电用水少于来水量，上游水位上升，可能导致弃水，这也会降低电站的经济效益。所以需要以保持上游水位为目标调整机组出力，这就是水位调节。

2. 水轮机调节的基本原理

在水电站的生产运行中，调速器在有功功率调节时，必须根据负荷的变化不断调节水轮发电机组的有功功率输出，以维持机组转速（频率）在规定的范围内。机组的运动方程可用式（4−2）表示：

$$J \frac{d_\omega}{d_f} = M_t - M_g \tag{4-2}$$

$$M_t = \frac{P}{\omega} \tag{4-3}$$

式中：J 为机组转动部分惯性力矩；ω 为角速度，$\omega = n\pi/30$，n 为机组转速；M_t 为水轮机主动力矩；M_g 为发电机阻力矩；P 为水轮机输出功率，$P = 9.81HQ\eta$；H 为水轮机工作水头；Q 为通过转轮的水流流量；η 为水轮机效率。

水轮机动力矩 M_t 是由水流对水轮机叶片的作用力形成，它推动机组转动，其大小取决于水头 H（m）、导叶开度（流量 Q）、机组转速 n 等。

$$M_t = \frac{\rho_{H_2O} g Q H \eta}{\omega} \tag{4-4}$$

式中：Q 为通过水轮机的水流量，m^3/s。

发电机阻力矩 M_g 是发电机定子对转子的作用力矩，它的方向与旋转方向相反，是阻力矩。由发电机原理可知，M_g 代表发电机有功功率输出，即负荷的大小，它与用户性质有关。

当负荷（用电设备）变化以后，导叶开度不变，机组转速仍可稳定在某一数值上，如图 4−1 中的转速 n_1 或 n_2，水轮机及负荷的这种能力称为自平衡调节能力。仅仅依靠自平衡调节能力来保持转速是不行的，因为转速将偏离额定值。

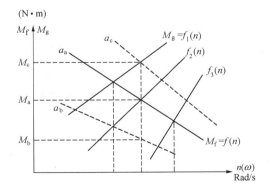

图 4−1　水轮机调节示意图

要使机组转速在负荷变动以后仍维持在原来额定值，从图 4−1 中可以看出，这就需要相应改变导叶开度。当负荷减少时，阻力矩由 $f_2(n)$ 变到 $f_3(n)$ 时，只需把导叶开度减小到 a_b，机组转速将维持在 n_0；相反，当负荷增加时，阻力矩由 $f_2(n)$ 变到 $f_1(n)$ 时，相应开启导叶至 a_c，就能维持机组转速不变。所以随着负荷的改变，相应改变导水机构的开度，以使水轮发电机组的转速维持在某一预定值，或按某一预定规律变化，这一过程就是水轮发电机组的转速调节，或称水轮机调节。

3. 水轮机调节的特点

水轮机调节系统是由水轮机调速器和调节对象（包括引水系统、水轮机、发电机及负载）共同组成。水轮机调节系统与其他原动机调节系统相比有以下特点：

（1）水轮机调节装置必须具备有足够大的调节功；

（2）水轮机调节系统易产生过调节，因而不易稳定；

（3）水击的反调效应不仅不利于调节系统的稳定，而且严重恶化了调节系统的动态品质；

（4）有些水轮机还具有双重调节机构，从而增加了调速器的复杂性。

二、微机调速器的原理结构框架

图4-2为PLC水轮机微机调速器的总体原理结构框图，原则上它也适用于一般的水轮机微机调速器。按照一般的划分，水轮机微机调速器可看成由微机调节器和机械（电气）液压系统组成。将电气或数字信号转换成机械液压信号和将机械液压信号转换成电气或数字信号的装置，称为电/液转换装置，它在很大程度上影响到调速器的性能和可靠性，近十年来得到了迅速的发展。在图4-2中，将电液转换装置单独表示出来，与微机（PLC）调节器和机械液压系统一起，作为总体结构的3个组成部分之一。

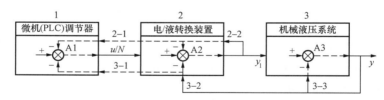

图4-2　PLC水轮机微机调速器的总体原理结构框图

1. 前向通道

如图4-2所示，前向通道是图中由左至右的控制信息的传递通道，是任何一种结构的调速器必须具备的主通道，它包括通道u/N、通道y_1和通道y。通道u/N是微机（PLC）调节器的输出通道，它的输出可以是电气量u，也可以是数字量N。u/N信号送到电/液转换装置作为其输入信号。

通道y_1是电/液转换装置的前向输出通道，它输出的主要是机械位移，也可以是液压信号，是机械液压系统的输入控制信号。

通道y是机械液压系统的输出通道，它输出的是接力器的位移，也是调速器的输出信号。

2. 反馈通道

反馈通道是指与前向通道信息传递方向相反的通道，由图4-2可以清楚地看出，可能的反馈通道有 2-1、3-1、2-2、3-2 和 3-3。其概念也比较清楚，例如，反馈通道 3-1 是接力器位移 y 经过电/液转换装置转换为电气量或数字量，再送给微机（PLC）调节器作为反馈信号的通道。

3. 综合比较点

综合比较点是系统中前向通道和反馈通道信息的汇合点。图 4-2 绘出了分别位于微机（PLC）调节器、电/液转换装置和机械液压系统中的 3 个比较点：A1、A2、A3。在一般情况下，A1 是数字量综合比较点，A2 是电气量综合比较点，A3 是机械量综合比较点。

4. 微机（PLC）调节器

输出（前向通道 u/N）信号如下：

模拟量（通过数模转换 A/D）输出 u

$0 \sim +10V$；$4 \sim 20mA$；$-10V \sim +10V$。

数字量输出 N

双向脉宽调制（PWM）输出；$(100 \sim 200)$ kHz 定位脉冲。

5. 电/液转换装置

电/液转换装置将电气或数字信号转换成机械液压信号或将机械液压信号转换成电气或数字信号的装置（接力器位移转换装置）。

6. 机械液压系统

机械液压系统包括随动型机械液压系统和执行机构型机械液压系统。

本教材主要介绍微机（PLC）调节器部分，按照图 4-2 所示的总体结构，对前向通道、反馈通道和综合比较点进行不同组合，可以构成许多种不同结构的调速器。

第二节 微机调速器的系统结构与硬件原理

一、水轮机微机调速器的总体结构

水轮机调速器根据负荷的变化改变导叶的开度，以维持系统频率的稳定。它与一般的微机控制系统一样，是一个计算机闭合控制系统。它由工业控制计算机，过程输入通道，过程输出通道及执行单元等组成，如图 4-3 所示。图中，主机系统是整个控制过程

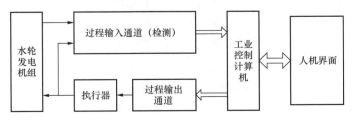

图 4-3 总体结构图

的核心，过程输入通道在这里主要完成对整个系统状态的检测，在微机调速器中，测量的主要量有系统的频率和机组的频率、水轮机水头、发电机出力、执行器的位置等，以及采集其他模拟量和开关量的功能；过程输出过程则通过模拟量和开关量对外输出控制信号，以达到所需的控制要求。

人机联系设备通常按功能分为输入设备，输出设备和外存储器。在微机调速器中常用的输入设备主要有键盘，键盘主要是用来输入外部命令及参数的整定与修改。常用的输出设备有打印机、显示器、记录仪等。微机调速器多采用打印机和数码管显示器作为输出设备，以便运行人员修改及打印运行参数和故障情况，以及了解运行参数和工作状态。外存储器有磁盘和磁带等，微机调速器通常不用外存储器。

随着技术的发展，现在的人机界面通常采用触摸屏，将输入与输出功能集成一体。

二、微机调速器的硬件构成

根据微机调速器的总体结构与具体任务要求，一般微机调速器的硬件系统可分为如下几大部分，图4-4是某水电站PLC微机步进式调速器的硬件结构图。

（1）主机系统。主机系统是整个微机调速器的核心。它通过强大的逻辑与数字处理能力、完成数据采集、信息处理、逻辑判断以及控制输出。它一般由CPU、程序存储器、数据存储器、参数存储器、接口电路等组成。图4-4 PLC微机步进式调速器的主机系统包括PLC的CPU模块、开关量输入模块、开关量输出模块、测频模块、模拟量输入模块、电源模块、人机显示终端等。

（2）模拟量输入通道。模拟量输入通道用于采集外部的模拟量信号，在水轮机调速器中，这些量为导叶开度、浆叶角度、水头、机组有功。

（3）模拟量输出通道。模拟量输出通道用于将微机内的特定数字量转换为模拟量送出。一般多送出控制信号，如期望的导叶开度值、浆叶角度值，或者是其相关的控制信号。

（4）频率信号测量回路。频率测量回路是微机调速器的关键部件。它用于测量机组和系统频率，并将结果送至CPU；或将频率信号转换成一般形式的信号，送CPU进行测量。频率测量回路一般由隔离、滤波、整形、倍频等电路等构成。

（5）开关量输入通道。开关量输入通道用于接收外部的开关状态信息或接收人为的操作信息。在微机调速器中，输入的开关量主要有：发电机出口断路器位置信号、开机命令、停机命令、调相命令、调相解除命令、开度增加命令、开度减小命令、频给增加命令、频给减小命令、机械手动位置信息、电气手动位置信息等。

开关量输入通道一般由光电隔离回路和接口电路两部分构成。

（6）开关量输出通道。开关量输出通道用于输出控制和报警信息，信息类别视不同的调速器有较大的差别。开关量输出通道一般由接口电路、光电隔离回路和功率回路三部分构成。图4-4中PLC微机步进式调速器的导叶、浆叶控制采用步进电机方式，由PLC的开关量高速输出端口输出脉冲，通过驱动模块控制步进电机，由步进电机输出控制电液转换器及液压随动系统，来控制导叶、浆叶的开度。

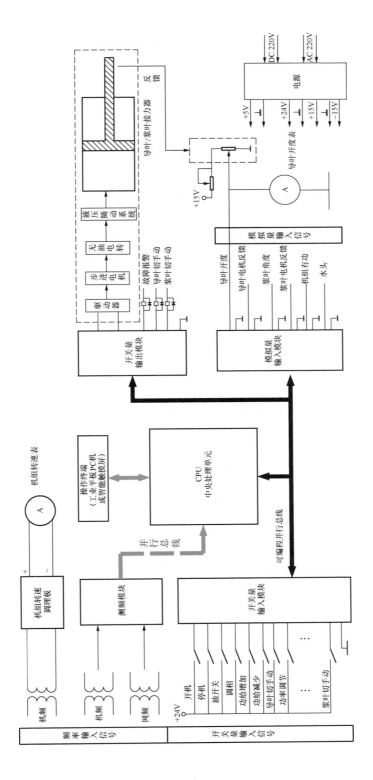

图4-4　PLC微机步进式调速器的硬件结构图

（7）人机接口。人机接口主要完成两个任务：① 设备向人报告当前工作情况与状态信息。② 人向设备传送控制、操作和参数更改等干预信息。

人机界面是在操作人员和机器设备之间作双向沟通的桥梁，用户可以自由地组合文字、按钮、图形、数字等来处理或监控管理及应付随时可能变化信息的多功能显示屏幕。使用人机界面还可以使机器的配线标准化、简单化，同时也能减少 PLC 控制器所需的 I/O 点数。触摸屏作为一种新型的人机界面，从一出现就受到关注，它的简单易用，强大的功能及优异的稳定性使它非常适合用于工业环境，越来越多的自动控制设备都趋向于使用触摸式人机界面。

（8）供电电源。微机调速器的工作电源一般分为数字电源，模拟电源和操作电源。数字电源为微机系统的工作电源，一般为 5V。模拟电源为信号调理回路的工作电源，一般采用正负对称的双电源，如 ±15V，或 ±12V。数字电源与模拟电源可能是隔离的，也可能是共地的。操作电源为开关信号输入回路和输出回路提供电源，一般为 24V。为保证整系统的可靠性，操作电源必须与数字电源、模拟电源是隔离的。

为保证整个系统可靠供电，调速器电源部分一般采用冗余结构，交流 – 直流 220V 双路同时供电，正常运行时交流优先，交流与直流电源互为热备用。当交直流电源中任意一路电源故障时，无需切换，能自动地由另一路电源供电，从而不对调速器产生任何冲击和扰动。

三、模拟信号调理

信号调理的准确与否直接决定了调速器的工作性能，调速器在现场采集的模拟信号主要有导叶、桨叶接力器位移反馈、水头、功率。在信号调理电路中，针对每种信号都有其对应的处理通道。以下就以其中的一路通道为例，对电路的硬件设计作简单地介绍，电路图如图 4 – 5 所示。

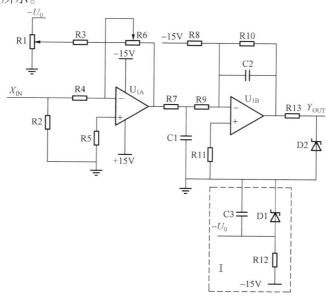

图 4 – 5　模拟信号调理电路图

在图中 I 部分的作用是提供参考电压 $-U_0$，传感器输出的模拟信号 X_{IN} 进入调理板，和参考电压 $-U_0$ 通过由 U_{1A} 所构成的比较电路，通过调整电位器 R1 从而将信号 X_{IN} 调零，然后经过由 U_{1B} 所构成的滤波电路后变为所需要的信号 Y_{OUT}，送入 PLC 的 AD 模块进行 A/D 变换。

四、频率测量

PLC 调速器的测频可以通过 PLC 直接测频，也可以通过单片机测频后通过 I/O 口将结果送至 PLC。两种测量方法各有优缺点，如使用前者的缺点是对许多系列的 PLC 来说，其一般的计数最高频率为 20～60kHz，而其高速计数模块的最高计数频率一般也只能达到 100～200kHz，显然这与单片机内部的兆数量级的时钟相比有很大的差距，由于这两种测频方式都是将内部的时钟频率作为基准频率，因此 PLC 较低的时钟频率会影响到频率测量分辨率以及频率测量的时间响应特性等问题。如使用后者的缺点是必须自行生产印刷电路板组件，却又不能形成批量生产，从而使可靠性受到一些影响，而 PLC 已经是成熟批量生产的工业产品，其可靠性得到了保证。现分别介绍两种测频的方法。

1. PLC 直接测频

PLC 频率测量的原理如图 4-6 所示。

图 4-6 中被测机组频率信号为 f_1，经过放大整形为方波信号 f_2，经过分频后得到 f_3 后给 PLC 高速输入端口。同时，有一已知频率的标准高频信号给 PLC 的另一个

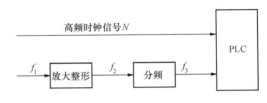

图 4-6 PLC 测频原理图

高速输入端口，如图 4-7 所示，记下 f_3 频率信号的周期内已知高频信号脉冲的个数就知道了被测机组频率。

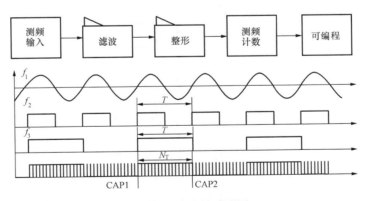

图 4-7 频率变换波形图

实现上述功能的硬件电路如图 4-8～图 4-10 所示。

图 4-8 所示机组频率信号 f_1 被送入测频调理板，经过放大整形由正弦波变为方波 f_2，方波信号如图 4-9 所示送入光耦进行隔离，然后进入芯片 4013 进行四分频（实际工程中，有时还采用二分频、八分频）得到图 4-7 所示的 f_3 方波信号：经过分频后，f_3 信号为 1 的半周期时间和为 0 的半周期时间是相等的。在实际应用中可以采用硬件分频的

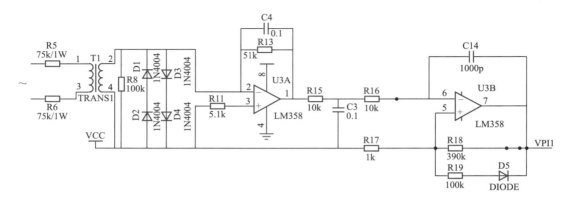

图 4 - 8　测频电路图（正弦波变为方波）

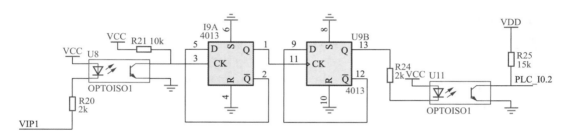

图 4 - 9　测频电路图（光电隔离、分频电路）

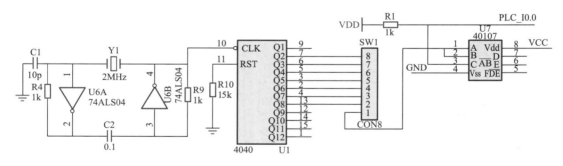

图 4 - 10　测频电路图（标准高频信号产生电路）

方法，也可以采用软件分频的方法；f_3 方波信号为 1 的半周期时间正好是被测信号 f_1 的周期 T。方波信号最终送入 PLC 的 I/O 口作为中断。

N 为高频时钟信号，它提供一个稳定的高频信号，它的形成如图 4 - 10 所示，由频率为 2MHz 的晶振 Y1 经过芯片 4040 进行分频，其得到二分频、四分频等频率信号，根据需要取其中一组信号。N 和 f_3 信号都送入 PLC 进行运算处理。PLC 的高速计数器能对高频信号 N 的半波脉冲串进行计数，当 PLC 的中断 I/O 口捕捉到 CAP1 信号时，将此时高速计数器的值 NT1 读出并存放在一个存储单元中，当 PLC 的中断 I/O 口捕捉到 CAP2 信号时，再将此时的高速计数器的值 NT2 读出并存放在另一个存储单元中，将两个值进行做差运算，并记其差值为 NT，则 NT 在数值上正比于被测信号的周期 T，通过下面计算得到 PLC 微机内的测频值 F：

$$NT = NT1 - NT2 \tag{4-5}$$

$$F = \frac{C}{NT} \tag{4-6}$$

F 必然正比于被测的频率值。例如，取 $N = 2 \times 10^6$，则在被测频率为 50Hz 时，其 $T = 0.02\text{s}$，$NT = 40\,000$；若取式（4-6）中的常数 $C = 2 \times 10^9$，则由式（4-6）求得测量结果为 $F = 50\,000$。若测得的频率为 48Hz，则求得 $F = 48\,000$。

2. 单片机测频

单片机频率测量的原理如图 4-11 所示。

单片机频率测量的原理与 PLC 测频的原理基本相同，将频率信号经过隔离、整形等处理后变为标准的方波信号，方波信号经单片机的捕获引脚进入单片机，作为计数器的读取信号，从而可以根据式（4-5）和式

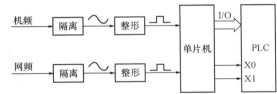

图 4-11　单片机测频原理图

（4-6）由所读取的计数器中的数与单片机的时钟频率计算得到所测的频率。计算得到的频率值根据 I/O 传送给 PLC。

为了保证单片机与 PLC 之间信息交流的正确性，在 PLC 与单片机之间，有两条握手线，当单片机将测量到的机组频率信号放到 I/O 总线，且稳定后，通过 X0 通知 PLC 读取相应的信息；单片机将测量到的系统频率信号放到 I/O 总线，且稳定后，通过 X1 通知 PLC 读取相应的信息。为保证频率测量的实时性，PLC 读取频率测量信息采用中断方式，即当产生 X0 中断时，PLC 读取的是机频信号；而当产生 X1 中断时，PLC 读取的是网频信号。

有的调速器采用了单片机测频和 PLC 直接测频相结合的方法。正常时，采用单片机模块的测频信息，以保证高的测量分辨率和测量速度。而当检测到单片机测频部分故障时，采用 PLC 直接测频值。

第三节　调速器机械液压控制装置

水轮机调速器机械液压控制装置也称为电/液随动系统，其主要功能是将微机调节器的输出信号成比例地转换为调速器接力器的位移，以足够大的推力控制水轮机的导水机构。如图 4-12 所示，水轮机调速器机械液压控制装置包括电/液转换装置、机械开度限制/手动装置、紧急停机电磁阀、主配压阀、事故配压阀、导叶分段关闭装置等。

一、电/液转换装置

现代水轮机调速器的电/液随动系统根据其电/液转换装置有两大类，即采用位移输出的电/液转换装置和采用流量输出的电/液转换装置。前者将微机调节器送来的电气信

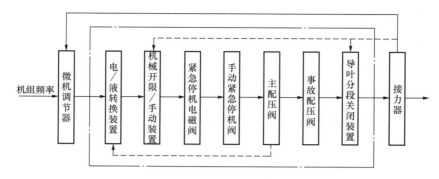

图 4 - 12　水轮机调速器机械液压控制装置的组成

号转换、放大成具有一定驱动力的机械位移输出，如伺服电机、步进电机；后者则把微机调节器送来的电气信号转换、放大为相应的液压流量控制信号输出，如比例伺服阀。

电/液转换装置一般与主配压阀相接口，也就是后面要说到的主配自身带有控制阀或辅助接力器。位移输出的电/液转换装置与带引导阀的机械位移输入型主配压阀相配合，流量输出的电/液转换装置则与带辅助接力器的液压控制型主配压阀接口。

目前水电站广泛使用的电/液转换装置有以下三种类型：数字式、步进式、比例伺服阀式。根据不同需要，这三种结构可以自由组合构成冗余系统。

1. 数字式电/液转换装置

随着液压技术的发展，高速数字球阀成为近年来液压传动领域中发展起来的一种新的液压元件，它具有工作压力高、密封性能好、换向频率高（≤3ms）、可靠性高、寿命长的特点。

数字式电/液转换装置采用脉冲控制电磁数字球阀，输出高电平和低电平控制线圈动作和复位，从而控制油路（包括开方向和关方向）的通和断。

采用全数字高速电子球阀组成机械液压系统的手动或者自动的前置级，高速电子球阀可实现手动调节和自动控制。用它作为前置级控制的调速器机械液压系统，如采用非线搭叠窗口和脉冲补偿的结构，无油压冲击，动作平稳可靠；如采用钢球线接触形式密封，抗油污和防卡能力强，其速动性好，机械防卡性能好，对油质要求低，静态无油耗，无机械零位调整和飘移，死区小，灵敏度高，安装调试方便。

如图 4 - 13 所示，手动按下开机或关机球阀的手动操作按钮使之置位，从而使机械部分执行相应的操作。在液控换向阀两端为可调节节流阀，调节其两端的螺母可改变开、关机的全行程时间。按照要求整定完成后，一定要将锁定螺母紧固，以保证调整好的开、关机时间不会发生变化。

在紧急状况下，根据需要可以手动从紧急停机电磁阀的外侧按入使电磁阀动作。紧急停机电磁阀动作后，压力油与关机腔常通，接力器以最大关机速度关闭到零位，开关机球阀动作失效。紧停复归电磁阀也可以由手动操作执行，紧停复归电磁阀动作后，油路恢复正常运行。

数字式电/液转换装置的油压系统如图 4 - 14 所示。

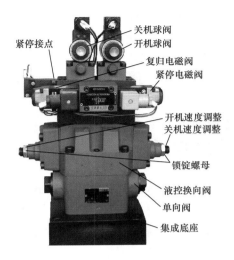

图 4 – 13　数字式电/液转换装置

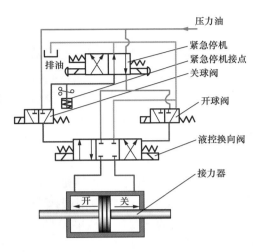

图 4 – 14　数字式电/液转换装置的油压系统图

2. 步进式无油电/液转换器（带自动复中机构）

步进式无油电/液转换器作为调速器中连接电气部分和机械液压部分的关键元件，将电机的转矩和转角转换成为具有一定操作力的位移输出，并具有断电自动复中回零的功能。它的作用是将调节器电气部分输出的综合电气信号转换成具有一定操作力和位移量的机械位移信号，从而驱动末级液压放大系统，完成对水轮发电机组进行调节的任务。

步进式无油电/液转换器通过高精度细分步驱动器驱动步进电机及大导程滚珠螺旋副，直接带动引导阀上下运动，使控制油腔接通压力油或排油，从而达到控制辅助接力器及主配压阀的目的。

如图 4 – 15 所示，步进式无油电/液转换装置包括筒体，与筒体连接的步进电机，电机轴通过连接装置与滚珠丝杆副穿入筒体中，滚珠丝杆通过丝杆螺母与联结套连接。联结套穿过两彼此分开的具有一段行程的弹簧套，复中弹簧设在弹簧套中，筒体设有弹簧上、下套的限位装置。步进式无油电/液转换器还装有电机反馈位移传感器，使步进式无油电/液转换器的控制形成闭环，从而补偿步进电机的失步、机械磨损及加工误差等，提高定位精度。

步进式无油电/液转换器采用弹簧力直接作用在高精度大导程滚珠丝杆上，当电源消失后，能迅速使连接套回到中位，使与之相连的主配引导阀自动准确回复到中间位置，保持接力器在原开度位置不变。复中机构仅为一根弹簧，结构简单，动作可靠，调节维护方便。当步进电机退出

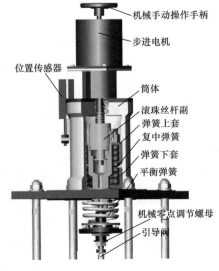

图 4 – 15　步进式无油电/液转换装置

工作时，用双手转动手轮，能模拟步进电机操作阀芯，松开手轮，在复中装置作用下，阀芯迅速回到中位。

步进式无油电/液转换器由调速器电气系统输出高、低电平开关信号到驱动器的正转/反转端，使步进电机正、反方向的旋转控制接力器开或关；输出脉宽调制信号占空比PWM到驱动器的停止/运行端，控制步进电机的旋转角度来调节接力器的开度。

步进式无油电/液转换器的电—位移转换过程由纯机械传动完成，滚珠丝杆运动灵活、可靠、摩擦阻力小，并且能可逆运行，传动部分无液压件，无油耗。

3. 比例伺服阀式电/液转换器

比例伺服阀式电/液转换器是一种电气控制的引导阀，在大型和特大型数字式调速器中得到广泛的应用，由比例伺服阀作为电/液转换器组成的数字式电液调速器（见图4－16）在电站的试验运行结果表明，水轮机调节系统具有优秀的静态和动态性能。比例伺服阀的功能是把微机调节器输出的电气控制信号转换为与其成比例的流量输出信号，用于控制带辅助接力器（液压控制型）的主配压阀。

伺服比例阀的功能是把输入的电气控制信号转换成相应输出的流量控制，该伺服阀的阀芯装备了位置控制传感器反馈，可将反馈信号引入电路形成闭环控制，因此控制精度很高，阀的滞环和不重复性均很小。在电磁铁断电时，阀具有"故障保险"位置，保证失电时主配阀芯回复到中位。

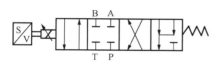

图4－16 数字式电/液转换装置

二、主配压阀

主配压阀是调速器机械液压系统的功率级液压放大器，它将电/液转换装置机械位移或液压控制信号放大成相应方向的、与其成比例的、满足接力器流量要求的液压信号，控制接力器的开启或关闭。

主配压阀的主要结构有两种：带引导阀的机械位移控制型和带辅助接力器的机械液压控制型。对于带辅助接力器液压输入的主配压阀，必需设置主配压阀活塞至电/液转换装置的电气或机械反馈。

在主配压阀上整定接力器的最短关闭和开启时间的原理有两种：基于限制主配压阀活塞最大行程的方式和基于在主配压阀关闭和开启排油腔进行节流的方式。大型调速器一般采用限制主配压阀最大行程的原理来整定接力器的最短关闭和开启时间。对于要求有两段关机特性的，在主配压阀上整定的是快速区间的关机速率；慢速区间的关机速率设置，在分段关闭装置上实现。

1. 机械位移控制型主配压阀

机械位移控制型主配压阀结构框图见图4－17。这是一种带有引导阀的、机械位移控制、直联型主配压阀，应采用机械位移输出的电/液转换器对其进行控制。

主配压阀的引导阀活塞为微差压式，它始终有一个向上的作用力，因而引导阀活塞

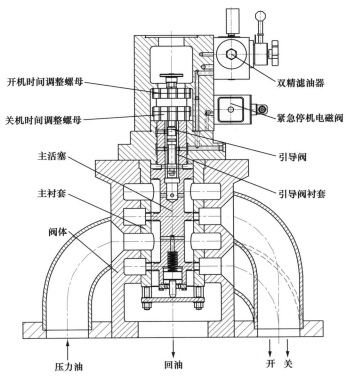

开机时间调整螺母

关机时间调整螺母

主活塞

主衬套

阀体

双精滤油器

紧急停机电磁阀

引导阀

引导阀衬套

压力油　　　　　回油　　　　开　关

图 4 – 17　机械位移控制型主配压阀结构框图

随动于电/液转换装置的位移。

在引导阀对主配压阀活塞的控制下，主配压阀活塞的位移等于引导阀活塞位移；所以，主配压阀活塞也就随动于电/液转换装置的机械位移。

2. 液压控制型主配压阀

机械液压控制型主配压阀结构原理框图如图 4 – 18 所示。与其接口的电/液转换器必须是流量控制输出的，比例伺服阀和交流伺服电机自复中装置/控制阀均可以对它进行控制。

动作原理：一路自油压装置的压力油进入主配压阀的压力油腔，另一路经双联滤油器 3 过滤后进入电液比例阀 9 和手动操作阀 12。电液比例阀经手自动切换阀接通主配压阀辅助接力器控制腔。正常运行时，紧急停机电磁阀与手自动切换阀均为通路，主配引导阀接通压力油。电气控制信号与主接力器位置信号之差为零时，电液比例阀阀芯在复位弹簧作用下复中，切断辅助接力器控制腔的油路，主配压阀准确地稳定于中位，主接力器也将稳定不动。当电气控制信号减小时，电液比例阀向关机方向运动，使辅助接力器控制腔接通排油时，主配压阀自中间位置向上移动一定距离，主接力器向关机方向运动。同时带动位移传感器移动，直到与电气控制信号相等，两差值信号为零时，电液比例阀和主配压阀便随之复中，主接力器便停止运动；反之，如电气控制信号增大时，电液比例阀向开机方向运动，使辅助接力器控制腔接通压力油时，主接力器将向开机方向运动相应距离。这样，主接力器将按一定比例随动于微机调节器控制信号，构成了电液随动系统。

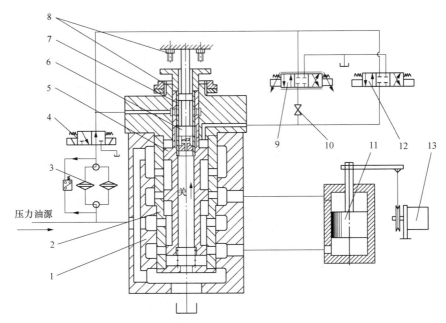

图 4 – 18　机械液压控制型主配压阀结构原理框图

1—主配壳体；2—主配衬套；3—双联滤油器；4—紧急停机电磁阀；5—主配活塞；6—引导阀；7—引导阀衬套；
8—开关机时间调整螺母；9—电液比例阀；10—手自动切换阀；11—主接力器；12—手动操作阀；13—位移传感器

第四节　微机调速器的工作过程与软件实现

一、微机调速器功能概述

微机调速器的基本功能为自动控制功能和自动调节功能。作为自动控制功能，调速器应能根据运行人员的指示，方便及时地实现水力发电机组的自动开机、发电和停机等操作；作为自动调节功能，调速器应能根据外界负荷的变化，及时调节水轮机导叶开度，改变水轮机出力，使机组出力与负荷平衡，维持机组转速在额定转速附近。

PLC 水轮机微机调速器除具备传统调速器的基本调节功能外，由于 PLC 具有丰富的运算和逻辑判断功能、强大的记忆能力、丰富的硬件资源，在调速器设计中充分发挥 PLC 的这些优势，使 PLC 水轮机微机调速器的功能又得到了扩大和加强。一般 PLC 水轮机微机调速器应具有如下功能：

（1）频率测量与调节功能。双通道 PLC 水轮机微机调速器可测量发电机组和电力系统频率，并实现对机组频率的自动调节和控制。

（2）频率跟踪功能。当频率跟踪功能投入时，双通道 PLC 水轮机微机调速器自动调整机组频率跟踪电力系统频率的变化，能实现快速自动准同期并网。

（3）自动调整与分配负荷的功能。机组并入电力系统后，双通道 PLC 水轮机微机调速器将按整定的永态转差系数 b_p 值，自动调整水轮发电机组的出力。

（4）负荷调整功能。接收上位机控制指令，调整机组出力。

（5）开停机操作功能。接收上位机控制指令，实现机组的自动开停机操作。

（6）紧急停机功能。遇到电气和水机故障时，上位机发出紧急停机命令，实现紧急停机。

（7）主要技术参数的采集和显示功能。自动采集机组和调速器的主要技术参数，如机组频率、电力系统频率、导叶开度、调节器输出值和调速器调节参数等，并有实时显示功能。

（8）手动操作功能。当电气部分故障时，双通道 PLC 水轮机微机调速器具备用手动操作的功能，设置有机械液压手动操作机构、电气手动操作机构。

（9）自动运行工况至手动运行工况的无扰动切换功能。

（10）两个系统之间进行自动的无扰动切换。双通道 PLC 水轮机微机调速器具有各种诊断功能，调速器自动运行时，当系统级的故障被检测出来以后，应及时将调速器由故障系统切换到备用系统运行。这一切功能都是在硬件的基础上通过软件程序来实现。

二、PID 控制原理

PID（proportional、integral and differential）控制器本身是一种基于对"过去"、"现在"和"未来"信息估计的控制算法。

常规 PID 控制器系统原理框图如图 4 - 19 所示，系统主要由 PID 控制器和被控对象组成。作为一种线性控制器，它根据给定值和实际输出值构成控制偏差，将偏差按比例、积分和微分通过线性组合构成控制量，对被控对象进行控制，故称为 PID 控制器。其控制规律为

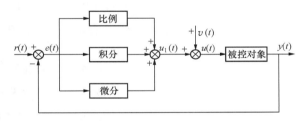

图 4 - 19　PID 控制系统原理框图

$$u(t) = K_p \left[e(t) + \frac{1}{T_I} \int_0^t e(t)\,\mathrm{d}t + \frac{T_D \mathrm{d}e(t)}{\mathrm{d}t} \right] \tag{4-7}$$

式中：$e(t) = r(t) - y(t)$，K_p 为比例系数，T_I 为积分时间常数，T_D 为微分时间常数。各种控制作用的实现方式在函数表达式中表达的非常清楚，对应控制参数包括比例增益 K_p、积分时间常数 T_I 和微分时间常数 T_D。下面介绍三种校正环节的主要控制作用：

（1）比例作用的引入是为了及时成比例地反应控制系统的偏差信号 $e(t)$，以最快速度产生控制作用，使偏差向减小的趋势变化。

（2）积分作用的引入，主要是为了保证被控量 y 在稳态时对设定值 r 的无静差跟踪。

（3）微分作用的引入，主要是为了改善闭环系统的稳定性和动态响应的速度。微分作用使控制作用于被控量，从而与偏差量未来变化趋势形成近似的比例关系。

国内外数字调速器大多采用 PID 或以 PID 为基础的调节规律。在 PID 调节中，又有并联 PID（如图 4 - 20 所示）和串联 PID（频率微分 + 缓冲式，如图 4 - 21 所示）两种结构。

b_t、T_d、T_n 是频率微分 + 缓冲式调节结构的参数，可由两种 PID 结构的传递函数推导出其与 K_P、K_I、K_D 之间的关系为

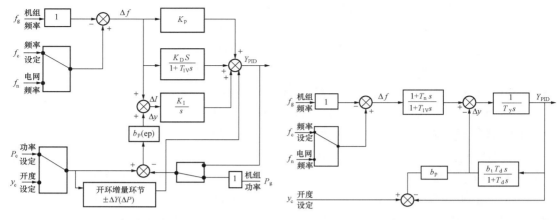

图 4-20 并联 PID 结构图　　　　图 4-21 串联 PID 结构图

$$K_P = \frac{T_d + T_n}{b_t T_d}; \quad K_I = \frac{1}{b_t T_d}; \quad K_D = \frac{T_n}{b_t}$$

当前的数字式电液调速器即使是以 b_t、T_d、T_n 形式给出的参数，在微机内仍然根据上式计算出 K_P、K_I、K_D 并采用并联 PID 结构。与 K_P、K_I、K_D 参数相比，b_t、T_d、T_n 参数组合使用时间长，与调速器物理概论联系紧密，在参数整定时，不易出现配合不当的参数组合。

根据理论分析、仿真研究和工程实践，空载工况 b_t、T_d、T_n 的推荐参数为

$$1.5 \times T_w/T_a \leqslant b_t \leqslant 3 \times T_w/T_a$$

$$3 \times T_w \leqslant T_d \leqslant 6 \times T_w$$

$$0.4 \times T_w \leqslant T_n \leqslant 0.6 \times T_w$$

空载工况 K_P、K_I、K_D 的推荐参数为

$$0.33 \times T_w/T_a \leqslant K_P \leqslant 0.67 \times T_w/T_a$$

$$0.167 \, K_P/T_w \leqslant K_I \leqslant 0.33 \, K_P/T_w$$

$$0.4 \, K_P \times T_w \leqslant K_D \leqslant 0.6 \, K_P \times T_w$$

对于混流式机组，一般应取较大初始值。对于轴流式和惯流式机组，K_P、K_I、K_D 一般应取较小的初始值。

三、微机调速器的调节模式

对于水轮机调速器来说，其运行调节模式通常采用频率调节模式，即调速器是根据频差（即转速偏差）进行调节的，故又称转速调节模式。

微机调速器一般具有三种主要调节模式：频率调节模式、开度调节模式和功率调节模式。

三种调节模式应用于不同工况，其各自的调节功能及相互间的转换都由微机调速器来完成。

频率调节模式适用于机组空载自动运行，单机带孤立负荷或机组并入小电网运行，

机组并入大电网作调频方式运行等情况。

开度调节模式是机组并入大电网运行时采用的一种调节模式。主要用于机组带基荷运行工况。

功率调节模式是机组并入大电网后带基荷运行时应优先采用的一种调节模式。微机调节器通过功率给定变更机组负荷，故特别适合水电站实施 AGC 功能。而开度给定不参与闭环负荷调节，开度给定实时跟踪导叶开度值，以保证由该调节模式切换至开度调节模式或频率调节模式时实现无扰动切换。

机组自动开机后进入空载运行，调速器处于"频率调节模式"工作。

当发电机出口开关闭合时，机组并入电网工作，此时调速器可在三种模式下的任何一种调节模式工作。若事先设定为频率调节模式，机组并网后，调节模式不变；若事先设定为功率调节模式，则转为功率调节模式；若事先设定为开度调节模式，则转为开度调节模式。

当调速器在功率调节模式下工作时，若检测出机组功率反馈故障，或有人工切换命令时，则调速器自动切换至"开度调节"模式工作。

调速器工作于"功率调节"或"开度调节"模式时，若电网频率偏离额定值过大（超过人工频率死区整定值），且保持一段时间（如持续 15s），调速器自动切换至"频率调节"模式工作。

当调速器处于"功率调节"或"开度调节"模式下带负荷运行时，由于某种故障导致发电机出口开关跳闸，机组甩掉负荷，同时调速器也自动切换至"频率调节"模式，使机组运行于空载工况。

四、微机调速器的软件程序

调速器的软件程序由主程序和中断服务程序组成，主程序控制 PLC 微机调速器的主要工作流程，完成实现模拟量的采集和相应数据处理、控制规律的计算、控制命令的发出以及限制、保护等功能。中断服务程序包括频率测量中断子程序、模式切换中断子程序等，完成水轮发电机组的频率测量和调速器工作模式的切换等任务。

微机调速器的控制软件是按模块结构设计，也就是把有关工况控制和一些共用的控制功能先编成一个个独立的子程序模块，再用一个主程序把所有的子程序串接起来。

1. 主程序

基于 PLC 可编程控制器的微机调节器的主程序框图见图 4 – 22。

当微机调节器给上电源后，首先进入初始化处理，即对可编程控制器的特定位元件（如辅助继电器等）设置初始状态；对特殊模块（如 A/D 等）设置工作方式及有关参数；对寄存器特定单元（如存放采样周期，调节参数 b_p、b_t、T_d、T_n 等数据寄存器）设置缺省值等。

测频及频差子程序包括对机频和网频计算，并计算频差值。

A/D 转化子程序主要是控制 A/D 转化模块，把水头、功率反馈、导叶反馈等模拟信

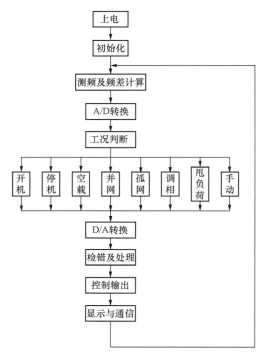

图 4-22　主程序流程框图

号变化为数字量。工况判断则是根据机组运行工况及状态输入的开关信号，以便确定调节器应当按何种工况进行处理，同时设置工况标志，并点亮工况指示灯。

对于伺服系统是电液随动系统的微机调速器，各工况运算结果还需通过 D/A 转换模拟电平，以驱动电液随动系统，对于数字伺服系统，则不需要 D/A 转化。

2. 功能子程序

在水轮机调速器中，其功能子程序按任务又可划分为：

（1）开机控制子程序。当调速器接到开机令时，先判断是否满足开机条件，如果满足，置开机标志，并点亮开机指示灯。然后检测机组频率，当频率达到并超过 45Hz 时，将"启动开度"关到"空载整定开度"，并转入空载控制程序，进行 PID 运算，自动控制机组转速等于给定值。当机组并网后，则把开度限制自动放开至 100% 开度或按水头设定的开度值。开机过程结束，清除开机状态，灭开机指示灯；置发电标志并点亮发电指示灯。

（2）停机控制子程序。当调速器接到停机令时，先判别机组是否在调相，即从停机子程序转出，先进入调相转发电，再由发电转停机。如果机组不在调相，则置停机标志，并点亮停机指示灯，然后判别功率给定值是否不在零位。若是，自动减功率给定，一直到功率为零，再把开度开关打开限制减至空载，等待发电机开关跳开后，进一步把开度限制关到全关，延长 2min，确保机组转速降到零后，清除停机标志，并熄灭停机指示灯。

（3）空载控制子程序。当机组开机后，频率升至 45Hz 时，机组进入空载工况，或者机组在空载工况主要是进行 PID 运算，使机组转速维持在空载定值范围内。空载运行总是采用频率调节模式。

（4）PID 运算子程序。PID 子程序，先调用频差，再分别进行比例、微分、积分运算，再求和得到 PID 总值。在增量型 PID 运算中，则是分别求出比例项、微分项和积分项的增量，然后求各增量之和，再与前一采样周期的 PID 值求和，得到本采样周期的 PID 值。

（5）发电控制子程序。发电运行分为大网运行和孤网运行两种情况。在孤网运行时，总是采用频率调节模式。在大网运行时，可选择前述三种调节模式中的任一种调节模式。

调速器的功能子程序还包括有调相控制子程序、甩负荷控制子程序、手动控制子程序、频率跟踪子程序等。

3. 故障检测与容错子程序

检错及处理子程序是保证输出的调节信号的正确性，因此需要对相关输入、输出量及相关模块进行检错诊断。如果发现故障或出错，还要采取相应的容错处理并报警。严重时，要切换为手动或停机。

在这里以机频的测量故障的判断为例对频率测量故障的判断做简单的介绍。当测频模块在规定的时间内没有向 PLC 发出中断要求时，判断测频出现了故障。当测频模块与 PLC 之间的中断要求一切正常时，按照以下的方法进行处理：

水电机组是一个惯性系统，其频率不可能发生突变，两个扫描周期之间的频率变化最大值 $\Delta f_{\max}$ 可由式（4－8）得到

$$\frac{\mathrm{d}x}{\mathrm{d}t} = \frac{M_t - M_g}{T_a} \qquad (4-8)$$

取 $M_t = 1$，$M_g = 0$，即可得到在频率测量功能正常时频率变化的最大值，即为

$$\Delta f_{\max} = \frac{50\Delta T}{T_a} \text{ Hz} \qquad (4-9)$$

其中 T_a 为机组惯性时间常数，ΔT 为测频的扫描时间。这两个参数在设计中为已知量，代入式（4－9）即可求得频率测量功能正常时频率变化的最大值 $\Delta f_{\max}$。

因此在判断频率测量故障采用的方法为：将频率测量得到的前后两次频率值进行比较，当差值落在区间 $[-\Delta f_{\max}, +\Delta f_{\max}]$ 之内时判断频率测量模块工作正常；当差值落在区间 $[-\Delta f_{\max}, +\Delta f_{\max}]$ 之外时，将此次得到的频率值舍弃，仍将上次的频率值代入 PID 计算中使用；当差值连续落在区间之外 n（n 为一个不大的常数）次时，则将此次得到的频率作为正常的频率值代入 PID 计算中使用。

调速器的检错及处理子程序还包括功率反馈检错、导叶反馈检错、水头反馈检错、随动系统故障及处理等。

第五节　故障分析及处理

一、机组自动空载频率摆动值大（见表4－1）

表4－1　　　　　　机组自动空载频率摆动值大的故障分析及处理

原　因	现　象	处理方法
机组手动空载频率摆动大	机组手动空载频率摆动达 0.5～1.0Hz，自动空载频率摆动为 0.3～0.6Hz	进一步选择 PID 调节参数（b_t、T_d、T_n）和调整频率补偿系数，尽量减小机组自动空载频率摆动值，如果自动频率摆动还大于手动频率摆动值，则增大 T_n
接力器反应时间常数 T_y 值过大或过小	机组手动空载频率摆动 0.3～0.4Hz，自动空载频率摆动达 0.3～0.6Hz，且调节 PID 调节参数 b_t、T_d、T_n 无明显效果	调整电液（机械）随动系统放大系数，从而减小或加大接力器反应时间常数 T_y。当调节过程中接力器出现频率较高的抽动和过调时，应减小系统放大系数；若接力器动作迟缓，则应增大系统放大系数

原　因	现　象	处理方法
PID 调节参数 b_t、T_d、T_n 整定不合适	机组手动空载频率摆动 0.2～0.3Hz，自动空载频率摆动小于上述值，但未达到国家要求	合理选择 PID 调节参数，适当的增大系统放大系数，特别注意它们之间的配合
接力器至导水机构或导水机构的机械与电气反馈装置之间有过大的死区	机组手动空载频率摆动 0.2～0.3Hz，自动空载频率摆动大于等于上述值，调 PID 参数无明显改善	处理机械与反馈机构的间隙，减小死区
被控机组并入的电网是小电网，电网频率摆动大	被控机组频率跟踪于待并电网，而电网频率摆动大导致机组频率摆动大	调整 PLC 微机调速器的 PID 调节参数：b_t、T_d 向减小的方向改变，T_n 向稍大的方向改变

二、并网运行机组溜负荷（见表 4－2）

表 4－2　　　　　　　　并网运行机组溜负荷的故障分析及处理

原　因	现　象	处理方法
电网频率升高，调速器转入调差率（b_p）的频率调节，负荷减少	接力器开度（机组所带负荷）与电网频率的关系正常，调速器由开度/功率调节模式自动切至频率调节模式工作	如果被控机组并入大电网运行，且不起电网调频作用，可取较大的 b_p 值或加大频率失灵区 E，尽量使调速器在开度模式或功率模式下工作
电液转换环节或引导阀卡阻	控制输出与导叶实际开度相差较大，如果是冗余电转已经切换，如果是无油电转则引导阀卡阻	检查并处理导叶转换器：切换并清洗滤油器；检查电液转换器并排除卡阻现象；检查引导阀，活塞，密封圈
机组断路器误动作	机组负荷突降至零，并维持零负荷运行	启动断路器容错功能，电厂对断路器辅助触点采取可靠接触的措施
接力器行程电气反馈装置松动变位	控制输出与导叶反馈基本一致，导叶实际开度明显小于导叶电气指示值	重新校对导叶反馈的零点和满度，且可靠固定
调速器开启方向的器件接触不良或失效	调速器不能正常开启，但能关闭，平衡指示有开启信号	检查或更换电气开启方向的元件，检查开方向的数字球阀和主配位置反馈，如果是主配反馈的问题，更换后需重新调整电气零点

三、调速器、接力器抽动（见表 4－3）

表 4－3　　　　　　　　调速器、接力器抽动的故障分析及处理

原　因	现　象	处理方法
调速器外部干扰	调速器外部功率较大的电气设备启动/停止；调速器外部直流继电器或电磁铁动作/断开	调速器的壳体所有的接地应与大地牢固连接，调速器的内部信号与大地之间的绝缘电阻应大于 50Ω

续表

原　　因	现　　象	处理方法
调速器外部干扰	调速器外部功率较大的电气设备启动/停止 调速器外部直流继电器或电磁铁动作/断开	外部直流继电器或电磁铁线圈加装反向并接（续流）二极管；触点两端并接阻容吸收器件（100Ω 电阻与630V，0.1μF 电容器串联）
机组频率的差频干扰	多出现于开机过程中，机组转速未达到额定转速，残压过低；或机组空载，未投入励磁，机组大修后第一次开机，残压过低	机组频率信号（残压信号/齿盘信号）均应采用各自的带屏蔽的双绞线至调速器，屏蔽层应可靠的一点接地。机频信号线不要与强动力电源线或脉冲信号线平行、靠近，机频隔离变压器远离网频隔离变压器和电源变压器
接线松动、接触不良	抖动现象无明显规律，似乎与机组运行振动区、运行人员操作有一定联系	将所有的端子及内部接线端重新加固
导叶接力器反应时间常数 T_Y 值偏小	调速器在较大幅度运动时主配压阀跳动、油管抖动、接力器运动出现过头现象	减小系统的放大系数，加大主配反馈放大倍数

四、甩负荷问题（见表4-4）

表4-4　　　　　　　　　　甩负荷问题的故障分析及处理

原　　因	现　　象	处理方法
PID 调节程序中负限幅值过于靠近导叶接力器零值	甩100% 负荷过程中，导叶接力器关闭到最小开度后，开启过快，使机组频率超过3%，额定频率的波峰过多，调节时间过长	对单调机组 PID 的负限幅值应设置为10%～15%，使导叶接力器关闭到最小开度后的停留时间加长。缩短大波动过渡过程的时间
PID 调节程序中负限幅过于离开导叶接力器零值	甩100% 负荷过程中，导叶接力器关闭到最小开度后，开启过于迟缓，使机组频率低于额定值的负波峰过大，调节时间过长	转桨、灯泡机组 PID 的负限幅值应设置为0～5%，使导叶接力器关闭到最小开度后的停留时间缩短，抑制机组转速下降太多，避免失磁
导叶接力器关闭时间过短	甩 >75% 额定负荷过程中，水压上升值过大	按调节保证计算，加长导叶接力器关闭时间
导叶接力器关闭时间过长	甩 >75% 额定负荷过程中，机组转速上升值过大	按调节保证计算，缩短导叶接力器关闭时间
两段关闭特性不合要求	甩 >75% 额定负荷过程中，水压上升或机组转速上升值过大	按调节保证计算，调整两段关机速度及拐点
调速器转速死区 i_x 偏大	甩 >25% 额定负荷时，导叶接力器的不动时间过长	检查机械液压系统的各级连接环节以减小死区，并加大 T_n（加速度时间常数），尽量在网频≥50Hz 时甩负荷

续表

原　因	现　象	处理方法
机组油开关节点误动作（断开）	机组油开关未动作，仍在"合上"位置，但送给调速器的机组油开关触点断开，导致甩负荷或减负荷	完善机组二次回路电源接线，防止机组油开关辅助继电器误动作 启动断路器容错功能，调速器程序中对油开关辅助节点进行智能处理

五、运行参数、水头有关的问题（见表 4-5）

表 4-5　　　　　　　运行参数、水头有关故障分析及处理

原　因	现　象	处理方法
自动开机到不了空载开度	开机过程中，机组频率到不了额定频率 50Hz	运行参数中的最小、最大空载开度设置不合理，当前水库水位过低，人工设定的水头值与实际水头不对应，需人为设定正确的参数和水头值
自动电气开度限制值设置不合理	导叶接力器增大不到合理的最大开度	运行参数中的最小、最大负载电气开限设置不合理，当前水库水位过低，人工设定的水头值与实际水头不对应，需人为设定正确的参数和水头值
双重调节调速器协联关系不正常	机组效率低，运行中振动偏大	人工设定的水头值不等于实际水头值，使插值得到的协联关系不正确，应人工设定正确水头值

六、采集信号故障（见表 4-6）

表 4-6　　　　　　　采集信号故障分析及处理

原　因	现　象	处理方法
测频环节故障或频率信号断线	显示"测频错误"	检查测频环节隔离变压器及频率信号的接线
接力器开度传感器断线	显示"位置反馈故障"	检查并修复导叶（轮叶）接力器开度传感器
功率变送器故障	显示"功率反馈故障"	检查机组功率变送器，必要时更换
交流（直流）电源消失	调速器交流（直流）电源指示灯灭	检查并恢复交流（直流）电源供电，必要时更换空气开关或者开关电源模块

习题与思考

一、选择

1. 调速器测频故障，应立即（　　　）。

（A）将调速器切手动运行；　（B）停机；　（C）动作锁定电磁阀，带固定负荷；
（D）带固定负荷。

2. 微机调速器一般采用（　　　）调节规律。

（A）PI；（B）PD；（C）PID；（D）P。

二、判断

1. 机组运行且调速器在自动（或液动、手动）时，导叶返馈钢丝绳在拐臂处锈断，则导叶开度为全开。（　　　）

2. 在 PID 调节方式中，I 表示积分调节，其目的是提高调节精度。（　　　）

3. 位移传感器可以将导水叶的开度转换成电气量信号。（　　　）

三、简述与问答

1. 若微机调速器的测频信号消失，会出现何后果？应采取何措施？

2. 电液伺服阀的作用是什么？

3. 步进式调速器与常规电液调速器的最大区别是什么？

4. 电液转换器的作用是什么？如何分类？

5. 水轮机组调速器有哪几种分类？

6. 微机调速器是如何判断发电机空载和负载状态的？

第五章

水轮发电机励磁的自动控制

本章导读

同步发电机励磁控制系统通过调节发电机励磁绕组的电流，控制发电机机端电压及发电机组间无功功率的合理分配；自并励励磁系统由励磁变压器、晶闸管全控整流器、灭磁及转子过电压保护装置、微机励磁调节器、起励回路及其他辅助单元组成。

发电机自并励励磁系统采用三相全控整流电路作为功率部分，其核心功率部件就是大功率晶闸管。起励单元用来给发电机建立初始电压；灭磁单元包含灭磁开关和灭磁电阻等。

自动励磁调节器通常由 CPU 单元、开关量输入、输出单元、模拟量测量单元、同步单元、移相触发单元、脉冲放大单元、人机接口单元等组成。

通常励磁调节器有电压调节（自动）、电流调节（手动）、无功调节等三种调节模式，广泛采用 PID 算法实现调节运行。为保障发电机的安全运行，通常设置有低励限制、欠励限制、过励限制、V/F 限制等保护功能。

第一节　认知同步发电机励磁系统

一、同步发电机励磁系统的任务

同步发电机励磁控制系统，是同步发电机控制系统的重要组成部分，其主要任务是通过调节发电机励磁绕组的直流电流，控制发电机机端电压恒定，满足发电机正常发电的需要；同时控制发电机组间无功功率的合理分配。因此同步发电机励磁控制系统直接影响发电机的运行特性，在电力系统正常运行或事故运行中，同步发电机的励磁控制系统起着重要的作用。

（1）维持发电机端电压。在发电机正常运行条件下，励磁系统维持发电机机端电压在给定水平。通常当发电机负荷变化时，发电机机端电压将随之变化，这时励磁系统将自动地增加或减少发电机的励磁电流，使机端电压维持在一定的水平上。

当机组甩负荷时，通过励磁的快速调节作用，限制机端电压不致过分升高。维持发电机机端电压在给定水平上，是励磁控制系统最基本和最重要的作用。

（2）合理分配发电机间的无功负荷。发电机输出的有功取决于输入的机械功率，而发电机输出的无功则和励磁电流有关，各并联发电机间承担的无功功率大小取决于各发电机的调差特性，即发电机机端电压和无功电流的关系。

当母线电压发生波动时，发电机无功电流的增量与电压偏差成正比，与调差系数成反比。通常我们希望发电机间的无功电流应按机组容量的大小成比例进行分配，由于励磁调节器可对调差系数进行调节，所以就可以达到机组间无功负荷的合理分配。

（3）提高电力系统的静态稳定。

1）提高电力系统的静态稳定，其实质是运行点的稳定性。当发电机在稳定运行时遭受到某种微小的扰动后，能自动回到原来的运行状态的能力。

2）改善电力系统的暂态稳定性，即当电力系统遭受到大干扰（如短路、断线等）时，能否维持同步运行的能力，其表现在强励和快速励磁的作用上。

3）改善电力系统的动态稳定性。动态稳定是在电力系统受到扰动后，恢复原始平衡点（瞬时扰动）或过渡到新的平衡点（大扰动后）的过程稳定性。目前解决问题的方法是在励磁调节器上附加一个补偿环节，即电力系统稳定器 PSS（power system stabilizer）。

二、水轮发电机的励磁方式

根据水轮发电机励磁系统的励磁电源取自何处，励磁方式可分为自励和它励；根据励磁系统功率单元在机组运行中的状态可分为静止励磁和旋转励磁。下面来认识一下几种常见的励磁方式。

（1）直流励磁机励磁系统。1960 年以前，同步发电机励磁系统的励磁功率单元，一般采用同轴的直流发电机，称为直流励磁机。励磁控制单元则多采用机电型或电磁调节器。随着电力系统的发展与同步发电机单机容量的增大，这种励磁系统已不能适应现代电力系统和大容量机组的需要，直流励磁机的励磁功率和响应速度及励磁电压顶值不能满足要求。直流励磁机系统接线原理见图5-1。

（2）交流励磁机励磁系统。直流励磁的换向器是影响安全运行的薄弱环节，也是限制励磁机容量的主要因数。因此，自20世纪六、七十年代开始，较大容量的发电机都不再采用直流励磁机而改用交流励磁机。典型的交流励磁间接自励系统如图5-2所示。

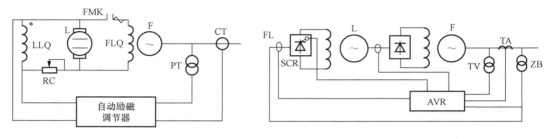

图5-1　直流励磁机系统接线原理图　　　图5-2　交流励磁机间接自励系统

（3）静止励磁系统。静止励磁系统取消了励磁机，采用变压器作为交流励磁电源，励磁变压器接在发电机出口或厂用母线上。因励磁电源系取自发电机自身或是发电机所在的电力系统，故这种励磁方式称为自励整流器励磁系统，简称自励系统。与电机式励磁方式相比，在自励系统中，励磁变压器、整流器等都是静止元件，故自励磁系统又称为静止励磁系统。

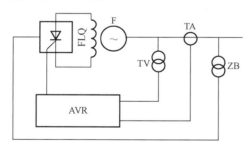

图5-3　自并励励磁系统接线原理

静止励磁系统也有几种不同的励磁方式。如果只用一台励磁变压器并联在机端，则称为自并励方式，见图5-3。如果除了并联的励磁变压器外还有与发电机定子电流回路串联的励磁变压器（或串联变压器），二者结合起来，则构成所谓自复励方式。

在发电机的各种励磁方式中，自并励方式以其接线简单，可靠性高，造价低，电压响应速度快，灭磁效果好的特点而被广泛应用。随着电子技术的不断发展，大容量晶闸管制造水平的逐步成熟，水轮发电机采用自并励励磁方式已成为一种趋势。近二十年来，美国、加拿大对新建电站几乎一律采用自并励励磁系统。在国内，近年来新建的大中型机组大都装备的是自并励励磁系统，自并励励磁已基本成为定型方式。

三、自并励励磁方式总体结构

当前同步发电机自并励励磁系统由励磁变压器、晶闸管全控整流器、灭磁及转子过电压保护装置、微机励磁调节器、起励回路及其他辅助单元组成，系统结构见图5-4。微机励磁调节器包含一个或多个自动调节通道及一个手动通道组成完整控制系统。

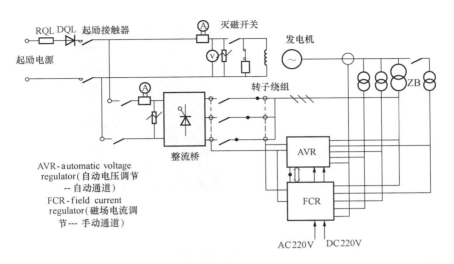

图 5 - 4　自并励励磁系统结构示意图

　　励磁系统通常由调节屏、功率屏、灭磁屏和励磁变压器构成，如图 5 - 5 所示。

　　在发电机正常工作时，励磁电源由接在发电机机端的励磁变压器提供，由三相全控桥整流后供给发电机励磁电流。控制部分负责将电量采集进入励磁调节器，经过控制规律运算后送出控制量，即三相全控桥各晶闸管的控制角 α，通过触发角的改变来控制发电机励磁电流的大小。

图 5 - 5　发电机励磁系统实物图

第二节　功率整流单元

　　三相整流电路是励磁系统最基本的变流技术之一。现代发电机自并励励磁系统采用三相全控整流电路来解决励磁系统的功率部分，其核心功率部件就是大功率晶闸管。

　　（1）整流元件。晶闸管是晶闸管的俗称，有三个极，它们是阳极 A、阴极 K 和控制极 G。晶闸管导通的条件是：在晶闸管加正向电压即 A 极电位高于 K 极电位的同时，再在控制极加正向脉冲即 G 极电位高于 K 极电位。晶闸管具有单向导电特性，电流只能从 A 极流向 K 极，且晶闸管一旦导通，其触发脉冲就失去作用。晶闸管关断的条件是：在晶闸管两端加反向电压即 A 极电位低于 K 极电位即可。由此可见，晶闸管是一种只能控制开通而不能控制其关断的半导体器件。平板式晶闸管的外观图及组件如图 5 - 6 所示。

　　整流元件的规格要根据装置的技术规范并且经过配置核算进行选择，为了使产品能够有一定的适应范围，公司将产品的规范确定为 500V500A 以下、500V/500A、600V/800A、600V/1000A、800V/1200A、800V/1600A、800V/1800A 等几个规格。除特殊要求

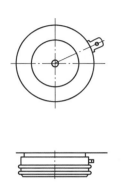

图 5-6　晶闸管实物和符号

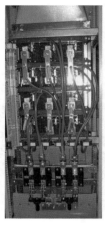

(a) 前开门图　　(b) 后开门图　　(c) 侧开门图

图 5-7　功率整流屏的实体结构图

的装置以外，一般都是全控桥接线，因此绝大部分为平板型晶闸管。

（2）整流装置的结构。整流装置的结构如图 5-7 所示。一般情况下，整流桥的进、出线为下进下出，可采用或不采用汇流母线；用户有需要时，可采用上进上出或上进下出方式。

其二是风机安装方式。一般情况下采用盘顶安装，负压抽风方式；用户有要求时可采用盘底安装，正压强迫出风方式。

一般情况下，输入、输出断路器均采用纯手动操作的隔离开关，当用户有特殊要求时也可以使用具有电动操作功能的电动式隔离开关或空气断路器。输入、输出断路器的规格应根据装置的额定输入、输出电流、电压等级进行选择。

整流桥一般采用强迫风冷方式，整流元件一般使用铝型材散热器，目前正在发展热管散热器。从冷却效果看，热管散热器较铝型材散热器的效率要高许多，目前已经有许多装置已经采用自冷型热管散热器。

一、三相全控整流桥的工作原理

三相全控桥整流电路是发电机自并励励磁系统应用最多的电路。三相全控桥整流电路的电路图见图 5-8。三相全控整流桥将三相交流电路变成脉动的直流，为获得最大的工作效率，总是让承受相电压幅值最高的和相电压最低的那一对晶闸管导通，即承受线电压幅值最高的那一对晶闸管导通，把线电压的过零点称为自然换相点；在一个周期 360° 内，有 6 个自然换向点。根据晶闸管的导通条件，把自然换相点作为触发晶闸管的参考点，工程上或称为同步点；自然换相点到相应触发脉冲发出的时间差称为控制角 α。

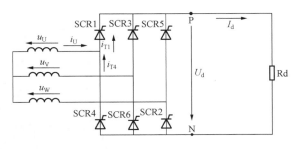

图 5 - 8　三相全控桥整流电路图

1. 纯电阻负载整流桥的运行

若 Rd 为纯电阻负载，控制角 $\alpha = 90°$，整流波形如图 5 - 9 所示。在 t_1 时刻，u_{UW} 正相过零，为自然换相点，此时 U 相最高，V 相最低，应触发的晶闸管为 SCR1、SCR6，控制器什么时间发出触发脉冲，根据控制角 α 确定，$\alpha = 90°$，触发脉冲就从自然换相点 t_1 后延时 90°发出触发信号，SCR1、SCR6 导通。

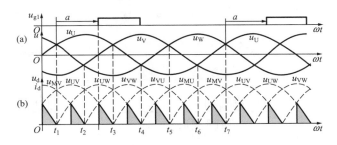

图 5 - 9　控制角 $\alpha = 90°$时整流波形

在 t_2 时刻，u_{VU} 正相过零，为自然换相点，此时 U 相最高，W 相最低，应触发的晶闸管为 SCR1、SCR2，控制器什么时间发出触发脉冲，根据控制角 α 确定，$\alpha = 90°$，触发脉冲就从自然换相点 t_2 后延时 90°发出触发信号，SCR1、SCR2 导通。以此类推，整流的过程是 t_3 时刻触发 SCR2、SCR3，t_4 时刻触发 SCR3、SCR4，t_5 时刻触发 SCR4、SCR5，t_6 时刻触发 SCR5、SCR6，t_7 时刻触发 SCR6、SCR1。同样，控制角 $\alpha = 60°$时，整流波形如图 5 - 10 所示。晶闸管的触发方式常有单窄脉冲、双窄脉冲、宽脉冲和脉冲列触发。

在晶闸管需导通的区域仅用初始的一个窄脉冲去触发的方式称为单窄脉冲触发，每个元件除了在各自的换流点处有一个脉冲之外，还在 60°电角度之后的下一个导通元件的导通时刻补了一个脉冲。所补的脉冲在电流连续的稳态工作时并不起任何作用，但它却是电路启动及在电流断续时使电路正常工作所不可缺少的，这种触发方式称之为双窄脉冲触发。若把上面的双窄脉冲连成一个宽脉冲，电路当然也可正常工作，这种触发方式称之为宽脉冲触发。也可以通过一系列脉冲列来触发晶闸管，这种触发方式称为脉冲列触发。

电路稳态工作时，电流在 $\alpha < 60°$时是连续的；在 $0° \leqslant \alpha \leqslant 60°$时电流处于临界连续状态。输出电压的平均值为

$$U_d = \frac{3\sqrt{6}}{\pi} U_2 \cos\alpha = 2.34 U_2 \cos\alpha \qquad (5 - 1)$$

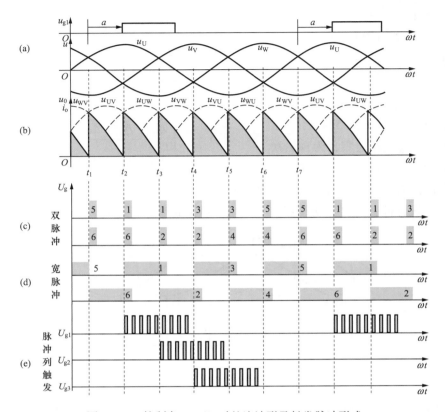

图 5 – 10　控制角 $\alpha = 60°$ 时整流波形及触发脉冲形式

当 $\alpha > 60°$ 时，输出电压的平均值为

$$U_d = \frac{3\sqrt{6}}{\pi} U_2 \left[1 + \cos\left(\frac{\pi}{3} + \alpha \right) \right] \tag{5 – 2}$$

在励磁系统中，三相全控整流桥的负载为发电机转子，是大电感负载，下面来讨论大电感负载三相全控整流桥的工作。

2. 大电感负载整流桥的运行

通过前面对纯电阻负载三相全控整流桥的分析知道：无论负载性质如何，晶闸管的控制规律都是一样的。但在不同控制角下三相全控整流桥工作时具有不同的工作状态。当全控桥带感性负载工作时，在 $0° \leqslant \alpha \leqslant 90°$ 区段内表现为整流状态，如图 5 – 11 所示；而在 $90° \leqslant \alpha \leqslant 180°$ 区段内表现为逆变状态，如图 5 – 12 所示。

$90° \leqslant \alpha \leqslant 180°$ 区段内，由于整流输出正电压低于负电压，输出电压的平均值表现为负电压，习惯上称逆变输出或逆变状态。整流元件的工作和换流过程与其他三相整流电路一样，这里不详细介绍。把 $\alpha > 90°$ 时的控制角用 $\pi - \alpha = \beta$ 表示，β 称为逆变角，而逆变角 β 和控制角 α 的计量方向相反，其大小自 $\beta = 0$ 的起始点向左方计量。

实际上，无论在任何控制角下，感性负载都会存在反电压，只是在控制角小于 $90°$ 时正输出表现得高一些，使得总输出电压呈现为正电压状态，而在控制角大于 $90°$ 时正输出

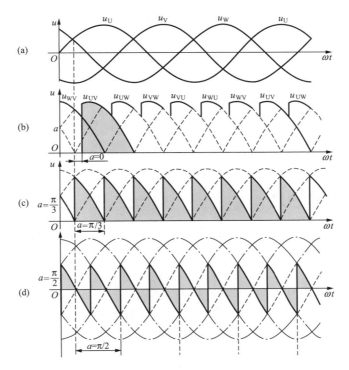

图 5 - 11　三相桥式全控整流电路大电感负载在不同控制角时的整流波形图

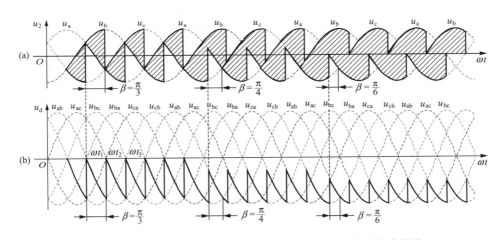

图 5 - 12　三相桥式全控整流电路大电感负载在逆变时的波形图

表现得低一些，使得总输出电压呈现为负电压状态。三相全控桥的输出电压与变压器二次绕组电压的关系如下：

$$U_d = 1.35 U_{2L} \cos\alpha \quad \text{或} \quad U_d = 2.34 U_{2\varphi} \cos\alpha \qquad (5-3)$$

式中　U_d——三相全控整流桥输出电压；

　　　U_{2L}——整流变压器二次绕组线电压；

　　　$U_{2\varphi}$——整流变压器二次绕组相电压。

整流输出电流与变压器二次绕组电流的关系有

$$I_2 = 0.817I_d \qquad (5-4)$$

式中　I_2——整流变压器二次绕组电流；

　　　I_d——整流桥输出电流。

考虑到换相重叠角、晶闸管关断时间等因素的影响，发电机励磁系统通常在逆变时将控制角直接给定在135°～140°之间。利用三相桥式全控整流电路的逆变特性，可以将储存在转子回路的磁场能量消灭掉，这就是所谓的逆变灭磁。在实际中为保证可靠导通和防止逆变颠覆，控制角 α 允许范围为10°～150°。

二、晶闸管的触发

在整流桥电路控制中，各晶闸管的触发脉冲必须与加于晶闸管的交流主电源有相对固定的相位关系，即各管的触发时刻与主电源的某一个固定的相位点之间相差一个控制角，获得这一触发时刻的方法称之为同步。因此同步信号的一般取至励磁变压器的二次侧。

晶闸管触发电路的基本要求：

（1）触发信号应有合适的功率（电压及电流）。

（2）触发信号的起始时刻应满足主电路的要求。

（3）触发脉冲应有一定的宽度，以保证晶闸管在需要导通的区域都能可靠地开通。

（4）触发电路的触发脉冲波形应满足主电路的需要。

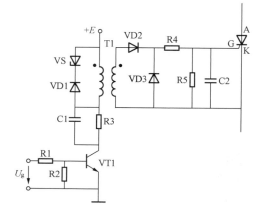

图 5 - 13　晶闸管的触发电路

晶闸管的触发电路如图 5 - 13 所示，T1 为脉冲变压器，VT1 为功率放大的场效应管，VD1 ～ VD3 为二极管，触发脉冲 U_g 经 VT1、T1 放大隔离，接至晶闸管的控制极 G 和阴极 K 上。脉冲变压器通过稳压二极管 VS 来续流。

三、晶闸管整流单元的保护

整流元件的保护包含以下内容：

（1）整流元件的过载、短路保护。整流元件的过载、短路保护一般采用电力电子专用快速熔断器（简称 KRD），而不能使用普通熔断器代替。专用快速熔断器的电流/温度特性与普通熔断器相比具有更好的性能，熔断时间更短。同时，快速熔断器在熔断时的过电压水平较普通熔断器要低，能够有效防止过电压对整流元件的冲击和破坏。快速熔断器的型号一般有 RS 型、NT 型、NGT 型等。其中 RS 型为国产普通型快速熔断器型号，如图 5 - 14 所示，NT 型、NGT 型是进口技术改进的高速熔断器国产型号。整流元件的过载、短路保护在整流桥交流侧串联快熔接线方式如图5-15所示，在整流桥整流元件串联快熔的接线方式见图5-16。

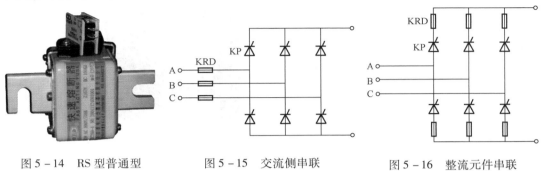

图5-14　RS型普通型　　　　　图5-15　交流侧串联　　　　　图5-16　整流元件串联
　　　快速熔断器　　　　　　　　　　快熔接线方式　　　　　　　　快熔接线方式

　　无论是交流侧串联熔断器接线方式还是整流元件串联熔断器接线方式，快速熔断器均应根据整流元件的通态平均电流来选择。一般情况下，熔断器的额定电流应略大于整流元件的通态平均电流，其原因是因为整流元件的通态平均电流与最大平均电流之间有一定的裕度，过载能力还是比较强的。一般选：IRD=1.1IAV。式中：IRD为快速熔断器的额定电流；IAV为整流元件通态平均电流。

　　（2）整流元件的暂态过电压保护。整流元件的暂态过电压保护目前主要使用电阻、电容器组合吸收器。由于晶闸管在工作过程中其结间电容总是会存储一定的电荷，在晶闸管关断和换弧的过程中，由于存储电荷的作用会使晶闸管两端产生暂态过电压，如果不加以抑制将会对晶闸管产生不良的影响，甚至会造成晶闸管的损坏。抑制此种过电压的方法是在晶闸管元件两端并联阻容吸收器，其接线方式见图5-17，现场实物图见图5-18。

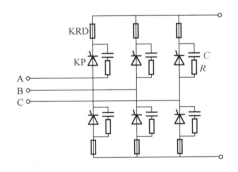

图5-17　整流元件暂态过电压保护　　　　　　　　图5-18　阻容保护
　　　（阻容保护）接线方式

　　（3）整流元件换相尖峰电压的吸收和抑制。晶闸管在换相的过程中会产生换相过电压。这种过电压会影响晶闸管元件本身，也会对励磁系统中其他元件甚至系统本身产生不良影响，必须加以吸收和抑制。方法是在整流桥的输出端并联阻容吸收器或尖峰电压吸收器，接线见图5-19，励磁系统中常采用非线性电阻实现，实物如图5-20所示。

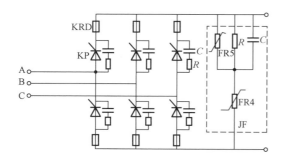

图 5 - 19　整流桥换相尖峰电压
吸收器的接线方式

图 5 - 20　整流桥输出侧尖峰
电压吸收、抑制电路

四、三相全控整流桥的故障诊断

三相全控整流桥发生故障时，不仅输出电压要发生变化，而且变化的数值与元件故障的情况也有非常复杂的关系，不可能用特定的数值来描述。下面将根据不同类型的故障分析故障原因。

1. 三相整流电路单只元件故障

三相整流电路发生单只元件故障时，反映在输出电压上是较正常电压低 1/3，输出波形少 2 个波头。假设 +C 相元件发生开路故障，则输出电压将从 U_0 下降为 U_1，输出电压波形的 ca、cb 将丢失，纯阻性负载三相整流电路发生单只元件故障时的波形见图 5 - 21。

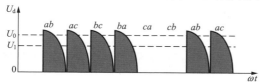

图 5 - 21　三相整流电路发生单只
元件故障时的波形图

如果发生故障的元件不是 +C 而是其他相时，可以依照上面的方法找到对应的波头，可以很方便地查到是哪一相的元件故障，以便有针对性地进行处理。这里需要指出的是，使用示波器进行检测时，应保证示波器的同步方式与信号系统的同步状态，以便准确地对每一相电压波形进行定相。当示波器无法与信号系统同步时，也应保持示波器在同步状态下工作，否则很难检查出准确的相位关系。单只元件的故障包括单只晶闸管、快熔、触发脉冲回路等故障。

2. 三相整流电路两只元件故障

三相整流电路两只元件故障有两种情况：

（1）同组不同相的两只元件故障。

（2）同相不同组的两只元件故障。

同组不同相的两只元件故障时（假设 +A、+B 开路故障），整流输出仅有两个波头，且两个波头连在一起（见图 5 - 22）；同相不同组的两只元件故障时（假设 +A、-A 开路故障），整流输出也只有两个波头，但两个波头不连在一起（见图 5 - 23）。因此，他们的输出电压仅为正常输出电压的 1/3。

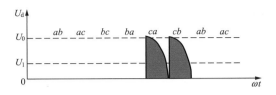

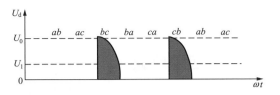

图 5-22　三相整流电路发生同组不同相　　　图 5-23　三相整流电路发生同相不同组
两只元件故障时的输出波形图　　　　　　　两只元件故障时的输出波形图

3. 其他故障

其他故障包括：

（1）脉冲丢失。脉冲丢失的表现主要是装置输出电流明显减小。电流减小的数值与脉冲丢失的当时和组别有关系，反映在电压和波形上与整流元件故障完全一样。一般情况下，在发生输出电流明显减小时只要检查晶闸管控制极的脉冲即可发现故障区域，进一步检查可查到具体故障点。

（2）误导通。在正常控制状态下，整流装置发生较正常输出电流超出很多时称为误导通。

如果发生部分晶闸管击穿短路现象或其他故障（如阻容元件故障），则装置会出现误导通（励磁装置习惯称误强励）现象，其输出电流将远大于正常电流。误导通现象发生的原因比较复杂，误导通的表现也各不相同，但综合起来有以下几种原因和表现：

1）控制脉冲失控。控制脉冲失控表现为全部晶闸管均为全导通状态（类似于不可控二极管整流），输出电流能够达到最大值。

2）晶闸管短路。晶闸管发生短路故障时，主要表现为交流侧电流明显增加，而直流侧减小。其原因是短路的晶闸管不能与其他元件相互换流，形成与其他导通的元件之间的短路状态，电流不能输出到直流侧负载上。

3）脉冲系统受干扰。脉冲系统接受到干扰信号以后如果不能有效地进行抑制，则干扰信号有可能误触发不应导通的晶闸管，使该元件提前导通而造成误导通。此种误导通表现的不是很强烈，而且也不是很稳定，输出电流多数表现为时大时小。如果有两个以上的元件因干扰而误触发时，其输出电流将会强烈增加，使整流系统工作于无序状态。脉冲因受干扰而误触发晶闸管的现象主要发生在抗干扰能力较差或缺乏抑制干扰措施的装置上。当然，抑制干扰的电路发生故障时发生类似情况也是可能的。干扰信号的来源有外部的，也有来自系统内部的，检查时需要分析情况，有针对性地采取措施。

4）阻容元件故障。当阻容元件发生故障时，其抑制晶闸管换弧过电压的能力下降或失去，某些阻断能力较差的晶闸管可能无法正常关断或在尖峰电压下误导通，其表现类似于晶闸短路状态，但检查晶闸管性能时未必能够发现问题。当发生误强励而又查不出其他原因时应考虑阻容元件损坏的可能性。

第三节　起励与灭磁单元的运行

一、起励单元

对于自并励静止励磁系统，若发电机残压不足，则需起励单元来建压。起励单元由起励电源、起励接触器、起励二极管、限流电阻构成。起励电源可以是厂用交流电源，也可以是直流电源。图 5 - 24 所示为交、直流起励回路及起励接触器图。

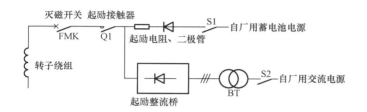

起励接触器

图 5 - 24　交、直流起励回路及起励接触器图

该电路由厂用直流电源供电，串接限流电阻，经二极管，则阻断一旦整流器输出电压高过起励电压时产生的倒灌电流。

当磁场开关合上后，发电机转速达到 95% 额定转速，机组无故障，满足这些起励条件，机组现地控制单元发起励命令，起励接触器合上提供初始励磁电流，与此同时整流桥开始工作。当整流桥交流侧电压达到额定电压的 15% 时，或者起励时间达到 3 ～ 4s（这个时间满足建压的需要），断开起励接触器。

起励程序是：

（1）闭合输入电源开关 S1、S2；

（2）闭合输出接触器；

（3）一个时间周期后，或机端电压上升到一定值后，断开起励接触器。

对于交流起励回路和直流起励回路并列，其间通过二极管隔离。如果发出起励命令后，整流器在设定时间后没有收到电流反馈，即起励故障，AVR 或整流器会手动触发灭磁请求。

二、灭磁单元

在同步发电机发生电气故障跳闸时，必须迅速减少发电机转子励磁电流，来保证发电机设备的安全。为了迅速减小励磁电流，最有效的措施就是断开转子回路磁场断路器。转子回路的电流不能突变，在断开转子回路磁场断路器时，转子回路会出现过电压。为保障转子绕组不被过电压击穿绝缘，须提供灭磁回路，转移转子的剩余能量。

衡量发电机灭磁性能指标有两个：灭磁速度和灭磁电压。其要求是速度快，即灭磁时间短，灭磁电压不能超过转子允许电压值。最优的灭磁系统是灭磁电压较高且在灭磁过程中保持恒定，只有这样，灭磁电流才能按线性方式衰减，其灭磁时间才最短。最优的灭磁系统称为理想灭磁系统。

实现理想灭磁的基本条件是：灭磁电压 U_{fm} 保持不变，灭磁电流 i_{fm} 直线衰减，这就要求在一个大电感回路中，其灭磁电阻 R_m 应具有随电流 i_{fm} 而变化的非线性特性。只有这样才能保证 $i_{fm}R_m = U_{fm} =$ 常数。

发电机的灭磁按发电机的工况分两种：正常停机和事故停机。对于自并励励磁机组，为减少灭磁开关维护量，延长其使用寿命，正常停机一般采用逆变灭磁。在事故停机时，采用灭磁开关灭磁。

灭磁 { 正常停机：逆变灭磁、开关灭磁

事故停机 { 开关灭磁：DM2 灭磁开关，早期使用

放电灭磁 { 线性电阻灭磁：大功率电阻，小水电机组使用

非线性电阻灭磁 { ZnO 电阻：大中型水电机组使用　如图 5 - 25（a）所示

SiC 电阻：少数进口巨型机组使用　如图 5 - 25（b）所示

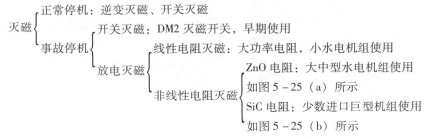

(a) ZnO电阻　　　　　　　　(b) SiC电阻

图 5 - 25　非线性电阻灭磁组件图

对于不同的灭磁开关，一般按照是否吸收能量，以及灭弧栅结构来分类：

灭磁开关 { 耗能型：一般采用短弧原理灭弧栅，如 DM2 型灭磁开关

移能型 { 采用短弧原理灭弧栅，如 DMX 型灭磁开关

采用长弧原理灭弧栅，如 DM4、8 型灭磁开关

以下是常见的灭磁开关的外观图，见图 5 - 26。

(a) DM2　　　　(b) DM4　　　　(c) DMX-600A　　　　(d) DMX-2000A　　　　(e) DMX2

图 5 - 26　常见的灭磁开关的外观图

灭磁回路按断口可分为单断口、双断口、三断口等；常见的灭磁方式有线性电阻灭磁和非线性电阻灭磁。

1. 线性电阻灭磁

DW10M 灭磁开关是一种在中小型水电机组常用的灭磁开关，如图 5 – 27 所示。有两常开一常闭触头，常与线性电阻配合用作灭磁。

图 5 – 27　DW10M 灭磁开关及线性电阻器

线性电阻的灭磁工作过程如图 5 – 28 所示，灭磁开关 FMK 常开主触头串接在主回路中，常闭触头与灭磁电阻串联后与转子绕组并联。正常运行时，常开主触头闭合，常闭触头断开；当有灭磁跳 FMK 命令时，主触头首先断开拉弧，与此瞬间常闭触头闭合，转子的剩余能量通过线性灭磁电阻消耗掉。FMK 的弧电流迅速下降到不能维持，FMK 就彻底断开了，磁场能量由 FMK 转移到灭磁电阻上，灭磁电压和灭磁时间就由励磁电流和灭磁电阻确定，线性电阻的阻值一般为转子热态电阻的 4 ~ 5 倍。利用灭磁电阻放电，其电压和电流都将呈指数衰减，且时间较长。

2. 非线性电阻灭磁

随着非线性电阻器件的产生，非线性电阻灭磁方式随之发展。按照非线性电阻器件划分，目前主要有以下两种类型：

（1）碳化硅灭磁装置，即采用的非线性电阻是碳化硅电阻，此类灭磁装置国外已经大量使用。

（2）氧化锌灭磁装置，即采用的非线性电阻是氧化锌电阻，此类目前主要在我国和日本使用。

非线性电阻的伏安特性如图 5 – 29 所示。

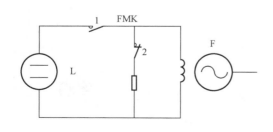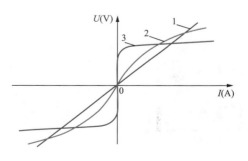

图 5 – 28　线性电阻灭磁电路　　　　图 5 – 29　磁电阻伏安特性曲线

图中曲线 1 为线性电阻伏安特性，其功率大灭磁速度慢；曲线 2 为碳化硅灭磁电阻伏安特性（SiC），灭磁速度稍快；曲线 3 为氧化锌灭磁电阻伏安特性（ZnO），灭磁速度最快。

在图 5 - 30 中，当发电机发生电气事故需要快速灭磁时，灭磁开关在继电保护的作用下，迅速断开发电机磁场回路，并使转子两端产生较高的反电势。在此反电势作用下，高能氧化锌阀片开通并转移转子储存的磁场能量，使发电机快速灭磁。正常运行情况下，若发电机转子出现异常过电压时，并联于转子回路的非线性电阻动作，吸收转子的过电压，从而避免转子遭受过电压的侵害。

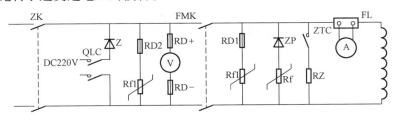

图 5 - 30　发电机转子一次回路主接线原理图

图 5 - 30 中各设备的主要作用如下：

FMK：发电机灭磁开关。在发电机事故状态下断开发电机转子回路，使发电机转子产生一定反向电压，使非线性电阻阀片导通，并以此吸收发电机转子能量。

Rf、ZP：发电机灭磁电阻和正向阻断二极管。Rf 是 ZnO 非线性电阻，起限制转子电压和吸收转子磁场能量作用；ZP 的作用是降低 Rf 在正常运行时的正向电压，即降低 Rf 的正向荷电率，延缓 Rf 的老化过程。

Rf1、Rf2：发电机转子过电压保护电阻，也是氧化锌非线性电阻，其作用是吸收转子异常尖峰过压，保护转子免遭过电压侵害。它们各自串有一只反时限熔断器，其目的是防止氧化锌非线性电阻在运行中因性能劣化而出现短路情况。

ZTC、RZ：发电机转子保护电阻装置，在发电机跳 FMK 灭磁后期投入，消除转子剩余能量，主要是阻尼绕组的能量。

在非线性电阻灭磁系统中，灭磁开关 FMK 的作用主要是用来接通和断开转子回路，使转子建立起反电势并击穿非线性电阻 Rf，将转子磁场能量由开关转移到非线性电阻上，属移能型灭磁系统。在图 5 - 30 中，ZTC 是自动投入电阻 RZ 的接触器，由 FMK 跳闸并延时投入，延时时间一般为 1s 左右，主要考虑因数是在氧化锌电阻完成大部分灭磁任务后，及时投入 RZ，一方面吸收发电机阻尼绕组能量，另一方面短接停机过程中的发电机转子，防止转子出现过电压。

灭磁开关利用灭弧栅的短弧原理灭磁，灭磁效果非常接近理想灭磁的目标。而线性电阻灭磁利用一个恒值电阻放电灭磁，灭磁电压不可控，灭磁时间很长，因而灭磁效果最差，但很安全。

三、起励及灭磁开关操作

1. 灭磁开关操作回路

FMK 操作回路见图 5 - 31，它由 FMK 合闸、分闸、监视、防止跳跃、电气事故跳

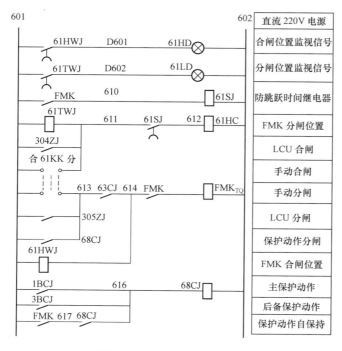

图 5 - 31　灭磁开关操作回路

FMK 等组成。其中，合闸回路又分为现地手动合闸和 LCU 远方控制两种方式；分闸回路也分为现地手动和远方控制两部分。在远方控制部分，发电机电气事故由继电保护的出口继电器 1BCJ 或 3BCJ 启动 68CJ，再由 68CJ 启动 FMK 的分闸回路，使 FMK 分闸。为了防止 FMK 在运行中合闸或合闸线圈断线，在 FMK 合闸回路及分闸回路中串联有 FMK 分闸及合闸位置监视继电器，在 FMK 分闸或合闸回路发生故障时发出故障信号，以提醒运行及维护人员及时处理。另外，为了防止 FMK 在操作过程中因某些不明原因反复动作

（即跳跃），在 FMK 合闸回路中串联有防止跳跃的时间继电器 61SJ，只允许 FMK 作一次合闸操作，以防止 FMK 可能出现的跳跃。

在 FMK 分闸回路中串联有发电机出口断路器位置重复继电器 63CJ 的常闭触点，以确保 FMK 不在出口断路器分闸之前分闸，并借以防止发电机在网上运行时 FMK 误分闸，这是一项非常重要的反事故措施。在电气事故保护启动回路中，设置有电气事故自保持回路。这是为了在发生电气事故时，确保 FMK 可靠分闸的一项措施。同时，68CJ 信号的引入，对于励磁装置的试验，运行状态的判断都是极为有利的。FMK 位置状态是通过 FMK 位置监视继电器和信号灯反映的。

2. 起励操作回路

起励操作回路见图 5 - 32，这里 24ZJ 是 MEC 自动励磁调节器的起励命令开出继电器，是由 MEC 励磁调节器根据机组 LCU 的控制命令及励磁系统的控制状态发出的机组起励命令。在 MEC 励磁调节器中，有一段专门用于起励控制的程序命令。当 MEC 调节器接收到 LCU 发出的起励命令或调节器面板上的手动起励命令时，将自动检查励磁系统的故障状态，满足起励条件时即发出起励命令，驱动 24ZJ，进而驱动 QLC，投入起励电源，使发电机建立初始电压。同时调节器不断检测发电机的机端电压（或励磁电流，依

图 5 - 32　起励操作回路

起励方式而定），当机端电压（或励磁电流）达到起励解除值时，自动撤除起励命令，24ZJ 返回，解除 QLC，起励电源退出，自动励磁调节器进入自动闭环调节状态。如果在给定的时间内，发电机机端电压（或励磁电流）未能达到起励解除值时（给定时间为5s），调节器也将自动撤消起励命令，解除起励电源，同时发出"起励失败"信号。在起励的过程中，如果励磁系统存在故障，励磁调节器也将自动撤消起励命令并发出"起励失败"信号，并且不允许再次起励。只有在励磁系统故障消除以后才允许再次起励。复归"起励失败"信号，需用逆变令或停机令。

起励接触器回路中串联有机组出口断路器的位置重复继电器常闭触点，其目的是防止出口断路器在合闸状态下（即机组在网上运行）起励而使机组工况受到干扰。

3. 风机操作监视回路

风机操作监视电路见图 5-33，它是通过风机交流接触器的辅助触点，启动 61FZJ、62FZJ 继电器，间接的监视风机的运行状态。之所以没有直接取用风机交流接触器的触点，主要是风机交流接触器所要控制的设备较多，而接触器的辅助触点数量不足。此种监视方式在某些情况下不能真实地反映实际设备的运行状态，应引起巡检人员的注意。

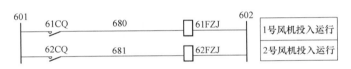

图 5-33 风机操作监视电路

4. 风机操作电路

图 5-34 是励磁风机系统的操作原理图，在图 5-34 中，FZK 为风机的电源自动开关，该开关设置有速断过电流保护，当风机发生短路或过载电流达到保护动作值时，开关自动分闸，以保护风机及电源系统，防止危及其他部位的正常工作。FQK 是风机的控制方式切换开关。当开关

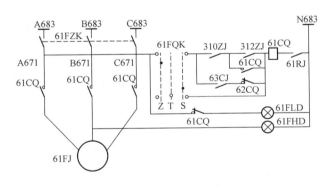

图 5-34 励磁风机操作图

置于"Z"位置时，风机处于自动控制状态；开关置于"S"位置时，风机处于手动控制状态。当风机处于自动控制状态时，机组 LCU 装置可以将风机设置为运行状态，也可以设置为备用状态，既可以启动，又可以命令停止。"T"位置是风机的退出运行状态位置。63CJ 在回路中的作用是在机组并网运行时，自动将未运行的风机设置为备用状态。当运行风机因故停止运行时，自动启动未运行的备用风机为运行风机，以保证励磁功率柜不会失去冷却。

第四节　自并励自动励磁调节器及功能

自动励磁调节器是利用大功率桥式晶闸管组，将来自机端励磁变压器的交流整成直流后给发电机提供励磁电流，它将发电机电量采集进入调节器，依据发电机端电压的变化实时校偏，经过控制规律运算后送出控制量即三相全控桥各晶闸管的触发角 α，通过触发角的改变来控制发电机励磁电流的大小，从而稳定发电机的输出端电压为给定值。

自动励磁调节器通常由 CPU 单元、开关量输入、输出单元、模拟量测量单元、同步单元、移相触发单元、脉冲放大单元、人机接口单元等组成。

图 5-35 是某 PLC 型励磁调节器的硬件框图，控制器的核心器件为 PLC，CPUS7-314FM 模块自身带有 16 点数字量输入，16 点数字量输出模块，内置 4 路 12 位带隔离模拟量输入，1 路带隔离模拟量输出模块，测量单元增加一个 4 输入 1 输出模拟量模块 SM334。CPU 模块完成模拟量采集，频率、相位的测量，PID 运算，移相触发，控制输出，人机交互等任务。手动通道由可编程逻辑器件完成对自动通道的自动跟踪、给定值的数字量增减等任务，与自动通道共用移相触发回路。

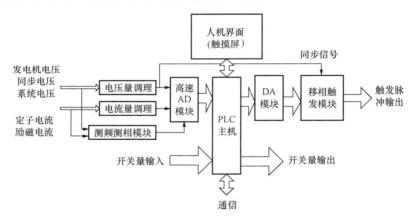

图 5-35　PLC 励磁调节器硬件框图

一、交流电压、电流的测量

励磁系统中输入的发电机的电量信号有：励磁 PT：AC3Φ100V，发电机仪表 PT：AC3Φ100V，系统母线 PT：AC3Φ100V，发电机定子电流 CT：AC3Φ5A，整流桥交流侧电流 CT：AC3Φ5A。而 PLC 模拟量输入模块接受的 0～10V 的直流电压信号，因此需要对前述电量线号进行变换。

在信号测量回路中，本系统采用霍尔元件传感器，将三相 0～100V 交流电压变成频率、相位完全相同的 0～1V 的交流信号，将三相 0～5A 交流电流变成频率、相位完全相同的 0～1V 的交流电压信号，经三相线性全波整流电路、滤波电路、放大调理电路变成标准的 0～10V 直流信号送给 PLC 相应的模拟量输入通道。测量电路如图 5-36 所示。

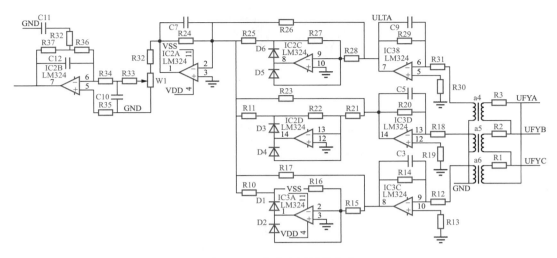

图 5 - 36　交流电压测量电路

二、频率的测量

SIEMENS 314IFM PLC 自身有 2 个 10kHz 的计数 I/O。其测频原理为：计算每门控时间内的脉冲数量，门控时间为 0.1s、1s、10s。当前计数频率为 10 000Hz，若门控时间选择为 0.1s，则计数值 $N_X = 0.1 \times 10\ 000 = 1000$，测频分辨率为 0.05Hz；若门控时间选择为 0.5s，则计数值 $N_X = 0.5 \times 10\ 000 = 5000$，测频分辨率为 0.01Hz。

在励磁系统中，频率的测量值只在 V/F 限制中使用，即在空载情况下起作用，不参与 PID 调节运算，对控制的实时性要求不高，并网发电工况下并不起作用。因此，可以使用 SIEMENS 314IFM PLC 自身所集成的高速输入 I/O 作为测频端口。

实际电路如图 5 - 37 所示。

三、功率因数、有功、无功的测量

本系统会需要测量发电机的有功、无功、频率、功率因数角，在前述中已经说明了发电机电压、发电机电流的测量，因此只需测量功率因数角便可计算出发电机输出的有功、无功。功率因数角即为发电机电压与电流的相位夹角，此夹角与实际频率相关，因此其测量原理为：经过精密电压互感器将 PT 交流 100V 电压变成同频率同相位的 1V 信号，经过霍尔电流传感器将 CT 交流 5A 电流变成同频率同相位的 1V 信号，通过整形电路将发电机电压、电流整成方波，将两个方波进行异或，得到相位差，再经过一个求平均值电路，将其转换成为与相位相对应的电压值，送给 PLC 的 A/D 模块测量。相位测量原理图如图 5 - 38 所示。

因此相位与调理电路之间有如下关系：$U = \dfrac{2\varphi}{T}$　　　　　　　　　　　　　　（5 - 5）

经过 12 位 A/D 转换后，得到 0°～180°相位所对应数值为 0～4095，相位分辨率为

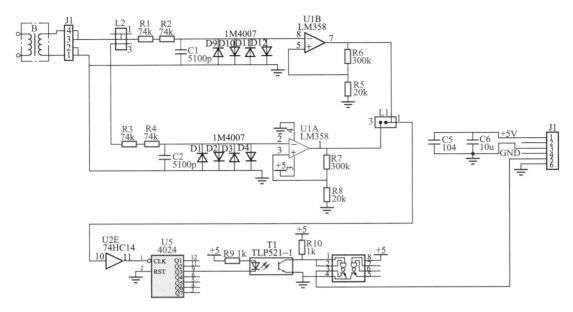

图 5 - 37　频率测量分频电路

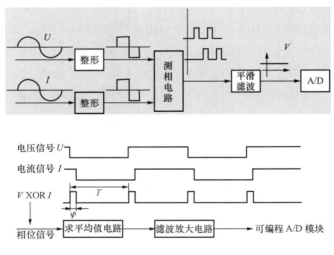

图 5 - 38　相位测量原理图

$180°/4095 = 0.044°$，满足励磁系统的要求。

根据前述得到发电机电压及发电机电流，如已知功率因数角便可计算出发电机输出的有功及无功。

四、移相触发回路电路

如图 5 - 39 所示，UTA、UTB、UTC 为来自同步变压器同步信号，VCA 为 PLC 励磁调节单元经过 PID 运算、反余弦运算之后，经 D/A 模块输出得到的控制电压。下面以 A 相同步信号 UTA 来说明同步及模拟移相的工作过程。

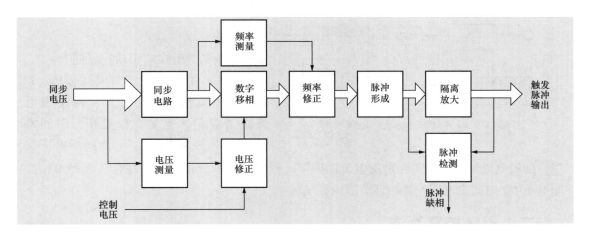

图 5 – 39　同步及模拟移相触发电路图

第五节　自并励励磁系统的调节及限制保护

通常励磁调节器有电压调节（自动）、电流调节（手动）、无功调节等三种调节模式。而在自动方式（电压调节）下又有系统电压跟踪和不跟踪两种情况。这里就最常见的电压调节模式和电流调节模式进行说明。

一、励磁调节器的调节模式

1. 电压调节模式（自动）

图 5 – 40 是电压调节模式框图，U_F 是发电机端电压的反馈，U_S 是系统电压，U_g 是电压给定值，I_F 是发电机电流，F 是发电机频率，I_L 是励磁电流，P 是有功功率，Q 是无功功率，U_K 是控制电压，U_T 是同步电压反馈，BO 是系统电压跟踪和给定电压的选择开关，QF 是发电机出口断路器，Dr 是调差单元。当发电机处于建压过程及空载阶段，BO 选择开关处于给定电压位置；U_g 与 U_F 的比较差值经过 PID 运算，到综合放大。励磁系统在发电机空载状态，V/F 限制起作用，PSS、顶值限制、过励限制、低励限制不起作用；励磁系统在发电机并网状态，PSS、顶值限制、过励限制、低励限制作用，V/F 限制

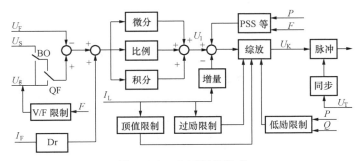

图 5 – 40　电压调节模式

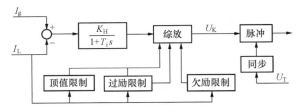

图 5 – 41　电流调节（手动）原理框图

不起作用。

2. 电流调节模式（手动）

电流调节模式（手动）见图 5 – 41。

图 5 – 41 是电流调节模式框图，I_g 是励磁电流给定值，I_L 是实际励磁电流，K_H 是放大系数，T_i 是积分时间常数，U_K 是控制电压，U_T 是同步电压反馈；励磁电流给定值与实际励磁电流的偏差，经过比例积分运算，到综合放大环节，控制电压 U_K 与同步电压经移相环节形成触发脉冲。

二、PID 控制算法

在工业控制应用中，PID 算法已被广泛地使用，因而工程技术人员对经典 PID 控制器比现代的状态空间分析或自适应控制器更熟练，有丰富的实践经验。在励磁系统控制过程中，PID 控制器能提供良好的控制特性，在双微机励磁调节器中，我们采用了 PID 控制规律。传统的 PID 算法表达式为

$$U(t) = K_p\left[e(t) + \frac{1}{T_i}\int e(t)\,\mathrm{d}t + T_d\frac{\mathrm{d}e(t)}{\mathrm{d}t}\right] \tag{5-6}$$

直接数字控制系统是时间离散控制系统，要用计算机实现式（5-6）的算法，必将其离散化，离散化后所得差分方程为

$$U(k) = U(k-1) + K_p\left[e(k) - e(k-1)\right] + K_i e(k) + K_d\left[e(k) - 2e(k-1) + e(k-2)\right] \tag{5-7}$$

但式（5-7）算法中，当有阶跃信号输入时，微分项输出急剧变化，容易引起控制过程的震荡，导致调节品质的下降。为了克服这一点，可以在微分项中加一惯性环节，使得微分作用的变化缓慢一些。微分项加入惯性环节后，标准的 PID 算法就成为不完全微分的 PID 算法，其传函为

$$\frac{U(s)}{E(s)} = K_p\left(1 + \frac{1}{T_i s} + \frac{T_d s}{1 + T_1 s}\right) \tag{5-8}$$

式（5-8）中 T_1 为惯性时间常数。

将式（5-8）离散化后得到如下差分方程

$$U(k) = U_p i(k) + U_d(k) \tag{5-9}$$

$$U(k) = U(k-1) + (\alpha - 1)U_d(k-1) + K_p\left[e(k) - e(k-1)\right]$$
$$+ K_i e(k) + \beta\left[e(k) - e(k-1)\right] \tag{5-10}$$

$$U_d(k-1) = \alpha U_d(k-2) + \beta\left[e(k-1) - e(k-2)\right] \tag{5-11}$$

$$\alpha = T_1/(T + T_1)$$

$$\beta = K_p T_d/T + T_1$$

这种算法可有效克服了阶跃信号输入时微分环节引起的振荡。

三、保护与限制原理

1. 低励限制、欠励限制

凸极发电机工作于单机对无穷大系统中，$\dot{U}$ 为无限大母线电压，$\dot{E}_q$ 为发电机的空载电势，δ 为 $\dot{E}_q$ 和 $\dot{U}$ 之间的夹角。X_d 为直轴电抗，X_q 为交轴电抗。向量图如图 5-42 所示。

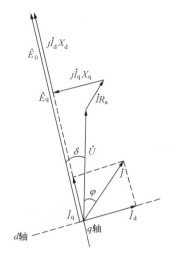

图 5-42　凸极式发电机向量图

由图 5-42 可推出：

$$P_0 = \frac{UE}{X_d}\sin\delta + \frac{U^2}{2}\left(\frac{1}{X_q} - \frac{1}{X_d}\right)\sin2\delta \qquad (5-12)$$

$$Q_0 = \frac{UE}{X_d}\cos\delta - U^2\left(\frac{\cos^2\delta}{X_q} + \frac{\cos^2\delta}{X_d}\right) \qquad (5-13)$$

由式（5-12）可看出，凸极式水轮发电机输出有功功率和功率角的关系曲线不是正弦波，而包含着一个 $\sin2\delta$。也可以得出：发电机输出最大功率时，δ 比 90° 小一些时发电机系统就达到了静态稳定极限（忽略励磁调节的影响）。发电机能够输出最大功率为

$$P_{max} = \frac{UE}{X_d}\sin\delta + \frac{U^2(X_d - X_q)}{2X_dX_q}\sin2\delta \qquad (5-14)$$

当 $\delta = 0°$ 时，$P_0 = 0$，水轮发电机达到了极限进相深度，从系统吸收最大无功为

$$Q_{min} = \frac{U^2}{X_q} \qquad (5-15)$$

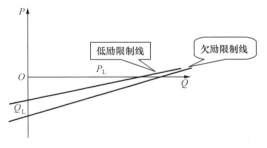

图 5-43　实际低励、欠励限制线

根据上述公式，考虑一定的稳定储备。在 $Q = 0$ 时，取 20% 的储备选择允许进相的最大无功值；在 $P = 0$ 时，取 20% 的储备选择允许最大有功值。在坐标系中将这两点连成一条线，即低励限制线，如图 5-43 所示。

P_L 为无功为零时允许机组的最大有功值，Q_L 为机组有功为零时允许进相的最大无功值，此两项参数均为额定值的百分数。欠励限制的储备系数更小，接近发电机实际极限稳定工况。

励磁系统正常运行时，当发电机输出有功一定情况下，减少发电机励磁电流，减少到一定值时，低励限制动作，这时励磁电流不再减少。

欠励保护的线如图 5-43 所示，如果励磁调节装置的低励限制失效，励磁电流继续降低，进相更深，P、Q 连续 4 个采样周期到达欠励保护动作曲线动作值，同时励磁变二次侧电流（正常情况下可折算成励磁电流）小于空载电流，欠励保护动作输出。

2. 过励限制

当发电机输出一定有功 P 时，有一个允许输出的最大滞相无功，过励限制就是根据发电机功率圆，为防止发电机转子绕组过热，限制发电机在一定有功 P 下的滞后无功输出 Q。

根据发电机的最大允许无功 Q_{LG}，如果实际无功 $Q_L > Q_{LG}$，且持续 2min，判定为过励限制，并按反时限曲线进行限制。

3. V/F 限制

V/F 限制是为防止空载时发电机及其出口变压器出现磁饱和现象。当发电机频率为 47Hz 时，则限制电压给定值不大于整定值 U_{FG}；若频率进一步下降，则按曲线限制电压；当频率小于 45Hz，则逆变灭磁。

第六节 自并励励磁系统的运行

一、发电机空载建压及电压调节

如图 5-4 所示，当发电机机组无故障，一次、二次设备具备开机升压条件，励磁系统操作电源、工作电源及辅助电正常，励磁冷却系统投入，合上整流功率柜阳极交流电源输入开关、直流输出开关，合上整流功率柜的脉冲电源开关，合上灭磁开关（或磁场断路器），合上机组起励电源开关，当机组达到 95% 额定转速时，自动或手动起励升压。

在同步发电机空载运行中，转子以同步转速 n 旋转时，励磁电流产生的主磁通 Φ_0 切割 N 匝定子绕组，感应出频率为 $f = pn/60$ 的三相基波电势，其有效值 E_0 同 f、N、Φ_0 以及绕组系数 k 的关系为

$$E_0 = 4.44fNk\Phi_0 \qquad (5-16)$$

这样，改变励磁电流 I_f 以改变主磁通 Φ_0，空载电势 E_0 值也将改变，二者的关系就是发电机的空载特性 $E_0 = f(I_f)$ 或发电机的磁化特性 $\Phi_0 = f(F_f)$。在发电机空载状态下，空载电势 E_0 就等于发电机端电压 U_t，改变励磁电流也就改变发电机端电压。

图 5-44（a）和（b）为同步发电机的原理图和等值电路图。为简化分析，当不考虑定子电阻和凸极效应时，设 $X_d = X_q$。

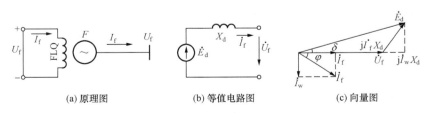

(a) 原理图　　　　(b) 等值电路图　　　　(c) 向量图

图 5-44　同步发电机的原理图、等值电路图和向量图

水轮发电机单机带地区负荷时，图5-44（a）和（b）为同步发电机的原理图和等值电路图，设 $X_d = X_q$，则在励磁电流 I_1 作用下，发电机定子绕嘴的感应电势（即空载电势）E_d 和端电压 U_f 及负荷电流 I_f 之间，有如下关系：

$$\dot{E} = \dot{U}_f + j\dot{I}_f\dot{X}_d \tag{5-17}$$

式中：X_d 为发电机纵轴同步电抗。

图5-44（c）为其对应的向量图，从图中可得下列关系：

$$E_d\cos\delta = U_f + I_w X_d \tag{5-18}$$

式中：δ 为 $\dot{E}_d$ 与 $\dot{U}_f$ 间的相位差；I_w 为发电机的无功电流。

在正常情况下，由于 δ 很小，即 $\cos\delta \approx 1$，故可近似认为

$$E_d = U_f + I_w X_d$$

上式说明，无功负荷电流是造成发电机端电压下降的主要原因。I_w 愈大，U_f 下降愈多。

从式（5-18）及图5-44可知，当励磁电流 I_1 不变时，发电机的端电压随无功电流的增大而降低，但是，为了满足用户对电能质量的要求，发电机的端电压又应基本保持不变。显然，实现这一要求的唯一办法是随无功电流的变化调节发电机的励磁电流。为了保持端电压为额定值，当无功电流增大时，发电机的励磁电流应增大；反之，则应减小励磁电流。

二、发电机并列运行的无功分配

水轮发电机与系统并联运行时，为简便起见，可认为是与无限大容量电源的母线并联运行，如图5-45（a）所示，显然，此时改变发电机的励磁电流将不会引起母线电压 U 变动，假如调速器不改变水轮机导水叶的开度，且 $X_d = X_q$，则发电机功率有如下关系：

$$P_G = U_G I_G \cos\varphi = 常数 \tag{5-19}$$

式中：φ 为功率因数角。

当不考虑定子电阻和凸极效应时，发电机功率又可用式（5-20）表示：

$$P_G = \frac{E_q U_G}{X_d}\sin\delta = 常数 \tag{5-20}$$

式中：δ 为发电机的功率角。

以上两式分别说明，当励磁电流改变时，$I_G\cos\varphi$ 和 $E_q\sin\delta$ 的值均保持恒定，即

$$I_G\cos\varphi = K_1 \tag{5-21}$$

$$E_q\sin\delta = K_2 \tag{5-22}$$

由图5-45（b）中的相量关系可以看

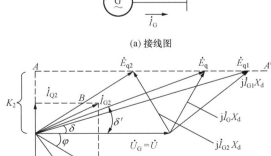

(a) 接线图

(b) 向量图

图5-45　同步发电机与无穷大母线并联运行

到，这时感应电动势 E_q 的端点只能延着 AA' 虚线变化，而发电机电流 I_G 的端点则沿着 BB' 虚线变化。因为发电机端电压 U_G 为定值，所以发电机励磁电流的变化只是改变了机组的无功功率和功率角 δ 值的大小。

由此可见，与无限大母线并联运行的机组，调节它的励磁电流可以改变发电机无功功率的数值。

在实际运行中，与发电机并联运行的母线并不是无限大母线，即系统等值阻抗并不等于零，母线的电压将随着负荷波动而改变。电厂输出无功电流与它的母线电压水平有关，改变其中一台发电机的励磁电流影响发电机电压和无功功率，而且也将影响与之并联运行机组的无功功率，其影响程度与系统情况有关。因此，同步发电机的励磁自动控制系统还担负着并联运行机组间无功功率合理分配的任务。

控制并列运行的发电机之间的合理无功分配是发电机励磁控制系统的一个重要功能。并列运行的发电机机组之间是如何合理分配无功功率的呢？这与发电机机端电压的调差率有关。发电机机端电压的调差率是这样定义的：励磁装置调差功能投入，发电机给定电压不变，发电机功率因数为零的条件下，当发电机的无功负荷从零增加至额定时，用发电机额定电压百分数表示的机端电压变化率，即

$$K_q = (U_{g0} - U_{gn})/U_{g0} \quad \% \qquad (5-23)$$

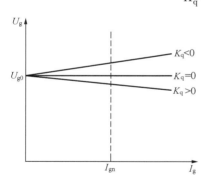

图 5-46　发电机三种调差特性

式中：K_q 为发电机调差率；U_{g0} 为发电机空载机端电压；U_{gn} 为发电机无功电流为定子额定电流时的机端电压。

发电机机端电压的调差率反映了在励磁调节装置作用下发电机机端电压随无功输出的变化率。如图 5-46 所示有三种调差特性。

$K_q < 0$，正调差特性；

$K_q = 0$，零调差特性；

$K_q > 0$，负调差特性。

与系统并联运行的发电机，为满足运行上的要求，要对励磁调节器的静态工作特性进行必要的调整：① 保证并联运行的发电机组间实现无功功率的合理分配；② 保证发电机在投入和退出运行时，平稳地转移无功负荷，而不发生无功功率冲击。通过调整发电机外特性的调差系数和对特性的平移，可以满足上述两点要求。

对于单元接线的发电机，调差方式可选择为正调差、零调差或负调差，但当选择为负调差时，调差系数不能大于主变压器的压降系数，即发电机无功功率与电网电压之间关系曲线必须是下降特性；对于扩大单元接线，调差方式必须选择为正调差。

当两台或两台以上发电机并列运行在同一母线上时，总的无功功率由各发电机机组分担。若都为无差特性，则无功分配不稳定，随机运行时会发生发电机组间乱抢无功的现象，导致机组运行不稳定。因此两台以上无调差的发电机组是不能并联运行的。两台

或两台以上有调差特性的发电机组并列运行时，按调差大小分配无功功率。调差小的分配到的无功多，调差大的分配到的无功少。

习题与思考

一、选择

1. 提高电力系统动稳定的措施有：（　　　）。

（A）采用快速励磁调节器；（B）采用附带 PSS 功能的励磁调节器；（C）采用快速切除的继电保护；（D）采用自动重合闸装置。

2. 对于晶闸管全控桥式整流电路，若触发脉冲相序同全控桥的相序不一致将使（　　　）。

（A）失控；（B）电压下降；（C）电压正常；（D）电流下降。

3. 发电机在空载情况下运行，自动电压调节器投入，改变同步发电机转速，使频率变化为 $\pm 3Hz$，测定同步发电机端电压对频率的变化率并用与空载额定电压之比的百分率来表示，就会计算出励磁装置的（　　　）。

（A）静差率；（B）调差率；（C）频率特性；（D）超调量。

4. 发电机失磁后机组转速（　　　）。

（A）增高；（B）降低；（C）不变；（D）任意变化。

5. 同步发电机带负载并网运行，自动电压调节器的电压给定值保持不变，调差装置投入。调整系统或并联机组无功，测定被测试发电机端电压与无功电流变化关系曲线，就会计算出励磁装置的（　　　）。

（A）静差率；（B）调差率；（C）频率特性；（D）超调量。

6. 静止晶闸管励磁装置当发生多柜中的单柜掉相时，发电机无功将（　　　）。

（A）上升；（B）下降；（C）摆动；（D）不变。

7. 伏赫限制动作后，发电机频率越低，其发电机端电压就（　　　）。

（A）变高；（B）变低；（C）不变；（D）无关。

二、判断

1. 励磁装置小电流试验时的控制角大于 $60°$ 时，其三相全控桥整流输出波形由连续变为不连续。（　　　）

2. 三相全控桥整流，当某一功率柜的快熔有两个熔断时，其输出值将降至原来的一半。（　　　）

3. SiC 阀片的非线性系数小于 ZnO 阀片的非线性系数。（　　　）

4. 发电机组在断开转子回路前先接入灭磁电阻。（　　　）

5. 同步发电机励磁系统的基本任务是维持发电机电压在给定水平和稳定地分配机组间的无功功率。（　　　）

6. 正调差系数显示发电机端电压随发出无功的增加而下降。（　　　）

7. 三相全控桥式电路每隔 $30°$ 换流一次，每只 SCR 元件最大导电角为 $60°$。（　　　）

三、简述与问答

1. 微机励磁调节器具备有哪些限制功能？

2. 励磁调节器一般有几个通道？

3. 画出三相全控桥 + A 和 + B 硅元件或快熔断开后的输出波形图。

4. 画出微机励磁调节器硬件框图。

5. 画出当 $\alpha = 60°$ 及 $\alpha = 90°$ 时三相全控桥整流波形。

6. 发电机为什么要利用灭磁电阻来灭磁？

第六章

水电站计算机监控系统

本章导读

现代水电站计算机监控系统通常是一个的分布开放控制系统，采用面向网络的分布式结构，可根据水电站装机容量、在系统中的地位、自动化层度的需要，灵活配置，例如可配置成简单的单机单网系统，或配置为多机多网冗余系统，也可配置成多厂的复合网络系统。

现代水电站计算机监控系统一般分为电站控制层和现地控制层两层。对于梯级水电站的远方集控系统，则可再设一个梯级集控层。

对于机组及辅助设备等的自动控制装置，如机组现地控制单元、闸门控制、微机调速系统、微机励磁系统等属于现地控制层，都是水电站计算机监控的重要组成部分。

根据系统可靠性或功能要求，电站控制层上位机系统可配置一至两台数据库服务器，完成系统的应用计算与历史数据库管理工作，一至多台人机操作工作站，实现生产过程的监视与控制，实现对电站的自动管理。

第一节 水电站计算机监控系统认知

一、了解水电站计算机监控系统发展

任何事物，由初期简单到成熟可靠，都有一个发展过程，水电站计算机监控系统也不例外。其发展过程大致经历过四个阶段。

1. 以常规控制装置为主、计算机为辅的监控方式（computer-aided supervisory control，CASC）

早期计算机开始用于工业控制现场时，由于计算机价格昂贵，加之对其可靠性没有保证，所以此阶段的计算机监控系统主要是完成辅助性的作用，如设备状态监视、运行数据记录、简单表格的打印、经济运行计算、运行指导等，水电站的控制功能仍由常规控制装置来完成。

在整个控制系统中，控制功能不依赖计算机监控系统，因而对计算机可靠性、功能要求不是很高，即使计算机发生故障，水电站的仍可以正常运行，只是局部性能方面有所降低。

2. 计算机与常规控制装置双重监控方式（computer-conventional supervisory control，CCSC）

随着计算机技术发展，其可靠性得到提高，但是由于缺乏应用经验，出现了计算机和常规控制装置并存的试用阶段。

此时两套控制系统之间可以互相切换，互为备用，从而保证系统安全可靠运行，不会出现因为计算机监控系统故障而影响电站的正常运行。但是由于需要设置两套完整的控制系统，投资比较大，二次接线复杂，有可能造成系统的可靠性降低。

3. 以计算机为基础的监控方式（computer-based supervisory control，CBSC）

随着通信技术和计算机技术的发展，现在的计算机监控系统主要采用以计算机为基础的监控方式，一般采用计算机（上位机）＋通信网络＋就地控制单元（LCU）＋自动控制设备等构成的形式。以通信为基础，计算机发出控制命令，由 LCU、自动控制设备等执行，现场数据由 LCU 或自动控制设备等提供。

当采用此种模式时，常规控制部分大大简化，平时都通过计算机进行控制。但是还是没有采用 PLC 控制的机旁控制盘（及现地控制单元 LCU），当计算机监控系统出现故障时，可以就地操作。中控室仅设置计算机监控系统的值班员控制台。

4. 取消常规设备的全计算机控制方式

随着计算机技术的进一步发展和水电站计算机监控系统运行经验的累积，出现了以计算机为唯一监控设备的全计算机控制方式，实际上它是 CBSC 方式的进化。此时，取消了机旁自动操作盘，计算机监控系统所有的信息都是计算机系统直接取自现场数据，而且不考虑在机组控制单元发生故障时进行机旁自动操作。采用此种方式时，一般对监控系统中主要的设备进行冗余设计，以提高整个系统的可靠性和安全性。

二、认识计算机监控系统硬件常见结构

目前，计算机监控系统最常见的结构有两种：集中式和分层分布式。两者结构都是以网络为基础，构成连接通道，把自动控制设备和监控计算机相连，从而构成一个整体控制系统。

1. 集中式计算机监控系统

集中式计算机监控系统常采用星形拓扑结构，由中央节点（主机）和通过通信线路接到中央节点的各个站点（LCU）组成，其基本结构如图6-1所示。

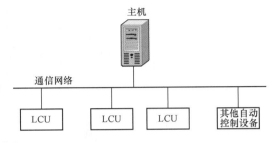

图6-1　集中式计算机监控系统结构示意图

采用该结构时，一般是将数据全部采集到主计算机（主机）进行处理，根据计算机计算结果，把相关的控制结果传输给各个测控点进行控制和调节，或者接受用户的指示，把命令发生到相关测控点。其结构比较简单，易于实现，改造或系统升级比较方便，投资比较低。但是其性能对主控计算机及通信网络可靠性依赖比较严重。集中式计算机监控系统是计算机监控系统发展初期出现的一种控制模式，即全站仅配置一台计算机承担全厂有关设备的监视控制功能。其最大的弱点是，一旦计算机故障，整个监控系统完全瘫痪，因而没有得到发展。

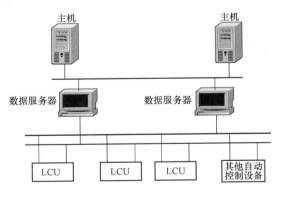

图6-2　集中式计算机监控系统
双机备份、双网结构示意图

在实际使用过程中，为提高监控系统的可靠性，一般采用多主机结构或双网络结构，实现计算机操作和网络通信互为备份，如图6-2所示。

根据主机之间备份方式不同，把备份工作方式分为三种：

（1）冷备用方式：平时主计算机运行，备用计算机不参与生产过程的控制。主计算机出现故障时，启动备用机，完成监控任务。

（2）温备用方式：主、备用计算机都运行，备用计算机一般只承担监视任务，当主计算机出现故障时，人为切换到备用计算机。

（3）热备用方式：两台计算机是并列运行的，执行同样的程序，双机可以同时进行操作，互不影响。一台计算机故障不影响另外一台计算机的运行，从而提高了系统的可靠性。

集中式计算机监控系统主要适用于容量小、台数少、控制功能简单的水电站。

2. 分散式监控系统

分散式监控系统以功能分散为主要特征，即各个不同的计算机完成不同的功能。分散式控制系统实际上只是将系统功能作了一些横向分散，总体上仍然属于集中控制。图 6-3 所示为 20 世纪 80 年代初葛洲坝二江电厂第一代计算机监控系统示意图。

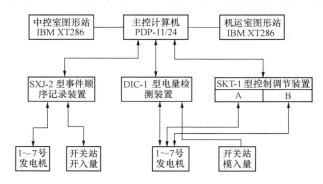

图 6-3　葛洲坝二江电厂第一代监控系统示意图

3. 分布式控制系统

分布式控制系统是针对分散式控制系统存在的问题而进一步发展来的，它主要是把分散式控制系统从按功能分布改变为按设备分布。对水电站来说，分布式监控系统是按控制对象进行分散（如机组、开关站、公用设备、闸门等），就是将每台机组、公用设备、开关站等各分配一台计算机来管理，并按控制对象设置单独的控制单元（LCU），然后由一上位机系统来与各个部分的计算机联成网络，从而构成一个多任务系统，各微机各司其职，互不干扰。分布式控制系统目前应用最多，国内外近十年来投运的监控系统多数采用此种控制模式。

4. 分层分布式计算机监控系统

水电站的自动控制相对独立，自成系统而又相互作用，在系统内部存在层次控制关系。近年来新投运的水电站监控系统大多采用分层分布式，并在《水力发电厂计算机监控系统设计规定》（DL/T 5065—1996）中明确规定："监控系统宜采用分层分布式结构，分设负责全厂集中监控任务的电厂级及完成机组、开关站和公用设备等监控任务的现地控制级"。

将分布式系统与分层系统结合，将现地控制单元组作为现地控制级（层），另外再设置电厂级（层）监控系统负责全厂性的功能，从而构成分层分布式监控系统。其特点是当某台机组 LCU 故障，不影响全厂运行；信息分布而不是集中处理，电缆敷设少。

分层分布式监控系统可采用全厂单级网，连接电厂级和现地控制级的所有设备；也可根据电厂的规模和复杂层度分设信息网和控制网。控制网连接负责实时监控的设备，信息网负责打印、数据查询发布等任务。

现代计算机监控系统网络通常采用工业以太网进行相互之间的信息交换，具有速度快、纠错力强、可靠性高、扩充性好、传输距离长、支持用户量大、投资低的特点。网络机构有星形网络总线型网络和环形网络。

丹江口水电站是我国 20 世纪 50 年代开工建设的、规模巨大的水利枢纽工程，坝后式厂房内安装 6 台单机容量为 150MW 的竖轴混流式水轮发电机组，经埋设在坝内的 6 条直径 7.5m 的压力钢管引水发电。发电机电压侧采用发电机—变压器组单元接线，高压侧采用双母线带旁路接线。220kV 和 110kV 屋外开关站设在左岸下游台地上。如图 6-4 所示，丹江口水电站计算机监控系统的现地控制级设置 6 台机组 LCU、2 台开关站 LCU 和 1 台公用设备 LCU，分别挂在两个网络上；电厂级设置了 2 台主站、2 个操作员站、1 个工程师站、1 台电量管理机和历史数据站，专门设置一台通信管理机负责与 MIS 系统调度等进行通信，同样链接在两个总线型网络上，两个网络作为冗余。

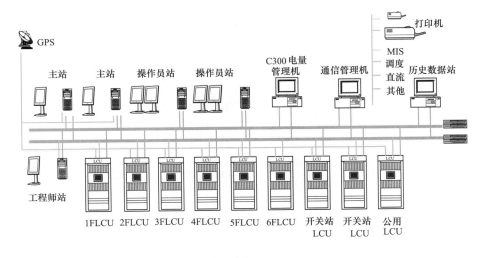

图 6-4　丹江口水电站计算机监控系统结构图

贵州索风营水电站计算机监控系统（以下简称系统）采用全分布开放式计算机监控系统，网络采用 100～1000Mbit/s 双冗余交换式环形光纤工业以太网。如图 6-5 所示，上位机系统由 14 台系统工作站组成，负责全厂数据接收、命令下行、历史数据库生成、历史数据（曲线）查询、报表打印，以及与省中调、梯级集控中心数据通信等功能；下位机系统由 6 套现地控制单元组成，主要负责全厂数据采集、处理和上送，以及对 3 台机组开停机控制、事故处理等功能。

分层分布式水电站计算机监控系统目前广泛应用于大中型以上水电站。而对于一些特大型水电站，为了保障监控系统的安全稳定运行，防止计算机病毒等网络不安全因素，将监控系统的控制网络、电站的生产管理网络、信息发布网络分开，监控系统的控制网络在外部网络连接时，应加硬件防火墙进行隔离。图 6-6 所示特大型水电站计算机监控系统结构图，电站控制网采用 100Mbit/s 冗余光纤以太网，电站管理网也采用 100Mbit/s 冗余光纤以太网。根据功能设置专门的服务器安放在集中的计算机房，模拟屏、大屏幕、操作员站安放在中控室。

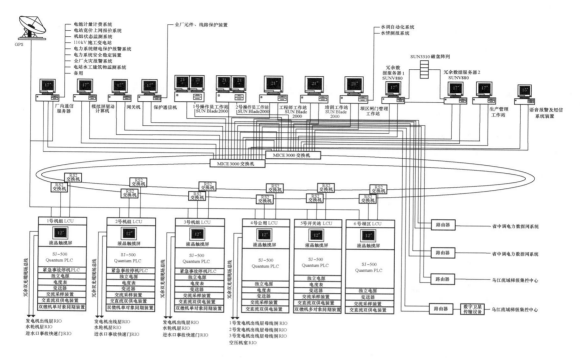

图 6-5　贵州索风营水电站计算机监控系统结构图

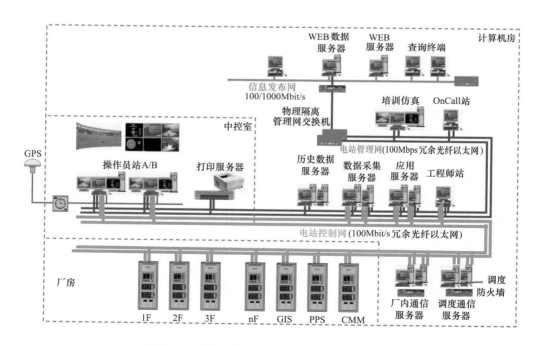

图 6-6　特大型水电站计算机监控系统结构图

三、典型水电站计算机监控上位机硬件系统结构与组成

索风营水电站按照电站综合自动化要求设计为全计算机监视控制方式，按无人值班能实现乌江流域集控中心和贵州省中调计算机监控系统监控的原则进行总体设计和配置。系统应能达到高可靠、高性能的全计算机监控及远程维护，以及全网络化信息交换的水电站现代控制水平。

索风营水电站计算机监控系统采用全开放式分布式冗余结构模式，其系统结构如图6-7所示，监控系统由主控级计算机层和现地控制单元层组成，采用100～1000Mbit/s冗余交换式环形光纤工业以太网联结。各节点在冗余环形光纤工业以太网上进行数据传输。主控级有：

（1）系统数据服务器，主要完成电站实时数据和调度系统数据的采集和处理，向操作员站提供实时数据服务，对电站机电设备运行数据进行长期保存，提供对这些历史数据的查询、提取等任务；

（2）操作员工作站，实现电站运行值班人员与监控系统的人机对话，完成实时监视和控制等功能；

（3）工程师工作站，完成电站计算机监控系统维护、系统程序修改等工作；

（4）培训工作站，实现电站运行值班员上岗前的培训、仿真；

（5）网关计算机，经1台64K调制解调器通过1路2Mbit/s通信通道（主用）或通过卫星数字传输设备实现电站与省中调之间的数据通信；

（6）梯调通信服务器，通过路由器经过2路2Mbit/s光纤通道实现与梯级集控中心之间的通信；

（7）厂内通信服务器，实现与电能计量计费系统、电站竞价上网报价系统、机组状态监测系统、ONCALL系统、电力系统安稳装置等的通信；

（8）保护通信机，实现与全厂所有微机保护装置通信的管理；

（9）生产管理工作站：用于电站生产管理、状态检修用途的数据采集、处理、归档、历史数据库的生成、网络数据自动备份及拷贝等，并为MIS系统提供数据；

（10）Web服务器，集中存放了电站MIS相关网络用户所关心的数据或画面，电站MIS中相关有权限的网络用户可通过PC机中Web浏览器软件对电站监控系统有关的信息进行查看、下载和调用；

（11）语音系统，用于向运行值班人员进行操作、故障、事故等语音报警；

（12）局域网网络设备，上位机系统中安装了2台主交换机，6个LCU中每个都安装有2个环网交换机，采用OPC（动态过程控制）通信方式将网络设备的状态信息传递到计算机监控系统软件中；

（13）时钟同步系统，GPS全球定位时钟系统作为监控系统的时钟标准，对全系统设备进行时钟同步。GPS时钟放在计算机房，接收天线装在室外。它接收卫星时钟信号与

两台主计算机进行对时通信，通过网络功能自动校准各计算机的时钟。通过时钟同步信号扩展器将 GPS 的分同步时钟信号送至各 LCU 的 PLC 设备，用于校准各 LCU 的 SOE 时钟；

（14）UPS 电源设备采用并联冗余方式工作，UPS 主机配 10kVA 双组电池，备用电池维持时间。

为了把发电机组的可靠性提高到更高的水平，特别是满足水电站"无人值班、少人值守"的要求，同时也利于维护，监控系统采用双网络冗余，达到无扰切换，也就是切换的过程要保证控制连续进行、数据不丢失。

1. 光纤以太网冗余

对于监控系统的组网方式，现在普遍采用以太网，而且采用光纤作为介质。单网的可靠性已经很高，但考虑其他不可预见的机械物理方面的因素，大中型水电站常采用双光纤以太网。

图 6 - 7 所示的水电站计算机监控系统网络冗余结构，计算机监控系统采用了双光纤以太网。从 LCU 而言，它的双光纤以太网工作方式不需要切换，而且是同时工作（ALL IN WORKING）的方式。这样，一旦 1 号网故障，2 号网可以零时间切换过去。由此可以获得很高的性能。

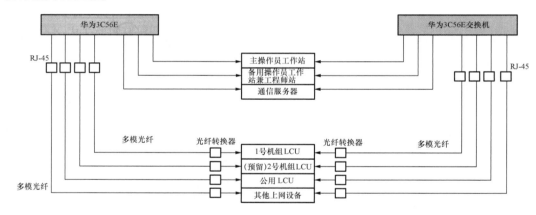

图 6 - 7 水电站计算机监控系统网络冗余结构图

2. 电源冗余

电源是计算机监控系统的关键部分，通常包括主机及网络电源、现地控制单元控制器电源和 I/O 工作电源。这些电源主要对监控系统设备、各控制模块、I/O 模块和现场设备（如变送器、信号反馈、控制操作等）的供电。一旦电源发生故障，会使整个控制系统瘫痪，造成重大后果。所以，在监控系统进行系统设计时，不仅要慎重考虑每个电源的容量，使其具有一定的裕度，而且还要考虑各个电源单元的可靠性。为了解决这个问题，我们在各个部分均采用双回路冗余电源供电方式，部分环节还采用了双路电源自动切换回路，保证系统电源正常工作。图 6 - 8 和图 6 - 9 是水电站计算机监控系统和现地控制单元的电源供电示意图。

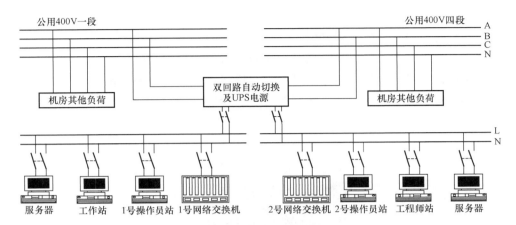

图 6-8　监控系统主机机房电源系统示意图

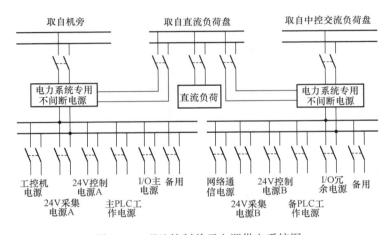

图 6-9　现地控制单元电源供电系统图

机房供电电源共两路，分别取自公用 400V 的 I 和IV段，采用三相四线制。机房负荷（如机房空调机、工作电源等）分别取自不同的 400V 母线。计算机系统的全部负荷由双回路自动切换，并经过隔离变压器和不间断电源 UPS 取得。为了去除交流电源的杂波干扰和计算机保护接地，采用隔离变压器和不间断电源 UPS，保证了机房内计算机系统的安全运行。

现地控制单元供电电源也要求非常可靠，因此我们设计为双路冗余供电方式，并采用电力系统专用交、直两用 UPS 电源，保证了现地控制单元各部件的正常工作。由 UPS 输出的交流电源分别供给工控机、采集电源、控制电源和可编程控制器（PLC）和 I/O 模块，并通过采集模块分别监视对方的电源状态。采集和控制电源、I/O 模块工作电源均采用了冗余供电方式，正常工作时，其中一路模块电源作为工作电源，另一路作为热备电源。一旦测得某一路模块电源的输出电压品质不符合要求，或发生故障，就会发出状态报警，并立即自动切换到另一路工作，以确保电源单元的正常供电，保证发电机组不失控。

3. 主机操作员站的冗余方式

水电站计算机监控系统采用分层、分布式开放的网络结构和高档工作站构成的双机冗余操作员工作站。两台操作员工作站采用双屏显示，设置在中控室，可同时工作，一台完成监视控制任务，作为主控站；另一台只进行正常监视，平时作为备用工作站。当主控工作站故障时，备用工作站自动升为主控站，完成监控任务。

4. 计算机监控系统控制权

控制权分远方、现地两级，可以进行切换。远方控制是指上位机发出控制命令直接对现地单元进行控制，现地控制指在现地 LCU 上的操作。控制权由机组端设置，优先顺序为"现地，远方"。监控系统能保证在进行控制权切换时电厂运行无扰动。

四、认识计算机监控系统软件及作用

计算机监控系统的软件包括操作系统软件、应用软件、网络软件、数据库软件、组态软件、PLC 监控软件、专用液晶显示软件。这些软件管理整个系统资源，实现机组顺序控制、机组保护、实时数据采集管理、人机接口管理、通信调度、自诊断、参数统计计算、数据库管理等功能。

主控层上位机监控系统软件有基于 UNIX 操作系统，也有基于 Windows 2000 操作系统，广泛采用组态软件开发的分布式处理技术实现监控系统软件。

主控层计算机监控系统软件主要包括如下功能模块：① 图形模块；② 数据库及管理模块；③ 通信模块；④ 历史信息处理模块；⑤ 认证系统；⑥ 自诊断模块；⑦ 参数设置模块；⑧ 报表打印模块。

组态软件的图形模块为监控系统软件提供丰富的图形：主接线图、油水气系统图、棒型图、饼图、曲线图、表格等，这些图形是动态的，反映生产现场实时信息，部分图形元件是动态变化的，它们与实时数据库连接在一起，随数据的不同而变化，支持用户产生新的图形，修改图形，支持用户组态图形，支持在线修改。

监控系统通常采用强大的 SQL SERVER、ORCAL 等数据库系统，数据库软件能提供各点数据的瞬时状态，事件事故的报警，各测量值的越复限处理、登录、定时定期数据的归档、检索等功能，并可将各基本点进行组合、运算，组成较为复杂，便于使用的运算点。同时系统还提供历史数据库软件，以便对历史数据进行存档，并具有查阅、打印等功能。

1. 常见的组态软件

现代水电站计算机监控系统上位机通常使用组态软件作为开发平台，即可以采用专门为水电站设计的软件，也可以使用通用的组态软件。

目前使用较多的通用组态软件有以下几种：

（1）InTouch，Wonderware 的 InTouch 软件是最早进入我国的组态软件，是在制造运营系统率先推出 Microsoft Windows 平台的人机界面（HMI）自动化软件的先锋。早期 InTouch 软件采用"快速 DDE"形式进行数据交换，包含三个主要程序：InTouch 应用程序管理器、组态环境以及运行环境。

（2）iFix，是 Intellution 公司（已被 GE 公司收购）的产品。iFix 是全球最领先的 HMI/SCADA 自动化监控组态软件，已有超过 300 000 套以上的软件在全球运行。iFIX 集强大功能、安全性、通用性和易用性于一身，使之成为工业生产环境下全面的 HMI/SCADA 解决方案。

（3）WinCC，是西门子公司发布的组态开发环境，WinCC 提供类 C 语言和 VBA 两种脚本语言，包括一个调试环境。WinCC 支持 OPC 技术，并可对分布式系统进行组态。

（4）三维力控，由北京三维力控科技有限公司开发，核心软件产品初创于 1992 年，对硬件的支持非常丰富，可降低用户的开发难度和节约成本。

（5）组态王 KingView，由北京亚控科技发展有限公司开发。该公司成立于 1997 年，目前在国产软件市场中占据着一定地位。

专业为水电站开发的组态软件有 NARI NC2000、EC2000、水科院自动化所 H9000、四方 HSC2000 等，这些软件针对水电站计算机监控系统而开发，使用方便，针对自身设备开发非常方便。

2. 组态软件功能

组态软件，又称组态监控软件系统软件（supervisory control and data acquisition，SCADA），是指一些数据采集与过程控制的专用软件。这些软件处于自动控制系统监控层一级的软件平台和开发环境。无论是通用还是专用组态软件，其实际上是一个针对计算机控制系统开放的工具软件，应为用户提供多种通用工具模块。主要具有以下功能：

（1）采集、控制设备间进行数据交换；

（2）使 I/O 设备的数据与计算机图形画面上的各元素关联起来；

（3）处理数据报警及系统报警；

（4）存储历史数据并支持历史数据的查询；

（5）各类报表的生成和打印输出；

（6）为使用者提供灵活、多变的组态工具，可以适应不同应用领域的需求；

（7）最终生成的应用系统运行稳定可靠；

（8）具有与第三方程序的接口，方便数据共享。

组态软件结构如图 6-10 所示，组态软件关键部分是实时数据库，实时数据库通过设备驱动程序和设备交换数据；同时，其他模块读写实时数据库的数据，完成相应的功能。

3. 组态软件中数据流向

在组态软件中数据是如何流动

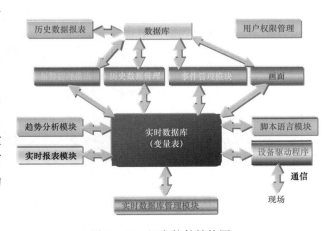

图 6-10　组态软件结构图

呢？其数据流动分为三种：设备数据流向组态（采集数据、见图 6 - 11）、组态数据流向设备（发布控制命令，见图 6 - 12）、组态内部数据流动（数据统计分析，见图 6 - 13）。

图 6 - 11　现场数据流向组态示意图

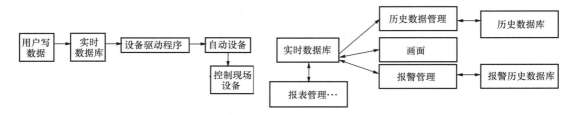

图 6 - 12　组态数据流向现场示意图　　　图 6 - 13　组态数据流内部流向示意图

第二节　水电站计算机监控上位机系统功能

计算机监控系统上位机系统设备通常布置在电站中控室，设置有操作员、工程师、通信工作站及服务器主站等，根据安全需要对硬件进行冗余。具有下列功能：数据采集与处理，运行监视、控制、调节与操作，记录、报告、统计制表、打印，运行参数计算，自动发电控制与自动电压控制，统计记录与生产管理，双机容错，历史数据库，事故追忆，通信控制，系统自诊断，系统维护，语音报警等功能。

一、系统的功能描述

从水电站计算机监控系统的整体功能角度出发，下面对水电站监控系统的上位机软件的功能逐一介绍。

1. 数据采集与处理

数据采集与处理包括以下内容：

（1）收集现地控制单元（LCU）采集的模拟量、数字量（包括状态量、SOE、脉冲量）。

（2）采集 LCU 各模拟量数据，进行有效性校对、工程系数变换，生成和实时更新数据库。

（3）对模拟值进行限值检查。每个模拟量一般可设置两个高限值和两个低限值，超限时报警或根据需要并作用于停机。

（4）根据需要，可设模拟量变化梯度检查。

（5）采集 LCU 各开关量，进行检查核对后，更新实时数据库。

（6）对中断输入立即响应，并立即记下时标，经检查确认后存入数据库。

（7）根据开关量输入变位性质进行逻辑处理，如报警等。

2. 安全运行监视

安全运行监视包括全站运行实时监视、参数在线修改、状变监视、越限检查、过程监视、趋势分析、间歇运行的辅助设备的运行监视和分析、监控系统异常监视。

（1）全厂运行实时监视及参数在线修改：用户能通过 CRT 对全厂各主设备及辅助设备的运行状态进行实时监视控制及在线修改参数。操作权限主要分为三级：系统管理员、高级操作员、一般操作员（也可根据用户的需求分级）。系统管理员拥有对整个系统的权限，如可增加或删除用户、离线和在线修改等操作；高级操作员拥有修改参数等操作权限；一般操作员进行部分控制操作。

（2）状变监视：状变分成两类：一类为自动状变即自动控制或保护装置动作所导致的状变，如断路器事故跳闸，机组的自动启动等；另一类为受控状变，即由来自人工控制的命令所引起的状变。发生这两种状变时，均能在 CRT 上显示。状变量以数字量形式采入。

（3）越限检查：检查设备异常状态并发出报警，异常状态信号在 CRT 上显示并记录。同时，主控级还接收现地控制单元的越限报警信号。其设备异常状态共分为两类：一类为异常程度较轻，称为一段越限；另一类为异常程度较重，称为二段越限。一段越限只发报警信号，不作用于停机；二段越限除发报警信号外，还作用于事故停机。一段和二段越限有音响和光字信号，运行人员能通过颜色和声音轻易区别两类。

（4）过程监视：监视机组各种运行工况（发电、停机等）的转换过程所经历的各主要操作步骤，并在 CRT 上显示；当发生过程阻滞时，在 CRT 上给出阻滞原因，并由机组现地控制单元将机组转换到安全状态或停机。

（5）趋势分析：分析机组运行参数的变化，及时发现故障征兆，提高机组运行的安全性。其主要的趋势监视有：机组轴承温度升高发展趋势监视、机组轴承温度变化率 $\Delta T℃/\Delta t$ 监视、推力轴承瓦间温差监视以及电压、频率、负荷等的变化趋势。

（6）间歇运行的辅助设备的运行监视和分析：监视机组及电站各间歇运行的辅助设备（如压油泵、排水泵、空压机等），统计其启动次数、运行时间和间歇时间，并形成报表定时或召唤打印。

（7）监控系统异常监视：监控系统的硬件或软件发生事故则立即发出报警信号，并在 CRT 上弹出异常报警记录，指示故障部位，对重要的信息可进行语音报警，并能进行定时或召唤打印其报警内容。

在中控室装有彩色显示器，用于显示电厂的运行情况。主要的监视内容有：

1）发电机运行工况；

2）发电机组辅助设备运行情况；

3）变压器运行工况；

4）电度量累计；

5）线路运行工况；

6）公用设备运行工况；

7）厂用电运行方式；

8）越复限、故障、事故的显示、报警并自动显示有关参数并推出相关画面；

9）过程监视：监视机组运行工况的转换过程，并在 CRT 上显示。当发生过程阻滞时，在 CRT 上给出阻滞原因，并能由操作员改变运行工况，如实行停机；

10）监控系统异常监视：监控系统的硬件或软件发生事故则能立即发出报警信号，并在 CRT 显示及打印记录，指示故障部位。

画面显示是计算机监控系统的主要功能之一，画面调用由自动或召唤两种方式实现。自动方式是指当有事故发生时或进行某些操作时有关画面能够自动推出，召唤方式则指操作某些功能键或以菜单方式调用所需画面。画面种类包括各种系统图、棒形图、曲线、表格、提示语句等，画面清晰稳定、构图合理、刷新速度快且操作简单。

3. 实时控制和调节

操作员可在上位机操作站上进行发电、停机、开关的合、分等控制操作。对操作员的任何操作，计算机都将作命令的合法性检查和控制的闭锁条件检查，对非法命令和不满足闭锁条件的控制操作，监控系统将拒绝执行，并在屏幕上的信息区提示操作员拒绝执行的具体原因。操作员通过主机的显示器、鼠标和键盘等，能对监控对象进行下列控制与调节：

（1）机组启动、停机，在 LCU 的机柜或现场设置紧急停机按钮开关，按钮开关设多对触点，一方面接至 LCU 作为事故量启动事故停机流程，另一方面通过硬件布线，直接作用于跳闸及联锁停机回路；

（2）同步并网；

（3）机组各种运行方式选择；

（4）机组有功功率、无功功率增减；

（5）全厂总有功，总无功功率的增减；

（6）AGC 的投／切，AVC 的投／切；

（7）断路器的合／分以及闭锁；

（8）输电线路的监控；

（9）厂用电装置设备的操作；

（10）两台主变的监控；

（11）快速闸门及其他公用设备的监控；

（12）各种整定值和限制值的设定；

（13）显示器的显示图形、表格、参数限值、报警信息、状态量变化等画面和表格、报表的选择与调用；

（14）在各个显示器屏间实行主操作屏和画面显示屏的分配；

（15）计算机系统设备的投／切；

（16）报警复归：当电站设备发生事故或事件后，在 CRT 上自动推出事故或事件画面，发出报警信号；当运行人员已了解事故或事件的情况后，能对报警信号手动复归；

（17）数据库点的投入和退出控制：确定数据库点是否参与或部分参与安全监控；

（18）在电站控制中心对监控对象进行操作控制时，在屏幕显示器上能显示整个操作过程中的每一步骤和执行情况；

（19）提供设备安全标记系统，可由操作员手动或应用程序自动实现禁止对被选中设备的控制。

4. 自动发电控制（AGC）和经济运行

水电站自动发电控制（AGC）是指按预定条件和要求，以迅速、经济的方式自动控制水电站有功功率来满足系统需要的技术。根据水库上游来水量或电力系统的要求，考虑电厂及机组的运行限制条件，在保证电厂安全运行的前提下，以经济运行为原则。确定电厂机组运行台数、运行机组的组合和机组间的负荷分配。

（1）AGC 主要功能有：

1）按负荷曲线方式控制全厂有功功率和系统频率；

2）按给定负荷方式控制全厂总有功负荷；

3）调频功能；

4）机组启停指导。

（2）AGC 分配原则。按等微增率或负载平衡方式分配 AGC 机组负荷，考虑避开振动和其他限制条件。

5. 自动电压控制（AVC）

水电站自动电压控制（AVC）是指按预定条件和要求自动控制水电站母线电压或全厂无功功率。在保证机组安全运行的条件下，为系统提供可充分利用的无功功率，减少电厂的功率损耗。

（1）AVC 主要功能有：

1）按给定无功方式控制全厂无功负荷分配；

2）按照中调/当地给定的母线电压值，对全厂无功进行分配，使母线电压维持在给定水平。

（2）AVC 分配原则如下：

1）按无功容量成比例原则；

2）按与实发有功或比例原则；

3）等 $\cos\varphi$ 原则。

6. 记录、报告

全厂所有监控对象的操作、报警事件及实时参数报表能记录下来，并能以中文格式在监视屏上显示，在打印机上打印。打印记录分为定时打印记录、事故故障打印记录、操作打印记录及召唤打印记录等工作方式。其记录、报告的主要内容如下。

（1）操作事件记录。将所有操作自动按其操作顺序记录下来，包括操作对象、操作指令、操作开始时间、执行过程、执行结果及操作完成的时间、操作员的姓名等。

（2）报警事件记录。自动将各种报警事件按时间顺序记录其发生的时间、内容和项目等，生成报警事件汇总表。

（3）定值变更记录。自动将所有的定值变更情况作记录，包括变更对象、变更数值、操作员的姓名等，以备能随时查询。

（4）报表。按时、日、月生成各种统计报表，也可根据操作员的指令随时生成各种报表。

（5）趋势记录。记录重要监视量的运行变化趋势。

7. 事件顺序记录

在电厂发生事故时，采集继电保护、自动装置及电站主设备的状态量，并上送电站控制中心，完成事件顺序排列、显示、打印和存档。每个事件的记录和打印包括点名称、状变描述和时标。

8. 事故追忆和相关量记录

记录在事故发生前 10s 和后 30s 时间里（时间可调）重要实时参数的变化情况。记录间隔时间为 0.1～30s 可调。启动方式为手动/自动，采样数据范围可调。追忆量除了打印外还能用曲线在显示器上显示。

相关量记录：自动记录与事故、故障有关的参数。

当机组某一参数越限时，监控系统能同时显示打印其相关参数的对应数值。

9. 正常操作指导和事故处理操作指导

（1）正常操作。

1）操作顺序提示，能根据当前的运行状态判断设备是否允许操作并给出相应的标志，如操作是不允许的，则提示其闭锁原因并尽可能提出相应的处理办法；

2）操作票编辑、显示、打印；

3）运行报表显示、打印等。

（2）事故处理。在出现故障征兆或发生事故时，监控系统能提出事故处理和恢复运行的指导性意见。

10. 数据通信

（1）与外部和厂内其他系统通信。与调度、工业电视监视系统、信息管理系统（MIS）、闸门监控等系统的通信。

（2）与各现地控制单元通信。

（3）与时钟同步装置的通信。

11. 电厂设备运行维护管理

积累电厂运行数据，能为提高电厂运行、维护水平提供依据。累计数据如下：

（1）累计机组各种工况运行时间、工况变换次数、变换成功和失败次数；

（2）累计机组正常停运时间、检修次数及时间；

（3）累计主变压器、厂用变压器、断路器等主设备运行时间、动作次数、正常停运时间、检修次数和时间；累计压油泵、排水泵、空压机等间歇运行的辅助设备动作次数、检修次数和检修时间；

（4）分类统计机组、主变压器、厂用变压器、线路等主设备所发生的事故、故障；

（5）电气、机械保护整定值修改记录。

12. 语音报警

当需要对重要操作进行提示，以及电站发生事故或故障时，能用准确、清晰的语言向有关人员发出报警。

电站任一设备事故、故障、参数越限、复限时，语音报警系统用普通话自动报警，综合自动化系统设备故障、自检错误等也要报警；某些设定事故的普通话女声语音报警。报警时会自动推出事故画面，显示事故设备名称、事故类型、事故现场参数及事故时间等有关内容。

二、各工作站的功能作用

从上位机系统设备承担的功能上看，下面介绍分别操作员工作站、工程师工作站、通信工作站的功能。

1. 操作员工作站

系统配置操作员工作站，主操作员工作站和备用工作站将同时接收和处理各种实时信息，只有工作机有信号输出，工作机与备用机能互相跟踪并实现自动和手动切换。

操作员工作站的主要功能如下：

（1）人机对话功能。操作人员经键盘输入画面调用命令，可调用全站主接线图，显示各发电机、变压器的电流、电压，有、无功率，频率及励磁电压、电流等实时电气参数和各主要开关的状态、各机组运行状态、参数图、各种曲线、各种报表、各种控制参数和保护定值画面；输入操作命令，经显示器对命令响应、下传，执行后显示执行结果。

（2）操作票编辑和操作跟踪。通过键盘输入操作类型、操作对象等操作要点，操作员工作站则根据目前系统的运行情况，自动生成并显示操作票。操作人员可根据情况对操作票进行编辑，然后可经事件打印机打印出操作票。操作过程中，操作员工作站自动跟踪操作过程，提示下一步进行的操作，当操作顺序错误时会报警提示操作人员。

（3）控制功能。根据操作人员键盘命令，上级调度部门命令或事先输入运行方式和运行计划，结合系统运行情况，实时计算出开、停机台数及各机组的运行参数，将计算结果送到各机组 LCU 管理机，用以对机组的运行状态及参数进行调节，使整个电站的运行满足系统运行要求。

（4）给定机组的运行方式有四种：

1）命令运行方式：根据主控机或键盘输入的参数运行；

2）自动电压控制方式（AVC）：以维持高压母线电压和频率为约束条件，确定开机台数及各机组的有功无功功率；

3）自动发电运行方式（AGC）：根据存入的运行计划，自动控制机组设定的各时段的有功及无功功率运行；

4）经济运行方式（EDC）：根据水位及发电总量，以总耗水量最少及机组效率最高为约束条件，控制开机台数及机组有、无功分配。

2. 工程师工作站

工程师工作站用于系统开发、编辑和修改应用软件，建立数据库，系统初始化和管理，检索历史记录，系统故障诊断等工作。

工程师工作站具有如下功能：

（1）工程师工作站兼备用工作站用于系统开发、编辑和修改应用软件、建立数据库、系统初始化和管理、检索历史记录、系统故障诊断等工作；

（2）参数修改功能。经键盘可修改电站各设备的运行参数限值、控制参数、各设备的保护整定值等，在操作员工作站上修改好后，再经通信传到 LCU 管理机，并转送到各基层单元，由单元写入其定值存储区；

（3）系统运行监视。运行中向综合自动化系统内各设备发出自检命令，同时读入各设备的自检信息，对自检信息进行分析，确定各设备自身是否有故障，如发现某设备有故障，则及时报告维修人员以便进行维修；

（4）远程诊断。工作站内装有远程诊断软件，当系统故障而厂内维修人员无法判断故障时，远程诊断软件将站内各设备的运行信息收集后，再经通信服务器将监控系统运行情况传送到生产厂家的计算机中，生产厂家的技术人员对运行数据和故障信息进行分析并判断故障部位，然后经电话指导厂内维修人员进行维修，当软件修改或升级时，可直接经电话线路将升级的软件由生产厂家计算机传入用户网络系统。

3. 通信工作站

通信工作站负责与上级电力调度通信局 EMS 系统通信，提供 101、104 规约，具有 Web services 接口，能与生产管理系统、电网交易系统等通信。ONCALL 系统能在电站发生事故时，自动拨号至预置的手机、座机电话号码进行语音（短消息）报警提示；当现场出现故障时，可向预先设好的手机发短信息，说明报警情况；能向指定的手机号码发指定信息，将当前机组运行状态发送到手机上。

第三节　水电站计算机监控系统网络与通信

无论是集中式计算机监控系统，还是分布式计算机监控系统，通信是系统中非常关键的部分，通信系统设计的好坏，对系统的可靠性、实时性、稳定性有着不可估量的影响。

利用通信，计算机监控系统可以和各种控制设备（如 LCU、温度仪、励磁、保护）等交换数据。同时，计算机监控系统还可以和计算机管理系统 MIS、调度进行数据交换。

一、数据通信常用术语

（1）波特率：信号每秒钟变化的次数。若信号只有两种状态，则可以理解为每秒可以传输多少位比特（二进制）数据。

（2）帧：具有一定的规则和顺序组成的数据流，用以表达一个完整的信息。

（3）检验：用以检测或纠正传输过程中出现错误的方法，常见有奇偶检验、CRC检验等。

（4）主站：在系统中主动发送命令、从从站接受数据的单元。

（5）从站：接受主站命令、向主站发送数据的单元。

（6）协议（规约）：数据通信的双方，为保证可靠地进行通信，双方必须按一定的约定进行收发数据，否则双方无法理解对方发送数据的含义，也无法把数据发送到对方。此约定就是协议。

二、数据通信载体

通信载体是连接通信双方的物理通道，常见的通信载体有以下几种：

1. 屏蔽电缆

屏蔽电缆是最常见的通信电缆，由相互绝缘的铜线组成，外面包裹一层屏蔽层，从而降低对外的干扰及被其他线路的干扰。

2. 双绞线

计算机监控系统中一般采用屏蔽双绞线。屏蔽双绞线由一组相互缠绕的铜线和屏蔽层组成。根据屏蔽方式的不同，屏蔽双绞线又分为两类，即STP（shielded twisted-pair）和FTP（foil twisted-pair）。

STP是指每条线都有各自屏蔽层的屏蔽双绞线，而FTP则是采用整体屏蔽的屏蔽双绞线，需要注意的是，屏蔽只在整个电缆均有屏蔽装置，并且两端正确接地的情况下才起作用。

屏蔽双绞线电缆的外层由铝箔包裹，以减小辐射，同时避免被其他线路干扰。

3. 光纤

光纤是光导纤维的简写，是一种利用光在玻璃或塑料制成的纤维中的全反射原理而达成的光传导工具，微细的光纤封装在塑料护套中，使得它能够弯曲而不至于断裂。光纤具有传输距离远、抗干扰能力强、防雷等优点，是监控系统主干网络或长距离通信载体的首选。

光纤一般分为单模和多模光纤。单模光纤是指在工作波长中，只能传输一个传播模式的光纤。多模光纤将光纤按工作波长以其传播可能的模式为多个模式的光纤称作多模光纤。单模光纤的传输频带宽，传输容量大，传输距离比多模光纤远。

4. 无线

利用微波、无线电、红外线等进行无线通信。电力系统常用的微波通信。

三、通信硬件接口

通信的硬件接口常见的有以下四种。

1. RS－232C

RS－232C是广泛应用的一种接口标准，计算机串行通信口就是此接口标准。信号采用负逻辑，−3V ～ −15V 表示逻辑状态"1"，+3V ～ +15V 表示逻辑状态"0"，最大的通信速率为 20kbit/s，最长的通信距离为 15m。采用 9 针（孔）或 25 针（孔）D 型连接器，9 针 D 型连接器见图 6−14。通信时最少可只用三根线：Rx（接收）线、Tx（发送）线、GND（地）线，RS−232C 接线见图 6−15。

图 6−14　9 针 D 型连接器

图 6−15　RS−232C 接线

2. RS−422A

RS−422A 一般因为采用的是平衡驱动、差分接收电路，从而取消了地线信号。收发数据的硬件接线各有两根，所以 RS−422A 进行数据传输时共用四根接线。

RS−422A 接收的数据是通过两个数据传输线之间的电压差值来判断是"0"还是"1"。收发数据的两根线要区分极性，分别标记为 A（−）和 B（+）。实际使用过程中，为提高抗干扰的能力，在首尾端并联一个 120Ω 左右的电阻，见图 6−16。

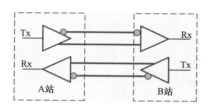

图 6−16　RS−422A 通信接线

RS−422A 的最大通信速率为 10Mbit/s，此时通信的距离为 12m。当速度为 100kbit/s 时，通信的距离可以达到 1200m。

3. RS−485

RS−485 时 RS−422A 的变形，RS−422A 是全双工，有两对平衡差分信号线用于发送和接收数据。RS−485 只有一对平衡差分信号线，为半双工方式。

使用 RS−485 通信接口和连接线路可以组成串行通信网络，实现分布式控制系统。为提高网络的抗干扰能力，在网络的两端要并联两个电阻，值一般为 120Ω。RS−485 组网接线示意图见图 6−17。

RS−485 的通信距离和 RS−422A 通信距离一样，可以到 1200m。

当 RS−485 通信网络中，为了区别每个设备，每个设备都有一个编号，成为地址。地址必须是唯一，否则会引起通信混乱。

4. 网络接口方式

现在一般采用 RJ45 或光纤接口连接计算机或设备，用于各种距离的高速数据传输。

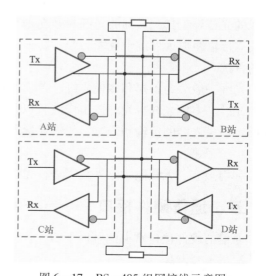

图 6−17　RS−485 组网接线示意图

四、通信协议

这里讨论的通信协议是指通信双方如何进行数据的传输，及数据传输时什么时候可以传输，如何判断数据开始和结束，采用什么形式的检验方法，如何理解数据信息等。

常见的通信协议有以下三种。

1. Modbus

采用查询—回应模式，一般可以连接 31 台设备。通信协议简单，分为 ASCII 和 RTU 传输模式。ASCII 模式：以 ASCII 形式传输数据，方便用户显示通信的数据。RTU 模式：采用二进制数的形式传输数据，效率较 ASCII 模式高。采用 CRC 检验，提高了通信的可靠性。

所有连接在 Modbus 网络的设备，都有一个唯一的地址，用以区分设备，地址编号范围为 0 ~ 247。

Modbus 传输数据的帧格式为：设备地址 + 功能码 + 数据长度 + 数据 + CRC 检验数据。具体通信方法请参考相关资料。

2. CDT

循环远动规约（cycle distance transmission）是早期电力部颁布的一套远动规约标准，包括遥测、遥信、电量、遥信变位、SOE 等电力远动信息，数据量有一定的容量限制，早期多用于 RTU 设备和后台主站之间的通信。后来由于自动化信息增加，逐渐被其扩展规约（扩展 cdt）等新规约所替代。

CDT 通信帧结构为：同步字 + 控制字 + 信息字 + 同步字。

3. DL/T 634.5104—2002（104 规约）

本标准适用于具有串行比特数据编码传输的远动设备和系统，用以对地理广域过程的监视和控制。制定远动配套标准的目的是使兼容的远动设备之间达到互操作。本配套标准利用了国际标准 IEC 60870 – 5 的系列文件，规定了 IEC 60870 – 5 – 101 的应用层与 TCP/IP 提供的传输功能的结合。在 TCP/IP 框架内，可以运用不同的网络类型，包括 X.25，FR（帧中继），ATM（异步传输模式）和 ISDN（综合服务数据网络）。TCP/IP 的端口号为 2404。

五、现场总线

现场总线是连接智能现场设备和自动化系统的全数字、双向、多站的通信系统。主要解决工业现场的智能化仪器、控制器、执行机构等现场设备间的数字通信以及这些现场控制设备和高级控制系统之间的信息传递问题，主要用于制造业、流程工业、交通、楼宇、电力等方面的自动化系统中。

2003 年 4 月，IEC 61158 Ed.3 现场总线标准第 3 版正式成为国际标准，规定 10 种类型的现场总线。

现场总线的特点有：

（1）现场控制设备具有通信功能，便于构成工厂底层控制网络。

（2）通信标准的公开、一致，使系统具备开放性，设备间具有互可操作性。

（3）功能块与结构的规范化使相同功能的设备间具有互换性。

（4）控制功能下放到现场，使控制系统结构具备高度的分散性。

目前主流现场总线有以下几种：

1. 基金会现场总线（foundation fieldbus，FF）

这是以美国 Fisher-Rousemount 公司为首的联合了横河、ABB、西门子、英维斯等80家公司制定的 ISP 协议和以 Honeywell 公司为首的联合欧洲等地150余家公司制定的 WorldFIP 协议于1994年9月合并而成的。该总线在过程自动化领域得到了广泛的应用，具有良好的发展前景。

基金会现场总线采用国际标准化组织 ISO 的开放化系统互联 OSI 的简化模型（1，2，7层），即物理层、数据链路层、应用层，另外增加了用户层。FF 分低速 H1 和高速 H2 两种通信速率，前者传输速率为 31.25kbit/s，通信距离可达1900m，可支持总线供电和本质安全防爆环境。后者传输速率为 1Mbit/s 和 2.5Mbit/s，通信距离为 750m 和 500m，支持双绞线、光缆和无线发射，协议符号 IEC 1158－2 标准。FF 的物理媒介的传输信号采用曼切斯特编码。

2. 控制器局域网（controller area network，CAN）

CAN 最早由德国 BOSCH 公司推出，它广泛用于离散控制领域，其总线规范已被 ISO 国际标准组织制定为国际标准，得到了 Intel、Motorola、NEC 等公司的支持。CAN 协议分为两层：物理层和数据链路层。CAN 的信号传输采用短帧结构，传输时间短，具有自动关闭功能，具有较强的抗干扰能力。CAN 支持多主工作方式，并采用了非破坏性总线仲裁技术，通过设置优先级来避免冲突，通信距离最远可达10km 速率低于5kbit/s，通信速率最高可达1Mbit/s（通信距离小于40m），网络节点数实际可达110个。目前已有多家公司开发了符合 CAN 协议的通信芯片。

3. Lonworks

Lonworks 由美国 Echelon 公司推出，并由 Motorola、Toshiba 公司共同倡导。它采用 ISO/OSI 模型的全部7层通信协议，采用面向对象的设计方法，通过网络变量把网络通信设计简化为参数设置。支持双绞线、同轴电缆、光缆和红外线等多种通信介质，通信速率从 300bit/s～1.5Mbit/s 不等，直接通信距离可达2700m（78kbit/s），被誉为通用控制网络。Lonworks 技术采用的 LonTalk 协议被封装到 Neuron（神经元）的芯片中，并得以实现。采用 Lonworks 技术和神经元芯片的产品被广泛应用在楼宇自动化、家庭自动化、保安系统、办公设备、交通运输、工业过程控制等行业。

4. PROFIBUS

PROFIBUS 是德国标准（DIN19245）和欧洲标准（EN50170）的现场总线标准。由 PROFIBUS—DP、PROFIBUS－FMS、PROFIBUS－PA 系列组成。DP 用于分散外设间高速数据传输，适用于加工自动化领域。FMS 适用于纺织、楼宇自动化、可编程控制器、低压开关等。PA 用于过程自动化的总线类型，服从 IEC 1158 – 2 标准。PROFIBUS 支持主—从系统、纯主站系统、多主多从混合系统等几种传输方式。PROFIBUS 的传输速率为 9.6kbit/s ～ 12Mbit/s，最大传输距离在 9.6kbit/s 下为 1200m，在 12Mbit/s 下为 200m，可采用中继器延长至 10km。传输介质为双绞线或者光缆，最多可挂接 127 个站点。

六、水电站 ON-CALL 系统

随着我国水电站监控系统的发展和广泛应用，以及现代通信技术的发展和普及，建立一套相对独立的综合信息系统，扩大监控系统的报警功能，实现水电站实时报警不局限于厂房内的快捷发布已具备了可能性和必要性。作为水电站生产运行的有效辅助工具，ON-CALL 系统在水电站"无人值班、少人值守"和安全生产中发挥了重要作用。当发生事故时，ON-CALL 系统可及时的将相关信息通知到巡检人员和相关责任人，使其迅速赶赴事故现场，处理问题，避免事故的扩大化，减少设备及停电的损失。同时，相关人员也可以通过固定电话或手机，通过电话查询等方式，了解设备的运行状况。

1. ON-CALL 系统认知

ON-CALL 系统可以集成在电厂计算机监控系统中，是计算机监控系统的一个子系统，通过 TCP/IP 网络协议与监控系统实现互联。ON-CALL 功能服务器需要预装操作系统及短信报警配置与查询工具软件，负责对报警信息、接收人员进行配置和处理手机短信报警等通信功能。该服务器配有短信群发器和电话语音卡，通过短信群发器发送报警短信，通过语音卡与电话线相连，进行电话语音报警。ON-CALL 系统中存有录制好的语音文件，供语音报警使用。实际运行中，ON-CALL 功能服务器可配置到一台监控系统的计算机中，也可作为一个独立的网络节点存在。ON-CALL 系统配置见图 6 – 18。

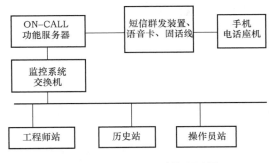

图 6 – 18　ON-CALL 系统配置图

ON-CALL 系统主要使用的硬件设备除了计算机和网络设备外，还包括如下设备：

（1）电话语音卡（选配）：完成电话报警、电话查询功能；

（2）语音狗（选配）：实现电话查询时，语音的动态合成功能；

（3）GSM Modem + SIM 卡（选配）：完成告警信息短消息自动发送的功能。

2. ON-CALL 系统功能

ON-CALL 系统主要具有以下功能：

（1）灵活配置接收报警人员，可自动根据班组轮值情况和报警类别发送报警短信；

（2）以短信的方式将实时报警信息发送到相关人员的手机上；

（3）以向固定电话上拨打电话的方式将实时报警信息和重要运行参数告知相关人员；

（4）接受电话终端的查询，通告设备实时运行信息，包括重要运行参数及近期设备运行中发生的故障、事故；

（5）发送报警信息的同时在服务器上同步显示报警信息；

（6）存储发布的告警信息，供相关人员查询。

当出现重要故障和事故时，应能通过移动通信卡向预先规定手机用户发送短信，告诉对方报警内容，并支持短信群发功能。

当出现重要故障和事故时，监控系统除了产生规定的报警之外还将产生电话语音自动报警。电话语音自动报警可根据预先规定进行自动拨号，拨号顺序应按从低级到高级方式进行；当某一级为忙音或在规定时间内无人接话时，自动向其高一级拨号；当对方摘机后，立即告诉对方报警内容。电话语音自动报警可支持多路同时自动拨号。

第四节　水电站视频监控系统

水电站工业电视监视系统与数据监视相互补充，工业电视监控系统的操作简便、可靠，系统为框架式结构。工业电视系统由前端设备、传输设备和终端设备组成。其中，前端设备主要由摄像机及镜头、支架、护罩、云台、拾音器、辅助光源和解码器等组成；传输设备主要由视频电缆、音频电缆和电源电缆、网络通信设备组成；终端设备主要由多媒体主机、矩阵切换器、监视器和录像机等组成。

一、主要功能

1. 电视监视

对水电站重要的部位、设备都要进行监视，通过工业电视直接传送到中控室。主要包括机组工业电视监视、开关站工业电视监视、主变工业电视监视、配电室工业电视监视、中控室工业电视监视，大坝工业电视监视等。

2. 控制

在对水电站的主要部位、设备进行监视时，经常要对摄像机云台进行控制，调整摄像头焦距、控制光圈，进行视频显示画面切换控制、摄像夜间照明灯控制等。

3. 通信传输

要将摄像机采集的视频信号进行传输，同时还要对摄像机云台控制信号进行传输。

二、系统功能要求

1. 监视功能

（1）图像采集。图像采集能够全天候实时采集图像信息，并能实现将任意采集通道的图像信号切换给任意监视终端，并可对切换顺序和周期进行编程控制。

（2）图像处理。图像处理包括图像的分割与拼接，图像的编辑，图像的嵌入与文字的叠加，图像地址、时间等符号在画面上的叠加，并可将视频图像进行数字化处理输入到多媒体主控微机，获取数字图像。

（3）图像显示。图像显示可实时显示多个图像窗口，每个图像窗口的大小、层次和位置可任意调整设定，包括画面的自动循环显示、事件触发显示、画面的手动点播显示、画面局部放大与缩小、画面静止定格与画面捕捉。

（4）图像记录与存储。图像记录与存储要求对系统中任一路图像能进行录像存储，保存记录，随时能调出，点播回放，便于及时取证。将数字图像建立成图库，能方便迅捷地检索，完善地管理，满足系统对图像资源的各种需求。

2. 控制功能

（1）自动控制。摄像机镜头能根据被摄物体的照度自动控制光圈大小，能够对图像自动聚焦和自动背光补偿；视频通道切换控制、视频自动循环切换和事件触发切换由系统程序控制完成，切换周期通过控制软件进行设置；录像机可通过事件触发启动录像；云台自动运行到预置位置。

（2）远方手动控制。通过控制键盘可以实现下列远方手动控制：摄像机电源开启/关闭；云台水平、垂直运行和位置调整；聚焦和变焦距调整；防护罩雨刮运行和停止、风扇开启和关闭（仅室外球机具备）；附近照明灯具的开启和关闭；手动视频通道切换，可调看任一监控点图像；录像机电源开启、关闭、录像、放像、停止等操作。

（3）预置功能。可以根据需要事先设置好所需监视位置和角度，并可自动扫描巡视。可预置所需监视位置和角度，报警时，摄像机能自动转动到相应预置的目标点，并自动调节好相应的光圈、焦距、变焦等参数。

3. 报警功能

（1）自诊断。系统设备具有自诊断功能，设备故障时自动报警。

（2）设备自身防盗功能（仅限室外球机）。通过视频信号的通断检测和摄像机图像处理判断，使摄像机自身发生被盗时，进行报警提示，并显示被盗设备位置。

（3）报警及联动控制功能。当监控点发生报警时，如火警、非法人员闯入、手动报警等，能准确指出报警点的位置，并自动切换显示其报警点及相关位置图像，同时自动启动录像机进行录像。捕捉可疑画面，并叠加显示中文报警提示。

（4）自动跟踪功能。具有自动跟踪监视物体的功能。当异常情况发生时，能自动跟踪监视物体，同时能自动报警、录像等。

4. 信号传输功能

能将现地监控点的视频、数据等信号传输到连接各摄像机的视频服务器，视频服务器之间通过光纤及其辅助设备组成计算机网络，以便多媒体信息的远程传输。传输回路应具有较强抗干扰能力，传输的图像清晰，实时性强。

5. 信息交换功能

当火警发生时，工业电视系统能接受火灾报警系统信息，并对准灾害部位，显示灾情图像和启动录像设备记录灾情。

三、系统结构

1. 系统总体结构要求

工业电视系统采用分布监控系统结构，设置电站监控层和大坝监控层。大坝监控层通过连接于电站和大坝的光纤将多媒体数据远程传输到电站中控室，与电站监控层组成视频监控系统网络。各层的监控系统分别将现场各监视点的多路视频采集信号接至各层的视频服务器，服务器将图像经过处理后送至监控系统网络上，再通过连接于网络上的视频接收器或视频服务器对现场各监视点设备进行远程控制。

2. 系统设备组成

工业电视系统由摄像、传输、控制显示设备等组成。其中，摄像设备主要由摄像机及其辅助设备组成，主要功能是采集各监控点的视频信息；控制设备由大坝视频服务器和电站视频服务器等组成，主要负责将摄像设备采集的视频图像进行压缩、处理、显示、存储、记录、分析和提供远程服务；传输设备主要由视频电缆、控制电缆、电源电缆、光端机及光缆等组成，负责视频信号和控制信号的传输。系统结构见图6-19。

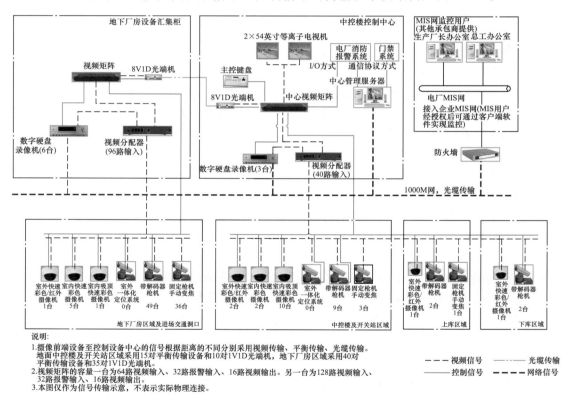

图6-19　水电站视频监控系统图

视频监控系统由监视器、矩阵主机、硬盘录像机、高速球云台摄像机、一体化摄像机、红外摄像机、常用枪式摄像机以及常用的报警设备组成。

四、主要设备的功能

视频监控系统前端常有四类摄像机，通过视频电缆将视频信号传递给视频矩阵，所以视频信号线接口是最基本装备。作为电气设备，必须有工作电源，每个摄像机的电源接口方式有所不同，工作电压也会有差异，红外摄像机、枪式摄像机和一体机常见于室内场合，室外使用高速云台球机。

1. 高速云台球机

常常看到的球机外壳为球形，可以用于室外，其内部由可变焦摄像机、旋转云台、解码器等组成，旋转云台在解码器的控制指令下可 360°水平转动、50°垂直转动，这样便可在一个监控点形成无盲区覆盖，其变焦范围根据用户不同需要而订制。旋转云台是由 2 只电机精密构成的可以水平和垂直方向转动的机构，其受控于解码器。解码器将控制主机出来的控制信号，进行解码，达到用户需要调整监控角度或进行巡视的功能。这种设备常应用于室外开阔场地或室内需要全方位巡视的场合。

图 6 – 20　高速云台球摄像机

由图 6 – 20 右图可以看出，上排 2 组接线端子，左边一组是电源接线端子，右边是一组控制线接线端子，就是由它接收来自硬盘录像机的控制信号，使其完成转动和变焦等动作。正中间一个 BNC 视频接线端子是用来传递视频信号，接上它，就可以将视频信号传到控制中心了。

2. 枪式摄像机

枪机如图 6 – 21 所示，枪式摄像机结构简单、价格便宜、相对于球机来说少 1 对控制线，适用于固定角度的监控，可以应用于室内或室外。枪机的监视范围则取决于选用的镜头，变焦可以从几倍到几十倍不等，可以根据监视的不同要求而选用不同的镜头，而且镜头的更

图 6 – 21　彩色枪型摄像机

换比较容易。枪式摄像机的应用范围更加广泛，根据选用镜头的不同，可以实现远距离监控或广角监控。

从背部接线端子可以看出，DC IN 端子就是电源端，VIDEO OUT 端就是视频输出，直接接视频端子。

3. 红外摄像机

红外摄像机称为主动式红外摄像机，如图 6 – 22 所示，它是在枪式摄像机上增加了红外线发射装置，主动利用特制的"红外灯"人为产生红外辐射，那一个个发光二极管就是一个个小的红外发射灯，产生人眼看不见而摄像机能捕捉到的红外光。当红外光照射物体，其发射的红外光到摄像机时，红外摄像机就可以看到被摄物体。红外摄像机是利用普通低照度摄像机或红外低照度彩色摄像机去感受周围环境反射回来的红外光，从而实现夜视功能。红外发射距离与红外线的发射功率有关，功率越大，距离越长。这种类型的摄像机一般应用于没有灯光或微弱灯光需要红外辅助照明的场合。

由图 6 - 22 可以看到起后面有 2 根线，一根接视频端子，一根接电源。

4. 室内全方位云台及一体化摄像机

室内全方位云台及一体化摄像机就是将枪机安装在一个全方位云台上，以达到球机的效果，其组成部分等同于球机。随着球机性能的提高和价格的走低，室内全方位云台及一体化摄像机应用领域越来越少。如图 6 - 23 所示为全方位云台及一体化摄像机。

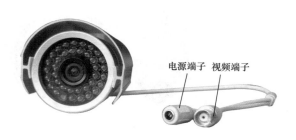

电源端子　视频端子

图 6 - 22　红外摄像机

图 6 - 23　全方位云台及
一体化摄像机

全方位云台需要联合其配套的解码器使用，才能接受来自控制中心的控制信号，让云台可以上下摆动和左右转动，让摄像机可以远程控制变焦、聚焦或调整光圈。

5. 视频矩阵主机

图 6 - 24 中使用的视频矩阵为华维 SB60 - 8 ×5VL，作为视频矩阵，最重要的一个功能就是实现对输入视频图像的切换输出，也就是说将视频图像从一个输入通道切换到任意一个输出通道显示。一般来讲，一个 $M \times N$ 矩阵表示它可以同时支持 M 路图像输入和 N 路图像输出。这里需要强调的是必须要做到任意，即任意的一个输入和任意的一个输出。另外，一个矩阵系统通常还应该包括以下基本功能：字符信号叠加；解码器接口以控制云台和摄像机；报警器接口；控制主机，以及音频控制箱、报警接口箱、控制键盘等附件。

图 6 - 24　视频矩阵主机正面图

视频矩阵主机背面图如图 6 - 25 所示，左边一组视频接线端子为视频输出端，右边一组为视频输入端，这是一个 8 ×5 矩阵。左侧绿色小端子是矩阵控制信号接口，中间的一组 PTZ 接口为 RS485 控制线，用来连接一体化摄像机的解码器。

6. 硬盘录像机

图 6 - 26 采用的是大华 DH - DVR0404LK - S 数字视频录像机，相对于传统的模拟视

频录像机，数字视频录像机采用硬盘记录影像，故常常被称为硬盘录像机，也被称为DVR。它是一套进行图像存储处理的计算机系统，具有对图像/语音进行长时间录像、录音、远程监视和控制的功能。该型号的硬盘录像机集成了录像机、画面分割器、云台镜头控制、报警控制、网络传输等五种功能于一身，用一台设备就能取代模拟监控系统一大堆设备的功能。DVR采用的是数字记录技术，在图像处理、图像储存、检索、备份，以及网络传递远程控制等方面也远远优于模拟监控设备，目前该种类型的产品使用非常广泛。

图 6-25　矩阵主机背面图

图 6-26　硬盘录像机正面

图 6-27 中视频输入端子接受来自视频矩阵的输出视频，这样就可以记录单路、多路或合成的多画面视频信号；视频输出接监视器，由监视器再分配给两只液晶监视器；报警输入1、2 端口接收来自红外对射开关和门

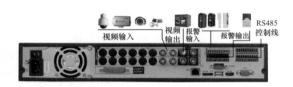

图 6-27　硬盘录像机背面

禁的开关量信号，在录像机中可以设置成常闭或常开有效。当该信号选择常闭有效，即当没有报警产生时，信号回路常闭，只要信号回路断开，就会产生报警输出，相对于常开方式来说，该方式可靠性更高；如果报警回路有故障，也会产生报警，确保报警回路处于正常状态。

第五节　自动发电控制（AGC）

水电站采用了计算机监控系统后，自动发电控制（automatic generation control，AGC）功能在水电站控制领域得到了广泛的使用。

AGC 是指按预定条件和要求，以迅速、经济的方式自动控制水电站有功功率来满足系统需要的技术，它是在水轮发电机组自动控制的基础上，实现全电厂自动化的一种方式。根据水库上游来水量和电力系统的要求，考虑电厂及机组的运行限制条件，在保证电厂安全运行的前提下，以经济运行为原则，确定电厂机组运行台数、运行机组的组合和机组间的负荷分配。在完成这些功能时，要避免由于电力系统负荷短时波动而导致机组的频繁启、停。

由于水电站调节性能好，调节速度快，一般情况下是由水电站来承担电力系统日负荷图中的峰荷和腰荷。电网负荷给定的方式有两种：一是瞬间负荷给定值方式，即按电网 AGC 定时计算出的给定值，即时下达给电厂执行。水库容量大，调节性能好，机组容量大，在电网中担任调峰、调频的水电站一般采用这种调节方式。另一种则是日负荷给定曲线的方式，即电网调度中心前一日即下达某电厂一天的负荷给定值曲线，到当天 0 时计算机监控系统即自动将此预先给定的日负荷曲线存于当天该执行的日负荷曲线存放区，以便水电站 AGC 执行，图 6 - 28 所示为 AGC 按日负荷给定曲线的方式运行界面图。

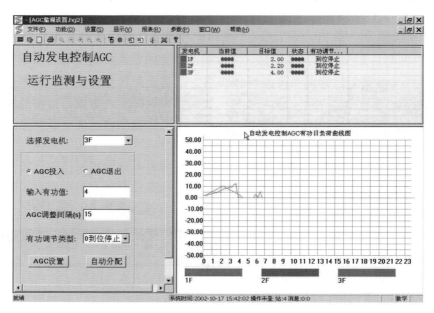

图 6 - 28 AGC 按日负荷给定曲线的方式运行

一、AGC 主要功能

（1）按调度给定的有功负荷曲线按有功日负荷曲线运行。当给值方式设置为"曲线"时，全厂给定负荷跟踪设定曲线的当前时刻值。由梯调给定或由运行人员设定日负荷曲线，AGC 以日负荷曲线当前时刻的功率作为全厂有功负荷的设定值，进行全厂有功控制。

（2）按输入目标值自动调整负荷。有时难以预测未来的负荷情况，不能提供日负荷曲线，通常是随时接收梯调的负荷调度指令，调整总负荷，因此 AGC 提供给定全厂负荷的调节全厂有功方式。

AGC 可以通过梯调直接给定负荷或由运行人员接收梯调负荷指令设置 AGC 画面的负荷。同样，AGC 可以通过上述两种方式设定当前时刻全厂总负荷。

（3）根据前池水位自动调负荷。对于径流式水电站，特别是引水式中小电站，为尽量减少弃水，通常根据其前池水位来设定水电站的总有功，来分配机组的负荷。

二、AGC 分配原则

1. 与容量成比例原则

这是较为简单的一种负荷分配原则，在水轮机组的某些特性曲线不全或不够精确的前提下，采用该原则比较合理。

$$P_i = P_{\text{AGC}} \times \frac{P_{i\max}}{\displaystyle\sum_{i=1}^{n} P_{i\max}} \qquad (i = 1, 2, \cdots, n) \qquad (6-1)$$

式中：n 为参加 AGC 机组的台数；$P_{i\max}$ 为参加 AGC 的第台机组在当前水头下最大出力；$\displaystyle\sum_{i=1}^{n} P_{i\max}$ 为参加 AGC 的各台机组当前水头下最大出力之和；P_i 为 AGC 分配到第台参加 AGC 机组的有功功率。

2. 等耗量微增率准则

水电站中有功功率负荷合理分配的目标是在满足一定约束条件的前提下，尽可能节约消耗的水量。可解释为，水电站承担的有功功率一定时，为使总耗水量最小，应按相等的耗量微增率在各发电机组间分配负荷。

按等微增率经济分配 AGC 机组负荷，实际的 AGC 当中还应考虑水轮机的不可运行区（汽蚀区、振动区）、容量限制等，考虑避开振动和其他限制条件。

在实现水电站 AGC 时，除必须满足电力系统负荷平衡条件外，还需考虑很多限制条件，如经常提到的下游工、农业用水的限制，航运对水流变化速率的限制，汛前腾出部分库容、汛后蓄至正常蓄水位等调度方式对用水量的限制，分组（地区）输电且组间无电气联系的水电站运行方式的限制，带厂用电或带电抗器接地机组优先启动的要求，即先开后停带厂用电的机组等；同时要考虑若干时段后电力系统负荷变化的趋势，避免电力系统负荷在短时间内回升或下降而进行的不必要的开、停机操作，造成空载流量浪费等。

水电站 AGC 在工程实施中还会碰到一些其他问题，例如在水电站设备事故的情况下，即机组事故、LCU 故障、系统频率异常等，此时如何迅速退出个别 AGC 机组或全厂 AGC，即在事故条件下如何自动判别并迅速改变 AGC 机组的状态，以确保电力系统稳定运行和设备安全；在出现很大的负荷缺额时，如何能迅速有序地连续开启各台机组以满足事故备用或冲击负荷的需要。此外，信号的合理性及有效性检查，AGC 运行方式与常规运行方式的统一，AGC 操作界面的友好和灵便，AGC 各种方式切换时机组负荷无扰动问题，全厂和机组调节死区的考虑，如单机功率调节死区之和可能大于全厂功率调节死区，等等。

第六节　自动电压控制（AVC）

水电站自动电压控制（automatic voltage control，AVC）是指按预定条件和调度要求自动控制水电站母线电压或全厂无功功率。在保证机组安全运行的条件下，为系统提供可充分利用的无功功率，减少电厂的功率损耗。图 6-29 为 AVC 监视设置示意图。

根据分层基本平衡、分区基本就地平衡的原则，不同水电站开关站电压等级决定了其电压调节的合理范围。分层平衡的重点是 220kV 及以上传送大量有功功率的电力网络；

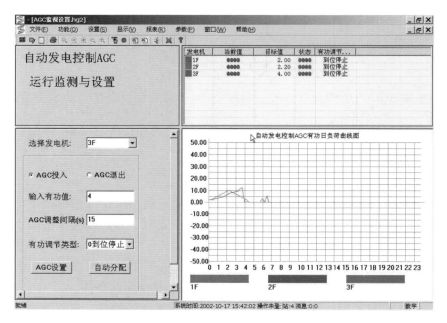

图 6－29　AVC 监视设置示意图

分区就地平衡的重点是在 110kV 及以下各级电压网络。如某水电站高压母线为 110kV，就地平衡其电压中枢点电压。

水电站自动电压调节 AVC 提供两种调节功能：① 按给定电压方式控制全厂无功负荷；② 按电压曲线方式控制母线电压。在进行 AVC 控制之前，针对不同机组对象，需要确定无功进相原则，这在励磁系统系统投运时应测试其低励限制功能。

一、AVC 主要功能

AVC 按实际母线电压与系统给定电压偏差对无功进行分配，按给定电压方式控制全厂无功负荷：

（1）按照中调/当地给定的母线电压值，对全厂无功进行分配，使母线电压值维持在给定值水平。

$$Q_{AVC} = Q_{实发} + K_{V正常} \cdot \Delta V - Q_{NAVC} \qquad (6-2)$$

式中：Q_{AVC} 为 AVC 分配的无功；$Q_{实发}$ 为当前实发无功；$K_{V正常}$ 为母线电压在正常电压值范围内的调压系数；ΔV 为电压偏差；Q_{NAVC} 为不参加 AVC 机组的实发无功总和。

当母线电压值在正常电压范围以外，按紧急调压系数进行调节：

$$Q_{AVC} = Q_{实发} + K_{V-E} \cdot \Delta V - Q_{NAVC} \qquad (6-3)$$

式中：K_{V-E} 为紧急调压系数。

（2）按照中调/当地设定的电压曲线的当前小时值，对全厂无功进行分配，使母线电压值维持在曲线设定值水平。（根据电力系统安全运行导则和该电厂日负荷曲线，中调给出电压曲线。）

$$Q_{AVC} = Q_{实发} + K_{V正常} \cdot \Delta V - Q_{NAVC} \qquad (6-4)$$

式中：Q_{AVC}为 AVC 分配的无功；$Q_{实发}$为当前实发无功；$K_{V正常}$为母线电压在正常电压值范围内的调压系数；ΔV为电压偏差；Q_{NAVC}为不参加 AVC 机组的实发无功总和。

当母线电压值在正常电压范围以外，按紧急调压系数进行调节。

$$Q_{AVC} = Q_{实发} + K_{V-E} \cdot \Delta V - Q_{NAVC} \qquad (6-5)$$

式中：K_{V-E}为紧急调压系数。

二、AVC 分配原则

（1）与容量成比例原则，即水电站参加 AVC 控制的机组单机分配的无功量与机组最大无功容量成正比。

$$Q_i = Q_{AVC} \times Q_{imax} / \sum Q_{imax} \quad (i = 1,2,3,\cdots,n) \qquad (6-6)$$

式中：i为第n台参加 AVC 的机组；Q_{imax}为参加 AVC 的第i台机组的最大无功容量；$\sum Q_{imax}$为参加 AVC 机组的最大无功容量之和；Q_i为 AVC 分配给第i台参加 AVC 机组的无功容量。

（2）按机组实发有功成比例原则，即水电站参加 AVC 控制的机组单机分配的无功量与机组实发有功量成正比。

$$Q_i = Q_{AVC} \times P_i / \sum P_i \quad (i = 1,2,3,\cdots,n) \qquad (6-7)$$

式中：P_i为参加 AVC 的第i台机组的当前有功实发值；$\sum P_i$为参加 AVC 机组的当前有功实发值之和；Q_i为 AVC 分配给第i台参加 AVC 机组的无功容量。

（3）AVC 约束条件。参加 AVC 的机组的无功功率应在$Q_{imin} < Q_i < Q_{imax}$（$Q_{imin}$为机组最小无功值，$Q_{imax}$为机组最大无功值）范围内，同时机组的功率因数在允许值范围内，还受机组最大转子电流、最大定子电流、定子电压的限制。

为避免频繁的调节，通常设定系统的调压死区ΔV，当$|V_{给定} - V_{实际}| < \Delta V$，AVC 停止进行无功分配，以避免电压值频繁变化。

三、AVC 工作方式

AVC 工作方式可由运行人员选择。

1. 投入/退出

在计算机监控系统中有全厂 AVC 投入/退出的方式开关和机组 AVC 投入/退出的方式开关，若无机组投入 AVC，全厂 AVC 投不上。

2. 开环/闭环

开环方式下 AVC 只显示参加 AVC 机组的无功负荷分配，可作为运行人员操作指导。闭环方式下，AVC 给出的参加 AVC 机组的无功负荷分配值作为机组的无功负荷设定值送至 LCU，由 LCU 调整机组无功出力。

3. 当地/远方

远方方式时，电压曲线/给定值由中调设定；当地方式时，电压曲线/给定值由运行人员通过画面给定。

四、AVC 不可运行条件

在如下情况下，电站和机组的 AVC 控制退出：① 机组处于常规设备控制，该机组自动退出 AVC；② LCU 故障，该机组自动退出 AVC，全厂自动退出 AVC；③ 机组在调相状态，该机组自动退出 AVC；④ 分母运行时，若 I（II）母退出控制，则连接在 I（II）母的机组自动退出 AVC；⑤ 母线电压值异常，全厂 AVC 自动退出；⑥ 机组事故时，自动退出 AVC，由运行人员控制。

第七节　上位机设备操作实例

一、设备运行监视

进入水电站监控系统上位机监控界面，用户可以看见如图 6 – 30 所示的主监视图。画面分三个区域，上面部分为信息公共区，主要包括最新十条事故、故障信息；水轮发电机机组的有功功率、无功功率、机组频率、导叶开度、通信状态（它们涉及操作）、通信异常标志（只要有一台通信设备通信中断就提示通信异常）、大坝、集水井水位等。右边部分是画面切换区，包括一些按钮。中间主区域为监控主界面，用图形化界面描述发电机机组状态、有功、无功、导叶开度、定子电压、电流、频率等重要运行参数，变压器、输电线路的参数、开关站主接线上设备的状态等。其中，图形化界面表述设备状态中，红色油开关表示开关合、绿色油开关表示开关断，白色表示备用条件不满足；机组状态有 7 种：备用、开机、空转、空载、发电、停机、备用条件不具备等。

图形中有很多动态连接的图符，可以反映系统当前各个设备运行情况。有些图符边常伴有文字描述说明设备当前运行情况。机组图符通常设定如下：

不定态：灰色。

发电态：红色。

停机态：绿色。

空转态：紫罗兰。

空载态：黄色。

调相态：蓝色。

检修态：白色。

断路器、闸刀、接地闸刀图符通常设定如下：

红色表示合状态。

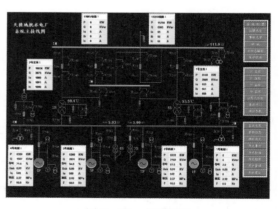

图 6 – 30　主监视图

绿色表示分状态。

光字图符通常设定如下：

红色表示有事故，黄色表示有故障。

粉色表示事故或故障确认后未消失。

报警与操作信息显示颜色定义如下：

报警事故信息：红色。

故障信息：黄色。

复归信息：白色。

操作信息：绿色。

参数刷新颜色定义如下：

参数正常：绿色。

参数越限：红色（或闪光）（越上上限或下下限）；黄色（越上限或下限）。

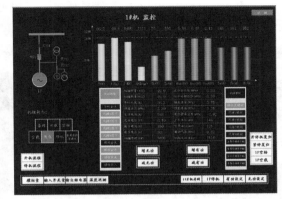

图 6 – 31　发电机机组的监视画面

当需要对单台机组进行详细监控时，切换到该画面，如图 6 – 31 所示。

该界面的主画面以不同的方式反应机组主要的信息。机组状态处，相应的机组状态显示红色；棒型图处，棒型的高度表示相应棒型的量值大小，棒上面的直接数字就是相应量的实际值。点击增磁、减磁按钮会直接单步调整机组无功功率；点击增开度、减开度按钮可以直接增减机组有功功率；以上四个按钮用鼠标点击是释放鼠标键有效。

如图 6 – 32 所示，点击下面一排灰色按钮，会针对机组进入不同的功能，左边部分的键对机组的量分类监视，单击"模拟量"按钮可进入机组 PLC 测量的模拟量列表监视画面。

如图 6 – 33 所示，单击"PLC 输入开关量"按钮可进入机组 PLC 测量的开关量输入触点状态列表监视画面。

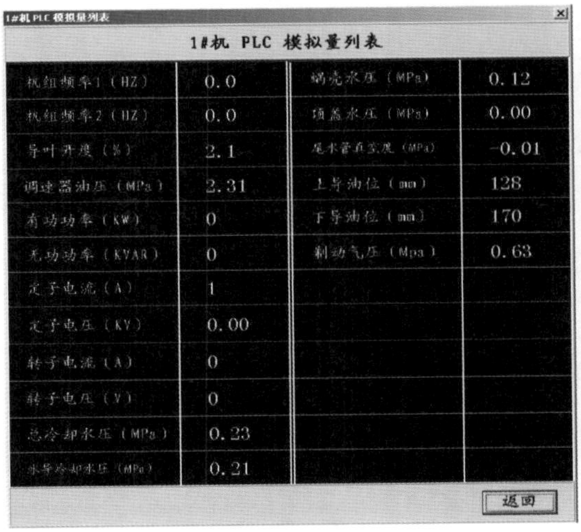

图 6 – 32　发电机组模拟量监视 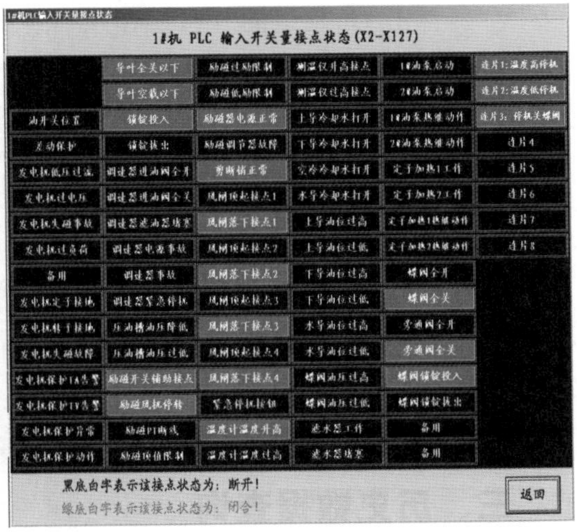　　　　图 6 – 33　发电机组开关量输入触点状态监视

如图 6 - 34 所示，单击"继电器输出量"按钮可进入机组 LCU 控制的开关量输出继电器状态列表监视画面。

如图 6 - 35 所示，单击"温度巡测"按钮可进入机组 LCU 测量的温度数据列表监视画面。

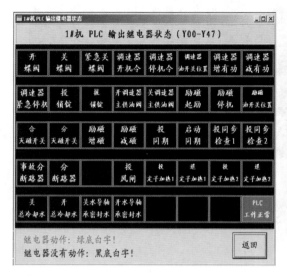

图 6 - 34　发电机组 LCU 开关量
输出继电器状态监视

图 6 - 35　发电机机组温度监测图

二、设备运行操作

当机组需要操作时，可选择相关的功能按钮，根据步骤进行操作。开机操作如下：

（1）单击 1F 机组的开机操作按钮，弹出图 6 - 36 对话框。

（2）确定操作，通过选择对象说明，必须保证与操作对象一致。然后填写操作人、密码；监护人、密码；然后点确定。注意：操作人、监护人必须不同名。

（3）开停机流程监视，可以在该画面下对开停机流程进行实时监视，确认流程动作可靠正常，如图 6 - 37、图 6 - 38 所示。

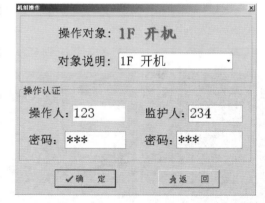

图 6 - 36　开机操作对话框

同样也按照类似步骤实现机组的开机、停机、有功设定、无功设定等操作。

三、历史数据查询

在水电站计算机监控系统中，能对全厂所有监控对象的操作记录、报警事件及机组的参数历史数据记录进行查询。

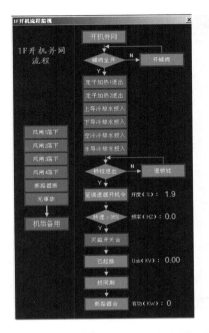

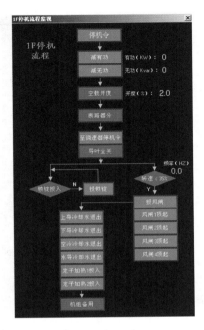

图6-37　开机流程监视　　　　　　　图6-38　停机流程监视

（1）历史事件查询。在历史事件查询画面中，如图6-39所示，绿色表示该故障事故未发生，黄色表示故障，红色表示保护事件，通常可以按日期进行查询。

图6-39　历史事件查询画面

（2）操作历史记录，在图6-40中，可以按日期查询通过上位计算机操作的历史记录。

图6-40　操作的历史记录查询画面

（3）历史数据记录。监控系统通常每半小时定时记录机组运行历史数据。根据日期，可对全天24h水电站所有历史数据进行查询，如图6-41所示。

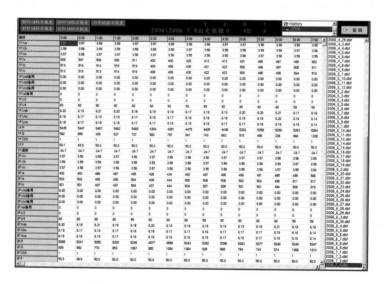

图6-41　机组运行历史数据查询画面

（4）历史趋势和历史曲线查询。对于水电站重要历史数据量的历史趋势和历史曲线，监控系统可以按日期进行查询，图6-42所示为机组有功无功历史曲线图。

四、机组故障、事故光字显示

当监控系统主画面中机组无故障红灯熄灭时，说明有故障发生，切换至图6-43画面，可以详细了解故障原因和范围，途中黄灯亮为有故障发生。

当机组发生事故时，机组事故光字报警显示，当切换至图6-44所示界面时，可以查询事故机组及保护动作情况。当事故原因未查找消除之前，"事故复归"按钮不得随意按下。

水电站非常重视系统的安全运行，然而每年仍发生许多因操作人员误操作而导致的重大事故，造成人员伤亡、设备损坏、非计划停运、甚至引起电网的振荡，经济损失惨重。计算机监控系统提供了全图形、多窗口的人机界面，采用鼠标操作，使操作

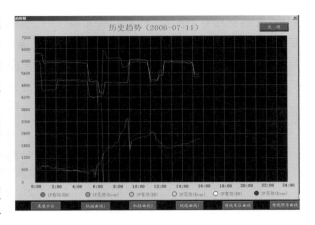

图6-42　机组有功无功历史曲线图

人员在显示器上操作更直观方便，但对水电站运行维护人员的要求进一步提高。随着"无人值班、少人值守"要求的进一步推进，微机五防系统、在线故障诊断系统、状态诊断系统也和计算机监控系统进一步整合，一部分流域梯级水电站成立了梯调中心，实现了远程集中控制和梯级优化调度，进一步扩大了水电站综合自动化的外延本。本书没有面面俱到的讲述，读者可以参考其他文献资料。

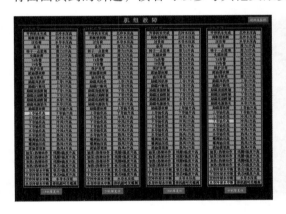

图6-43　机组故障报警画面

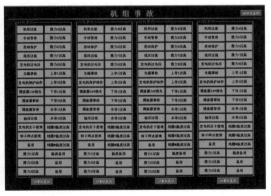

图6-44　机组事故查询画面

习题与思考

1. 画结构示意图说明水电站集中式计算机监控系统、分散式计算机监控系统和分层分布式计算机监控系统的特点和应用范围。

2. 简要说明值班与值守、无人值班与"无人值班、少人值守"的概念。

3. 简要说明水电站计算机监控系统层次的划分和各层的功能。

4. 说明水电站计算机监控系统的主要功能有哪些？

5. 水电站计算机监控系统的电站主控层有哪些主要功能？

6. 简述电压自动控制 AVC 的作用。

7. 组态软件主要组成部分有哪些？组态软件有哪些主要功能？

8. 在计算机监控系统中，故障和事故各用什么颜色表示？机组状态用什么颜色表示？不同的电压等级用什么颜色表示？

第七章

水电站机组自动化控制系统实训

本章导读

　　水电站自动化系统在安装和大小修期间会按照有国家和行业有关规程进行试验。水电站自动化技术的掌握需要进行技术训练，本章以 THESPC – 1 型发电厂集控自动化综合实训系统为载体，以水电行业技术标准为依据，拟定了与水电站自动化系统现场调试一致的水轮机微机调速器调试、发电机微机励磁系统调试、同步发电机准同期并网运行、上位机监控系统运行等典型实训项目，供读者参考。本书配套光盘中有实训装置详细说明书及实训项目介绍。

第一节 THESPC-1型发电厂集控自动化 综合实训系统介绍

THESPC-1型发电厂集控自动化综合实训系统是基于单机—无穷大系统模型，采用PLC作为核心控制器、并配置工业平板电脑来实现实训发电机组的启停、起励建压、调速调压、同期并网和功率调节等功能。

实训系统从结构上可以分为实训发电机组、系统屏、无穷大系统三部分，发电机组与系统屏、无穷大系统与系统屏之间均以多芯电缆连接。系统屏包括机组控制柜、系统主屏、系统右柜三个部分。

THESPC-1型发电厂集控自动化综合实训系统见图7-1。

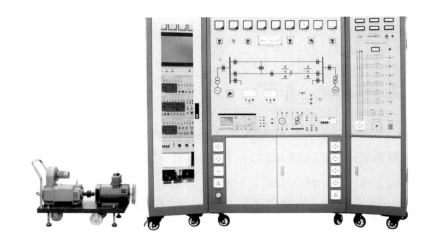

图7-1 THESPC-1型发电厂集控自动化综合实训系统

一、实训发电机组

1. 发电机组参数

实训发电机组如图7-2所示，采用Z4系列的直流电动机作为原动机，模拟实际水电站的水轮机，其额定参数为 $P_N = 3kW$，$U_N = 440V$，$n_N = 1500r/min$，采用他励，具有散热风机（三相异步电动机）。发电机采用4极三相同步发电机，其额定参数为 $P_N = 2kW$，$\cos\varphi = 0.8$，$U_N = 400V$，$n_N = 1500r/min$。

2. 发电机组接线

实训发电机组接线如图7-3所示，接线时，用户应按照端子标注的颜色接入相应的电缆线，保证端子标注的颜色和电缆线的颜色一致；接完后，用户应对照接线图检查实训机组接线是否正确，确认无误后，才能通电，否则可能造成不可修复的损坏。

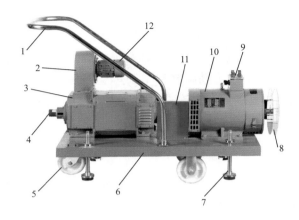

图 7 - 2　实训发电机组示意图

1—推车手柄；2—散热风机进风口（含防尘罩）；3—Z4 - 3kW 直流电动机；4—光电编码器；5—转向轮；

6—机组底座；7—固定脚；8—刻度盘（外侧为安全防护罩）；9—同步发电机接线盒；

10—三相同步发电机；11—安全防护罩（内部为电机联轴器）；12—散热风机

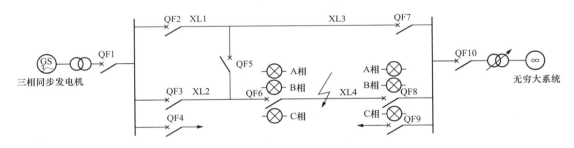

图 7 - 3　实训发电机组接线图

二、机组控制柜

1. 测量仪表单元

采用指针式测量仪表，包括 2 只直流电压表、1 只直流电流表和 1 只交流电压表。可测量如下电量参数：原动机电枢电压、发电机励磁电压、发电机励磁电流和单相电源电压。

2. PLC 自动准同期装置

该装置能够实时测量系统侧、待并侧的频率差、电压差、相位差，正确捕捉同期点。装置也可以自动调节待并发电机的频率和电压，使发电机的频率、电压快速地与系统的频率、电压达到一致，减少并网时间。详细说明见光盘。

3. PLC 直流调速控制装置

该装置适用于实训发电机组的原动机控制，包括发电机组启动、停止控制、转速调节、并网有功功率调节、过速保护等功能，能够实时测量机组转速、发电机功角等参数。详细说明见光盘。

4. PLC 励磁控制装置

该装置适用于实验/动模发电机组的同步发电机励磁控制，包括起励建压、逆变灭磁、增磁、减磁控制；恒压、恒励磁电流、恒无功功率、实验、模拟手动等五种励磁调节方式；伏赫限制、过励限制、欠励限制和定子过压等多种励磁保护功能，能够实时测量发电机定子电压、励磁电压、励磁电流、有功功率、无功功率等参数。详细说明见光盘。

三、系统主屏

1. 输电线路单元

采用双回路输电线路，每回输电线路分两段，并设置有中间开关站，可以构成四种不同的联络阻抗。单机—无穷大系统网络的具体结构如图 7-4 所示。

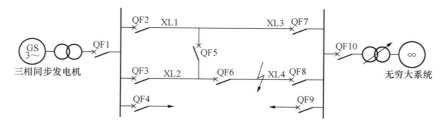

图 7-4　单机—无穷大系统网络结构图

输电线路分可控线路和不可控线路，在线路 XL4 上可设置故障，该线路为可控线路，其他线路不能设置故障，为"不可控线路"。

（1）"不可控线路"的操作。操作"不可控线路"上断路器的"合闸"或"分闸"按钮，可投入或切除线路。按下"合闸"按钮，红色按钮指示灯亮，表示线路接通；按下"分闸"按钮，绿色按钮指示灯亮，表示线路断开。

（2）"可控线路"的操作。在"可控线路"上可设置各种类型短路故障，包括单相接地短路、相间短路、相间接地短路、三相短路等。短路设置、线路保护参数设置均在上位机监控软件上进行。QF6 和 QF8 的 A、B、C 三相均采用单独断路器，因此可以实现非全相运行、保护分相跳闸和分相重合闸。QF6 和 QF8 上的两组黄、绿、红指示灯代表QF6 和 QF8 的 A、B、C 三相三个单相断路器的合、分状态，灯亮代表断路器合位，灭为分位。

为了实现非全相运行和分相切除故障，QF6 和 QF8 的分、合闸控制与"不可控线路"上断路器操作不同，以 QF6 为例，区别如下：

正常工作时，按下 QF6 合闸按钮，三个单相指示灯亮，而 QF6 红色合闸按钮灯不亮，手动分闸或线路保护装置动作三相全跳时，分闸指示灯（绿色）亮，三个单相指示灯全灭；当保护装置跳开故障相时，仅故障相的指示灯灭。QF8 与 QF6 相同。

（3）"中间开关站"的操作。"中间开关站"是为了提高暂态稳定性而设计的。不设中间开关站时，如果双回路中有一回路发生严重故障，则整条线路将被切除，线路的总阻抗将增大一倍，这对暂态稳定是很不利的。

设置中间开关站，即通过开关 QF5 的投入，在距离发电机侧线路全长的 1/3 处，将双回路并联起来，XL4 上发生短路，保护将 QF6 和 QF8 切除，线路总阻抗也只增大 2/3，与无中间开关站相比，这将提高暂态稳定性。"中间开关站"线路的操作同"不可控线路"。

（4）母线出线。QF4 和 QF9 分别为发电机母线和系统母线出线断路器，断路器出口分别在系统屏左、右侧标识"发电机母线"和"系统母线"的电源插座。电源插座通过实验专用连接线可以与系统右柜三相可调负载连接。

2. 智能电量监测仪

智能电量监测仪可以测量三相电压、三相电流、三相有功功率、三相无功功率、功率因数、频率等二十多个电参数，并具有 RS - 485 通信接口，采用 ModBus_RTU 通信协议，可以将电量参数上传至监控软件。通过功率指示切换开关可以切换显示送、受端母线的各电参数。

四、无穷大系统

所谓无穷大系统可以看作是内阻抗为零，频率、电压及其相位都恒定不变的一台同步发电机。在本试验系统中，由于 15kVA 三相自耦调压器的容量远大于单台发电机组的容量，故由 15kVA 三相自耦调压器模拟无穷大系统。

五、监控网络

该实训系统由工业平板电脑作为监控主机和人机界面，与 PLC 控制装置和智能仪表构成监控网络，其中 PLC 系统控制和保护装置和智能仪表与监控主机的通信线在内部已经连接，另外三个 PLC 自动装置与监控主机的通信线需要采用实训系统配套的通信线外部连接，如图 7 - 5 所示。

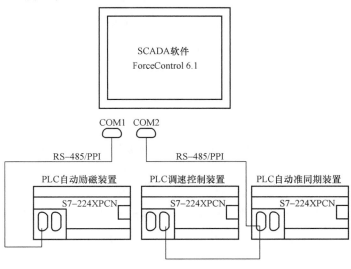

图 7 - 5　监控网络外部接线图

第二节　微机调速系统调试实训

微机调速器调试大纲遵循《水轮机调速器与油压装置技术条件》（GB/T 9652.1—1997）、《水轮机调速器与油压装置试验验收规程》（GB/T 9652.2—1997）和《水轮机电液调节系统及装置技术规程》（DL/T 563—2001）。在进行实训前，请详细阅读微机调速器技术说明书和微机调速器使用说明书及相关接线图，有关内容参见本篇光盘《THESPC - 1 型发电厂集控自动化综合实训系统》或其他调速器装置使用说明书。在进行调试前必须仔细检查接线，确保接线正确，切勿短路，高低压电源和信号线勿混接。

一、调速器静态调试

1. 通电检查

根据图纸检查柜内配线正确无误，端子外接线正确。检查工作电源和供电回路。AC220V、DC220V（或 DC110V）回路配线不得与 DC24V、DC±12V、AV5V 回路串接，否则会损坏元器件。

2. 接力器的反馈调整

接力器反馈调整的目的是使电气采集数据换算后能够准确反映接力器的实际位置，而导叶位置反馈是调速器调节系统重要的调节依据。

通用型导叶位置传感器利用两个电位器组合把位移转化为电压信号，输入到 AD 转换模块转换为接力器的位置数据。原理如图 7 - 6 所示，电位器 1 为反馈增益调整，电位器 2 输出反映接力器位置，调整反馈零点。

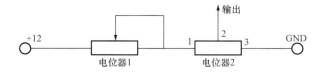

图 7 - 6　绕线电阻式通用型导叶位置传感器原理

采用其他位置传感器则参照说明书进行调整。

3. 开关机时间整定

根据设计院或者主机厂家提供的数据，整定最快开关机时间。方法是调整机械开关调整螺母，原理是调整回油油路的节流阀。数字式调速器和步进式以及比例式调速器调整螺母的位置不同。

4. 电机反馈调整（仅步进式和比例式）

引导阀带动传感器轴上下移动，改变传感器输出电阻，把位移转换成电压信号输出。手动使接力器位于中间任意位置，调整传感器移动轴与引导阀的连接螺母，使传感器输出为 4.95 ～ 5.05V 之间（若传感器输入为 0 ～ 10V）或者 0V（对地）左右（传感器输入为 -10 ～ 10V）。如调速器对电压数值无要求，只需调整在某一中间位置，原则是满足引导阀所有的行程在传感器的可用范围内，然后在调速器软件上设置对应于实际测量值的中间值。

5. 功率反馈调整

一般功率信号采用 4 ～ 20mA 输入，和导叶反馈调整同理设置相应的测量值与显示值。

6. 水头反馈调整

水头测量切自动，和导叶以及功率反馈调整同理设置相应的测量值与显示值。

7. 测频检查

模拟网频信号源，用频率信号发生器作为机频信号源，改变发出的信号频率，检查测频是否正确。把调速器切换到自动跟踪工况，观察机频显示是否有变化。

在不跟踪状态，机频显示应与实际频率一致，在跟踪状态，网频变化会导致机频显示与实际频率不一致。

8. 静特性试验

（1）置调速器于空载状态或负载状态（模拟断路器合）频率调节模式。设置永态转差系数 $b_p = 6\%$，PID 调节参数最小值 $b_t = 3\%$，$t_d = 3\%$，$t_n = 0s$，频率给定 $f_g = 50Hz$，频率死区 $E_f = 0Hz$，调速器不跟踪状态。

（2）把电气开限放到最大，导叶开度给定 0% 使接力器全关。

（3）用频率发生器模拟网频信号，或者是打开调速器软件中的静特性试验画面，按开始按钮使其自动试验。频给将从 50Hz 开始每 0.3Hz 变化一次，先增加到 53Hz，然后再下降到 50Hz，使接力器单调上升或下降，接力器每次变化稳定后，自动记录本次信号频率给定值及相应的接力器开度，自动生成频给升高和降低时的静态特性曲线。试验结束后自动计算转速死区及实测 b_p 值。

（4）试验数据：

f_g（Hz）	50.0	50.3	50.6	50.9	51.2	51.5	51.8	52.1	52.4	52.7	53.0
导叶 Y↑											
导叶 Y↓											

（5）试验结果：转速死区：$I_x =$ 　　　% ，实测 b_p 值：$b_p =$ 　　　% 。

二、动态调试实训

1. 手动开机

调速器第一次开机采用机手动或电手动（先打开开限，再增加开度给定）开机，观察机频调整导叶开度使其稳定在 50Hz 左右，使机组稳定在额定转速，此时的开度为空载开度，据此开度并参考当时的水头状况，设置调速器参数设定画面里的"空载最大开度"和"空载最小开度"。记录三分钟内频率摆动最大值，即机组自身的空载摆动值。

2. 空载频率摆动

切换调速器到自动控制方式，机频不跟踪网频，调整 PID 参数，优化频率摆动。B_t 为暂态转差系数，增大 b_t 值，能改善调节系统稳定性，减少调节过程最大超调量，减少振荡次数，有利于改善动态品质；b_t 过大，调速器动作过慢，会增大超调量，调速器调节时间长；减小 b_t 值，使调速器调节灵敏，可降低空载频率摆动幅度，但过小会导致频率摆动频繁，接力器反复动作。

国家标准《水轮机调速器与油压装置技术条件》规定水轮发电机组应能在手动各种工况下稳定运行。在手动空载工况下（发电机励磁调节器载自动方式下运行）运行时水轮发电机组转速摆动相对值对应大型调速器不超过 ±0.2%，对应中小型调速器不超过 ±0.3%。

3. 空载频率扰动

空载频率摆动合格，置调速器不跟踪模式，改变频率给定从 48Hz 跃变到 52Hz（上扰），稳定后再改变频率给定从 52Hz 跃变到 48Hz（下扰）。记录机组频率和接力器行程的过渡过程，检验 PID 参数设定是否满足超调量小、波动次数少、稳定快的要求。

4. 自动开、停机

接收到开机令，调速器由停机联锁状态转入开机过程，自动将开度给定和电开限增加，导叶开度开至开机顶点，转速迅速上升，当机频升至 45Hz，开度给定减小到空载开度给定，以保证开机转速不致过高。调速器转换到空载状态，自动调整导叶开度，使机组频率跟踪系统频率，使机组转速稳定在额定转速附近。接收到停机令，将接力器关至全关，等待机频减小低于 35Hz 时，调速器进入停机联锁状态。

5. 甩负荷试验

调速器在甩负荷试验过程中要处于自动方式的平衡状态。

（1）甩 25% 负荷。甩 25% 负荷主要测量接力器的不动时间 T_q，检验调速器的速动性。甩 25% 负荷接力器的不动时间是指断路器断开后转速开始上升到接力器开始关闭的时间间隔。使用调速器仿真试验仪，可测试仿真机组或实际机组各种试验数据。

（2）甩 100% 负荷。甩 100% 负荷的目的对于调速器来说主要是观察转速上升最大值和调节时间。另外还观察导水机构在甩负荷的过程中水压上升的最大值，以检验调节保证时间的合理性。

第三节　微机励磁系统调试实训

同步机励磁系统调试大纲遵循国标 GB/T 7409.1 ～ 7409.3—2008 和《大中型水轮发电机静止整流励磁系统及装置技术条件》（DL/T 583—2006）及《大中型水轮发电机静止整流励磁系统及装置试验规程》（DL/T 489—2006）。在进行调试前，请详细阅读微机励磁调节器技术说明书及相关接线图，有关内容参见光盘内容《THESPC – 1 型发电厂集控自动化综合实训系统》或其他励磁装置使用说明书。在进行调试前必须仔细检查接线，确保接线正确，切勿短路和高低压电源和信号线混接。

一、静态调试

（1）接系统组成正确接线；

（2）模拟开机、停机试验；

（3）接入 TV 电压信号，V/F 限制灯熄灭；

（4）给开机令，电压给定值逐步上升，控制角从 140°逐步减小。若跟踪键按下，且系统电压大于 85V，则给定值为系统电压；若跟踪键未按下，或系统电压小于 85V，则给定值为预置值；

（5）给停机令，电压给定值降为零，控制角变为 140°；

（6）整流特性试验（小电流试验）。

1）正确接入同步信号，用示波器检查晶闸管的门极均有触发脉冲。

2）调整电压给定值使控制角为 140°，合上直流侧刀闸和交流侧开关。

3）调整电压给定值使控制角在 15°～ 140°间变化，用示波器观察整流波形正确。并记录如下数据：

控制角度	电压给定值	发电机电压	直流侧电压

（7）方式切换试验。

1）按下电流方式键，电压调节灯熄，电流调节灯亮，给定参考显示电流给定值。

2）按下电压方式键，电压调节灯亮，给定参考显示电压给定值。

二、动态试验

1. 试验条件

发电机机组到额定转速，具备升压条件。

2. 试验项目

（1）主回路检查。检查主回路接线正确，灭磁开关断开位置，磁场电阻器在最大位置。

（2）手动升压试验。机组转速升至额定后，投入灭磁开关，调整励磁升压 20%，对主回路作进一步检查，无异常后继续升压。每 20% 稳定一次，并作相应检查。

（3）零起始升压试验。

（4）电压—电流调节方式切换试验。

1）电压方式切至电流方式（自动切手动）。

切前	切后	波动

2）电流方式切至电压方式（手动切自动）。

切前	切后	波动

（5）10%阶跃试验。设置调节器PID参数，放大倍数_____，积分时间_____s，微分时间_____s。

1）上阶跃。调整发电机机端电压为90V，改变电压给定值突增至100V，记录发电机机端电压与励磁电流变化过程。

扰前	扰后	最高值	超调量	调节时间	振荡次数

2）下阶跃。发电机机端电压稳定在100V，改变电压给定值突减至90V，记录发电机机端电压与励磁电流变化过程。

扰前	扰后	最低值	超调量	调节时间	振荡次数

指标要求：超调量10%，调节时间5s，振荡次数3次。

（6）频率特性试验。改变机组频率，记录发电机电压，结果如下：

频率（Hz）						
电压（V）						

结果：最大_____%/Hz　　　标准：< ±0.25% U/Hz

（7）自动建压试验（给定值斜坡上升）。

1）调节器处于停机状态，按起励按钮，发电机电压自动升至额定，有关结果如下：

最大值	稳定值	超调量	建压时间	振荡次数

2）调节器处于开机状态，按起励按钮，发电机电压自动升至额定，有关结果如下：

最大值	稳定值	超调量	建压时间	振荡次数

（8）自动灭磁试验。给调节器一灭磁令（停机令），发电机电压应迅速降为零。

（9）低频保护试验。降机组转速，当达到44.9Hz时，调节器迅速自动灭磁。

（10）调压精度试验。发电机带额定无功，调差整定为零，记录发电机机端电压，电压给定值不变，跳发电机出口开关，记录发电机机端电压。

$$E(\%)\frac{U_{g0} - U_{g0}}{U_{gn}}\%$$

甩前	最高	甩后	超调量	调节时间	振荡次数

标准：超调量15%～20%，调节时间5s，振荡次数3～5次。

（11）调差试验。发电机带额定无功，调差单元投入（设定值为$X\%$），记录发电机机端电压，电压给定值不变，跳发电机出口开关，记录发电机机端电压。

$$D(\%)\frac{U_{g0} - U_{gr}}{U_{gn}}\% = X\%$$

甩前	最高	甩后	超调量	调节时间	振荡次数

标准：超调量15%～20%，调节时间5s，振荡次数3～5次。

（12）低励限制试验。发电机并网运行，机组带一定的有功（根据机组的具体情况，有功在零到额定值之间选择若干点），调整电压给定值，使发电机无功降低，当无功降低到一定值时，低励限制应动作，并使无功不再降低。记录试验结果：

P				
Q				

（13）整流桥均流测试。当发电机空载，带额定无功，带额定视在功率时，分别记录两组整流桥的电流值，计算均流系数K_I。

$$K_I = \frac{\sum\limits_{l}^{m} I_i}{m \times I_{max}}$$

测试工况	Ⅰ桥	Ⅱ桥	Ⅰ桥	Ⅱ桥
均流系数				

标准：>0.85。

动态试验的项目和内容，根据实际情况，可进行适当的删减及根据系统的要求增加新的内容。

第四节　同步发电机准同期并网运行实训

一、设定同期参数实训

自动准同期装置使用前需设定同期装置的参数，其中比较重要的有允许频率差 Δf_h、Δf_1，允许电压差 Δu_h、Δu_1，合闸导前时间：T_{DL}、相角补偿 $\Delta \varphi$、系统电压补偿 K_{UL}、待并侧电压补偿 K_{Ug} 等。

1. 允许频率差 Δf_h、Δf_1，允许电压差 Δu_h、Δu_1

微机准同期装置对微机励磁装置的控制方式：当准同期装置的"自动调压"设置为"投入"时，发电机电压与系统电压的压差大于准同期装置整定的压差允许值，它的压差控制单元发出压差闭锁合闸信号，给微机励磁装置发出升压或降压脉冲信号，直至压差不大于压差允许值，压差闭锁合闸信号解除。如果微机励磁装置的"自动调压"设置为"退出"，它的压差控制单元仍然进行合闸信号允许/闭锁判断，但不向调速装置发出升压或降压信号脉冲。

微机准同期装置相差闭锁功能，使合闸继电器动作的导前相角限定在 $(-\delta \sim +\delta)$ 区间内，导前时间合闸脉冲必定在此范围内发出，即便频差周期出现反向加速度，引起误发脉冲，产生的冲击也不致使发电机损坏。

若无具体要求，按默认参数即可。对于机组型断路器，为了避免机组并网时出现进相，一般允许频差低限 Δf_1、允许电压差低限 Δu_1 取正值。

2. 导前时间 TDL

导前时间一定要根据实测值设定，一般会在现场对每个同期开关进行测量，如未测量，则以开关制造厂商提供值为准。其值取法一般需要加上装置内部继电器动作时间，最终导前时间以现场合闸效果最佳为准。

二、自动准同期条件测试实训

1. 同期相序检查

在同期对象两侧输入电压为同一电压源时例如对线路侧开关系统倒送电或机组开关机组零起升压，拔出同期合闸输出端子，将两路 PT 电压投入，启动同期，查看面板显示，此时应显示 U_1、U_g 电压相等，f_1、f_g 频率相等，$\delta \varphi$ 相角差为 0°。

2. 发电机电压、系统电压波形观察

（1）合上 QF3、QF6、QF8、QF10，将系统电压调整至 380V（线电压）。

（2）采用微机自动方式启动机组，选择他励，合上 MK。

（3）在励磁装置参数设置界面按"默认参数"按钮，将默认参数下置到励磁装置。

（4）起励建压，同期表置于"精确"挡。

（5）波形观测：采用双踪数字示波器，将示波器一个探头的正极接入 PLC 自动准同期装置"发电机电压"测试孔，负极接入"参考地"测试孔；另一个探头的正极接入"系统电压"测试孔，观测系统和发电机电压波形，以及二者相位差的变化，记录实验波形。

3. 滑差电压观察

（1）上述实训完成后，将示波器一路探头取下，将另一路探头的正极接入"发电机电压"测试孔上，负极接入"系统电压"测试孔，此时示波器观测的波形为脉动电压波形。

（2）可以认为系统电压频率为 50Hz 不变，通过调节转速，使频差为 0.1Hz。通过双踪数字示波器可观测到脉动电压波形。待波形稳定后，捕捉一个周期内完整的脉动电压波形，根据波形测量脉动电压的频率，将其与当前频差比较，确定两者的关系。观察脉动电压幅值达到最小值的时刻所对应的整步表指针位置。根据捕捉到的波形，绘制脉动电压波形图。

（3）调整发电机组转速，使频差为 0.2Hz，观察滑差电压的变化。

（4）数据全部记录完成后，发电机组灭磁停机。

三、导前时间整定及测量实训

由于一般的断路器的合闸机构为机械操作机构，从合闸命令发出到断路器触头闭合要经历一段时间，因而自动准同期装置在检查压差和频差已符合并网条件时，还必须在 δ 为零之前发出合闸命令，才能使断路器主触头闭合瞬间的相角差恰好为零，这一段时间称为越前时间，由于该越前时间只需按断路器的合闸时间整定，与滑差及压差无关，故称其为恒定越前时间。故所需提前的时间，取决于断路器的固有合闸时间、辅助继电器动作时间之和，从准同期装置发出合闸脉冲到发电机电压和系统电压同步之间的时间间隔称为导前时间。由于发电机可能在不同的频差下并入系统，这就要求导前时间不应随频差 ω_d 变化而变化，具有这种特性的准同期装置就称之为恒定导前时间型的准同期装置。

准同期装置可以测出每次断路器实际合闸时间。并将数据上传至监控软件。准同期装置默认设置的导前时间为上一次断路器合闸所需时间，亦为最佳的导前时间设定值。在监控软件系统监控界面中可以看到并网断路器 QF1 合闸延时时间（可以人为设定），准同期装置控制回路动作时间在 30～60ms，如果不按照默认导前时间设置，那么常规导前时间设置值应该近似等于 QF1 合闸时间 +（30～60ms）。采用示波器亦可以观测合闸时间，步骤如下：

（1）采用数字双踪示波器，将一个探头的正极接入在"三角波"测试孔，负极接入在"参考地"测试孔，另一个探头的正极接入在"合闸脉冲"测试孔。

（2）启动准同期装置，捕捉从准同期装置发出合闸命令到断路器 QF1 合闸瞬间波形，调出双踪数字示波器测量线（CURSOR 功能），记录合闸脉冲的宽度（时间），记在表 7-1 中，以及合闸脉冲发出后三角波的变化情况。

（3）并网成功后，复位准同期装置，依次将允许频差分别设为 0.2、0.3Hz，其他不变，将参数下置准同期装置。对应将转速调整到频差大于 0.2Hz 和频差大于 0.3Hz，重复上述步骤。

（4）实训完成后，发电机组解列、灭磁停机。

表 7-1　　　　　　　　　　频差周期与导前时间的关系

实测合闸时间（s） 允许频差 f_d（Hz） 导前时间设置（s）	0.3	0.2	0.1
最佳导前时间＿＿＿＿＿＿＿			
0.2			
0.3			

四、假同期实训

同期相序检查绝对无误后方可进行假同期试验，做好安全措施，如断开相应隔离刀闸，断开同期输出回路等。

机组进入空载后，有条件的情况下接入录波装置，投入系统和机组 PT 电压，选择相应同期对象，启动同期装置，观察面板上参数，$\delta\varphi$ 应在 0°～180°间有序变化，在 $\delta\varphi$ 趋向于零时发出合闸令。如接入录波装置，可检查所拍摄波形，观察合闸脉冲是否在压差基本为零时发出。如误差较大，可适当更改导前时间以获得最佳合闸效果。有条件的情况下，手动调速器将机组频率适当降低、升高，观察增速、减速调节脉冲是否正确发至调速器，手动励磁装置将机组电压降低、升高，观察升压、降压调节脉冲是否正确发至励磁装置。

五、同期实训

假同期完成后如无问题可进行真同期试验。

连接同期输出回路，有条件的话接入录波装置。投入系统、机组（待并侧）TV，选择相应同期对象，由现场指挥人员发出启动同期令，观察同期装置，其参数变化应与假同期时基本相同，在 $\Delta\varphi$ 趋向于零时发出合闸令。注意听机组并网时有无比较大的响声，如有则合闸效果不理想，检查同期相序，导前时间或现场接线是否有问题，查找出原因后重新做二、三、四各项试验。如有录波装置，检查拍摄波形，检查实际合闸效果。

（一）手动准同期并网实验

手动准同期并网，应在正弦整步电压的最低点（相同点）时合闸，考虑到断路器的固有合闸时间，实际发出合闸命令的时刻应提前一个相应的时间或角度。

1. 发电机起励建压

（1）"同期表控制"开关置于"切除"挡。

（2）合上 QF3、QF6、QF8、QF10，将系统电压调整至 380V（线电压）。

（3）采用微机手动方式启动机组，选择他励，合上 MK。

（4）在励磁装置参数设置界面按"默认参数"按钮，将默认参数下置到励磁装置。

（5）起励建压，起励成功后将系统电压调整至 360V。

（6）准同期装置面板选择"半自动"准同期方式，其他方式退出。

2. 手动准同期并网操作

（1）将系统屏"同期表控制"开关置于"粗略"挡，将同期表投入运行。观察同期表中频差和压差指针的偏转方向和偏转角度，通过调速装置和励磁装置调整发电机电压频率和压差，使其指针位置处于或接近零位。

（2）将"同期表控制"开关置于"精确"状态，观察同期表相差指针位置，在相差指针转到接近零度时（可提前 $10°\sim15°$），手动按 QF1 合闸按钮进行合闸。合闸过程中注意观察冲击电流。

注：如果相差指针不在零位，且静止不转时，可将机组转速略微增加，使相差指针能够转动即可！

（3）并网成功后，将"同期表控制"开关置于"切除"挡。

（二） 自动准同期并网实训

自动准同期并网，通常采用恒定越前时间原理工作，这个越前时间可按断路器的合闸时间整定。准同期控制装置根据给定的允许压差和允许频差，不断地检测准同期条件是否满足，在不满足要求时，闭锁合闸并且发出均压、均频控制脉冲。当所有条件均满足时，在整定的越前时间送出合闸脉冲。

1. 发电机起励建压

（1）"同期表控制"开关置于"切除"挡。

（2）合上 QF3、QF6、QF8、QF10，将系统电压调整至 380V（线电压）。

（3）采用微机手动方式启动机组，选择他励，合上 MK。

（4）在励磁装置参数设置界面按"默认参数"按钮，将默认参数下置到励磁装置。

（5）起励建压，起励成功后将系统电压调整至 360V。

（6）复位准同期装置，准同期装置面板选择"自动"准同期方式，其他方式退出，然后在准同期装置参数设置界面按"默认参数"按钮，将默认参数下置到准同期装置。

2. 自动准同期并网操作

（1）启动准同期装置，观察频差闭锁、压差、相差指示灯运行状态变化和发电机电压和频率变化，注意观察合闸时冲击电流。并网成功后，在准同期装置的监控界面可以显示此次并网的断路器实际合闸时间和合闸相角差，记录相关数据。

注：合闸相角差的数值需在并网成功后延时 15s 左右才能正确显示；由于自动准同期装置合闸冲击很小，如果冲击电流不明显，可以认为是零，通过示波器也可以观测电流波形。

（2）按 QF1 分闸按钮，使发电机组与系统解列，然后调整系统电压为 410V，机组转速为1515r/min。

（3）复位准同期装置，仍然采用默认参数，重复上述步骤。

（4）实训完成后，发电机组解列、灭磁停机。

自动准同期并网数据记录在表7-2中。

表7-2 自动准同期并网数据

系统初始状态	准同期装置设置参数	并网断路器合闸时间（ms）	合闸相角差（°）	冲击电流（A）
机组转速 = _____ U_g = _____ U_s = _____	允许频差_____允许压差_____ 导前时间_____逆功率_____			
机组转速 = _____ U_g = _____ U_s = _____	允许频差_____允许压差_____ 导前时间_____逆功率_____			
机组转速 = _____ U_g = _____ U_s = _____	允许频差_____允许压差_____ 导前时间_____逆功率_____			
机组转速 = _____ U_g = _____ U_s = _____	允许频差_____允许压差_____ 导前时间_____逆功率_____			

第五节　上位机监控系统实训

一、发电机送、受端潮流监测及电量曲线监测

潮流计算的方法有手算的解析计算法和电子计算机计算法。在本实验系统中通过模拟电力系统运行结构取得实际运行数据，也可根据线路形式以及参数初步进行潮流计算分析。但可能系统中一些设备元器件的非线性造成理论计算和实际运行数据不符合，但基本在误差范围以内的，可作为全面分析实验中各中现象的理论依据。

电力系统潮流控制，包含有功潮流控制和无功潮流控制。电力网络中，各种结构都有自身的特点，因此潮流控制对电力系统安全与稳定、电力系统经济运行均具有重要意义。

在该实训系统构建的单机—无穷大系统中，可以通过智能电量监测仪和功率指示切换开关观察发电机母线（送端母线）和系统母线（受端母线）的潮流，取得实际运行数据。智能电量监测仪通过RS-485总线/ModBus_RTU协议将电量数据上传至监控主机，监控软件采用数字和曲线相结合的表现形式对电量数据进行处理。

实训内容与步骤如下。

1. 发电机并网操作

（1）"同期表控制"开关置于"切除"挡。

（2）合上QF10和双回线输电线路的所有断路器，将系统电压调整至380V（线电

压）。

（3）采用微机自动方式启动机组，选择他励，合上 MK。

（4）励磁装置选择"微机"方式，跟踪系统起励。

（5）自动准同期并网。

2. 潮流观察及电量曲线监测

（1）并网成功后，通过功率指示切换开关切换，智能电量监测仪可以显示送端潮流和受端潮流，在监控软件的系统监控界面中点击"智能电量监测仪"图标可以弹出所有电量数据的监测画面。在监控软件的系统监控界面点击"功率曲线"、"电流曲线"、"电压曲线"按钮可以查看对应电参数的实时曲线，将潮流数据填入表 7-3。

（2）通过调速装置增大发电机有功输出，通过降低系统电压降低增大发电机无功输出，使发电机输出功率 $P=0.5\text{kW}$、$\cos\varphi=0.8$，观察送、受端潮流和电量曲线变化，将数据填入表 7-3。然后断开 QF2，QF7，由双回路输电改为单回路输电，观察潮流变化，将数据填入表 7-3。

（3）继续增大发电机输出功率，在（$P=1.0\text{kW}$、$\cos\varphi=0.8$）和（$P=2.0\text{kW}$、$\cos\varphi=0.8$）两点记录发电机送端潮流和受端潮流，观察各电量曲线的变化。

注：在输出有功功率 $P=2\text{kW}$ 时，只能采用双回路输电，如果改为单回路，发电机可能失稳，出现振荡运行。

（4）有兴趣的同学还可以在送端或受端母线接入三相可调负载，然后调节负载，观察和分析负载位置和大小的不同对送端或受端潮流的影响。

（5）实验完成后，将发电机输出功率调节至 $P=0.0\text{kW}$、$Q=0.0\text{kVar}$，系统解列、灭磁停机。

表 7-3   潮流数据

初始状态	输电线路	送端潮流			受端潮流		
		P	Q	U	P	Q	U
$P=0.0$, $Q=0.0$	双回路						
	单回路						
$P=0.5$, $\cos\varphi=0.8$	双回路						
	单回路						
$P=1.0$, $\cos\varphi=0.8$	双回路						
	单回路						
$P=2.0$, $\cos\varphi=0.8$	双回路						

二、发电机有功、无功调整实训

1. 发电机并网操作

同上。

2. 功率调整

（1）进入监控软件的发电机组监控界面，将发电机输出有功功率调节至零，确认功角零位。

（2）设定功率调节目标值：点击监控界面有功调节右边数据显示区域（在没有设定目标值之前，该数据为 0.0），弹出数字软键盘，设定所需调整的有功功率目标值：0.5kW。同样方法设置无功功率调节目标值：0.4kVar。

（3）执行功率遥调：点击界面"有功调节"和"无功调节"图标，功率调整开始执行。

注：功率调节需要平稳，因此整个调节过程会随目标值和当前值的差值增大而时间增长。

（4）当实际值（界面右侧数据显示）与目标值差值在 ±0.02kW（kVar）时，调整完成，再次点击"有功调节"和"无功调节"图标，功率调整退出运行。

注：如果不退出功率遥调命令，功率遥调会一直执行。

（5）重新设置目标值，执行调整命令；或在功率调整过程中改变目标值，均可达到实时调整发电机输出功率的目的。

水电站自动化装置的现场试验均应按照国家和行业标准进行，针对不同厂家的自动化装置系统，均应制订现场的试验大纲。本书不能面面俱到，有兴趣的同学可以查看光盘中本章的资料，针对具体的实训装置拟定试验大纲，进行实训，系统性地学习水电站自动化技术。

参 考 文 献

［1］刘晓波，张毅．智能化水电站监控系统结构探讨．水电站机电技术，2012，3：8～10.

［2］王德宽．IEC 61850 及数字化水电厂的概念与前景．水电站机电技术，2010，4：1～4.

［3］马玉涛，姜德政，吴晶．三峡左岸电站技术供水正反向倒换方式探讨．水电站机电技术，2004，4：54～56.

［4］林昌杰．水电厂技术供水滤水器的研制．水电自动化与大坝监测，2003，3：45～48.

［5］刘忠源，徐睦书．水电站自动化．北京：水利电力出版社，1986.

［6］楼永仁，黄声先，李植鑫．水电站自动化．北京：中国水利水电出版社，1995.

［7］王德宽．水电厂自动化技术三十年回顾与展望．水电厂自动化，2008，3：11～19.